普通高校计算机类应用型本科
系列规划教材

Linux操作系统

Linux Operating System

主 编 程和侠 程和生

副主编 杜育根 周 力

编 委（以姓氏笔画为序）

石 冰 杜育根 周 力

黄玉龙 程和生 程和侠

U0257034

中国科学技术大学出版社

内 容 简 介

本书综合 CentOS 6、CentOS 7、Debian 8 以及部分 FreeBSD 的知识,全面详细地介绍 Linux 操作系统的命令和原理。以生产环境中最为成熟的 CentOS 6 系统作为标准,总结 Linux 体系的规律,将复杂的命令系统化,并通过规律介绍 Linux 命令的发展和演变,对当前阶段 Linux 命令进行了基础性的整理。

对于服务型操作系统,以 CentOS 6 为标准,详细介绍 Linux 服务器的运维,包括 Linux 系统安全设置、数据库服务器 MariaDB/MySQL 运维、PHP 应用服务器运维、Tomcat 应用服务器运维。本书介绍的服务器运维脚本,以生产环境为标准,代码简单清晰,是学习 Shell 的模板,在学习或工作中可以直接或修改后使用。本书提供的脚本有两个分支:一是最流行的稳定性方案,一是最前沿的前瞻性方案。

对于桌面型操作系统,以 Debian 8 为标准,详细介绍如何利用 Linux 桌面环境进行操作,并编写了脚本,可以快速设计出适合中国本地化的个人专属桌面系统,给出了国产操作系统更可行的一种方案。

希望本书能成为大家学习的教材,更能成为大家查阅的工具书,以及再深入学习具体技术领域的入门书,让学习的知识可以积累,经验可以共享。

图书在版编目(CIP)数据

Linux 操作系统/程和侠,程和生主编 .—合肥:中国科学技术大学出版社,2017.1
ISBN 978-7-312-04065-8

Ⅰ.L… Ⅱ.①程… ②程… Ⅲ.Linux 操作系统 Ⅳ.TP316.89

中国版本图书馆 CIP 数据核字(2016)第 263066 号

出版	中国科学技术大学出版社
	安徽省合肥市金寨路 96 号,230026
	http://press.ustc.edu.cn
印刷	合肥市宏基印刷有限公司
发行	中国科学技术大学出版社
经销	全国新华书店
开本	787 mm×1092 mm 1/16
印张	19.5
字数	484 千
版次	2017 年 1 月第 1 版
印次	2017 年 1 月第 1 次印刷
定价	45.00 元

序

近年来，Linux 操作系统得到飞速发展和广泛应用，它因稳定的性能和低廉的价格成为其他操作系统的强劲对手。Linux 的源代码公开，使用者可以根据需要进行修改、复制或重新发布源代码，这对于计算机学科的教学和科研都十分有用。

Linux 采用字符界面，常用的命令约有 100 个，初学者普遍感觉枯燥难懂，很难记忆，如何灵活运用这些命令是学习 Linux 的关键，也是 Linux 的入门基础。编者利用"一根主线"将大部分命令串联起来，使之简单明了，再通过相关技巧和对比技巧，使这些命令立体化。在具体方法上，编者提出减法式学习，即列举几个常规命令，再考虑减去部分选项，使读者融会贯通。

Linux 系统和服务器的运维，是信息技术就业者应该具备的通用技能，初学者没有几个月功底是很难掌握的，安装过程也费时费力。但编者在本书中以教学为目标，将枯燥的服务器安装过程全部编写成脚本，学习者使用脚本的过程就是学习的过程，这样很快就可以迈过 Linux 系统和服务器运维的门槛。本书的另一个特点是直接以生产环境中的高并发、高性能为目标，在学校的云服务器上进行实践。编者将脚本开源，将自己积累的实践经验直接传递给读者，这种做法体现了 Linux 的共享精神，不再让后学者重复先行者探索的辛苦。

Linux 的高级技术是 Linux 性能优化及专业领域服务器的性能优化，作为基础教材，本书不讨论这部分内容。但本书也适当提供了配置和优化部分的接口，使读者学完本书后可以进一步研究和讨论有关 Linux 更高级的技巧。

作为教材，本书结构合理、深入浅出，在知识点的安排及展现形式上都比较适合学生学习，达到了"知行合一"的目标，是一本使 Linux 初学者快速学习并掌握相关知识和技能的好教材。

黄国兴

2016 年 5 月 21 日

前　　言

目前，Linux 类系统在服务器市场上几乎占据垄断地位，很多大型企业都在 Linux 服务器平台上构建关键业务，但中小型企业却很少投资使用 Linux 服务器。采用 Linux 服务器平台，虽然操作系统成本较低，但后期的维护成本却会不断增加，同时会出现缺乏相应的 Linux 技术人员的问题。

我国高等教育正处在一个转型期，问题颇多，主要体现在教育同企业需求脱节，偏重理论，多停留在试验阶段，缺乏生产环境下的经验。虽然高校都开设了 Linux 课程，但是始终停留在入门阶段，学生必须依靠自己再学习才能进阶，非常辛苦，这不是教育的最终目的。在教学上，我们必须降低难度，降低门槛，带学生入门、提高、进阶，而直接采用生产环境教学是一个主要途径。

本书注重基础，注重实践。从基础开始，知识点内容宽广且深入，最主要的是容易理解，所介绍知识点都是依据自然使用逻辑而贯穿并延伸的；偏重记忆技巧，让学生容易记忆，避免死记硬背。

本书注重新知识、新技术，主要讲解的都是最前沿的应用。虽然本书介绍的都是最稳定的生产环境方案，但是兼容最新的试验阶段知识，以新带旧，使旧知识以更简单的方式实现。

本书注重学习方法，让学生懂得自己更新知识。官方帮助文档是本书知识的第一来源，使用官方推荐的方案，不仅使学生知道来源，更知道发展方向。

本书更注重系统性，让知识可以积累。Linux 的相关书籍很多，大部分偏重于一种发行版一个版号，并没有注重系统的差异和变化，没有从哲学角度总结经验、阐述原理，所以很难找到一本适合教学使用的教材。本书综合多个 Linux 发行版本，通过相关对比，很容易理解其原理，从而选定标准，通过知识地图的方式，插入各种相关知识。本书不建议过多、过深地介绍复杂知识点，那样只是知识的一种堆砌，不仅没有条理，而且难以掌握。

对于复杂的知识点，本书全部都以脚本的形式记录，这样可以减轻记忆负担，减少重复劳动。这些脚本反过来还可以帮助我们学习，使知识可以积累后传播。

本书从教材角度出发，严格控制篇幅，方便教学。既可以作为教材，也可以作为 Linux 相关工作人员的参考用书。

全书共 15 章，内容包括 Linux 概述；CentOS 6 安装与配置；Linux 基本操作；磁盘与文件系统；vim 编辑器与 GCC&Java 编程；用户账号管理；服务进程和计划管理；软件包管理；Shell 脚本；过滤器；网络与安全配置；数据库服务器运维；PHP 服务器运维；Tomcat 服务器运维；Linux 桌面体验。

Linux 课程建议教学时数为 68～85 学时，授课时数和实训时数最好各为 34～51 学时。本书涉及内容包括从基础入门到中级运维，讲授知识点定位在零基础和易上手，建议在低年级开设。部分知识点可能比较难以理解，书中以 "*" 号标注，可以选择性教学。

华东师范大学黄国兴教授对本书的初稿进行了审阅，提出了许多宝贵的意见，并为本书作了序，为本书最终定稿做出了非常重要的贡献。黄教授同时也是编者的授业恩师，在此对老师表示衷心的感谢！

在编写过程中，王一宾、金中朝老师给予了极大的帮助和指导，在此一并表示感谢！

本书所涉及的知识，部分来源于网络，再次感谢为 Linux 发展推进做出贡献的无私奉献者。

本书中的脚本都经过了严格测试，以生产环境为标准，以高并发、高性能为目标，并在学校企业级云服务器上正式运行过。书中所带脚本或教案，都可以在 https://github.com/gchxcy/LinuxOperator 上下载；附带的安装包或源代码，由于文件太大，不提供下载，建议直接从官方网站获取。

由于编者水平有限，加之时间仓促，书中存在不妥之处在所难免，衷心希望广大读者批评指正，不胜感激（编者邮箱：gchxcn@126.com）。

编 者

2016 年 5 月 20 日

目　　录

第 1 章　Linux 概述

【学习目标】
　　Linux 是一种多任务服务型操作系统，为了能快速学习和掌握 Linux，本章将从 Linux 的背景知识开始介绍计算机、操作系统以及 Linux 的基本概念，Linux 的历史和发展，Linux 的特性，Linux 的内核版本，并详细介绍和比较各种不同 Linux 的发行版本、桌面环境以及目前流行的各种开源协议。

　　Linux 内核最初是由芬兰人 Linus Torvalds 在读大学时出于个人爱好而编写的。

　　Linux 是一套免费使用和自由传播的类 Unix(Unix-like)操作系统，是一个基于 POSIX 和 Unix 的多用户、多任务、支持多线程和多 CPU 的操作系统。

　　Linux 能运行主要的 Unix 工具软件、应用程序和网络协议。它支持 32 位和 64 位硬件。Linux 继承了 Unix 以网络为核心的设计思想，是一个性能稳定的多用户网络操作系统。

　　Linux 起源于 Unix，作为普通用户，基本可以忽略它们之间的区别。Unix 遵守单一 Unix 规范(Single Unix Specification)，有唯一标准；Linux 继承自 Unix，但是有扩展和变化，并且有多个版本。

　　今天很多场合都使用了各种 Linux 发行版，从嵌入式设备到超级计算机。其在服务器领域确定了领导地位，通常服务器使用 LNMP(Linux + Nginx + MariaDB/MySQL + PHP)或 LAMP(Linux + Apache + MariaDB/MySQL + PHP)组合，还有 Java 应用服务器 Tomcat。

　　在学习 Linux 之前，需要先了解 Linux 的背景知识。

1.1　计算机硬件分类

　　计算机由硬件和软件组成，没有安装任何软件的计算机称为**裸机**。计算机按其规模和性能一般可分为：

　　(1) 微型计算机，主要是指个人计算机，用于办公或娱乐。现在微型计算机越来越微型化，如"树莓派"卡片式电脑，只有信用卡大小，其系统基于 Linux，可以用于物联网智能家居和智能机器人的控制系统。

　　(2) 工作站，它是一种高端的通用微型计算机。它供单用户使用，能提供比个人计算机更强大的性能，尤其是在图形处理、任务并行方面。通常配有高分辨率的大屏、多屏显示器及容量很大的内存储器和外部存储器，并具有极强的信息和图形、图像处理功能。另外，连接到服务器的终端机也可称为工作站。

(3) 服务器，它是提供计算服务的设备。由于服务器需要响应服务请求，并进行处理，因此一般来说服务器应具备承担服务并保障服务的能力，在处理能力、稳定性、可靠性、安全性、可扩展性、可管理性等方面要求较高。

根据整个服务器的综合性能(档次)，特别是所采用的一些服务器专用技术来衡量，服务器可分为入门级服务器、工作组级服务器、部门级服务器、企业级服务器。在网络环境下，根据服务器提供的服务类型不同，分为文件服务器、数据库服务器、应用程序服务器、Web 服务器等。

(4) 小型计算机。这里指的是超级小型计算机，这些高性能小型计算机的处理能力达到或超过了低档大型计算机的能力。小型计算机是相对于大型计算机而言，小型计算机的软件、硬件系统规模比较小，但价格低、可靠性高、操作灵活方便、便于维护和使用。小型机一般都是使用 Unix 操作系统。

(5) 大型计算机，是主要用来处理大容量数据的机器。一般用于大型事务处理系统，如数据库应用系统。现代大型计算机不是主要通过每秒运算百万次数 MIPS 来衡量性能，而是依据可靠性、安全性、向后兼容性和 I/O 性能来衡量性能。主机通常强调大规模的数据输入输出，着重强调数据的吞吐量。运算任务主要受数据传输与转移、可靠性及并发处理性能限制。

(6) 超级计算机。它有极强的计算速度，通常用于科学与工程计算，计算速度受运算速度与内存大小的限制。绝大多数超级计算机都是基于 MPP 或 NUMA 架构，而且都采用 INTEL 或 RISC 节点，由开放系统节点机(包括开放系统小型机)组成，至少集成数千个 CPU 或专用向量处理机，并行计算，并共享内存。超级计算机是科技生产力最直接的代表，我国的超级计算机有银河、曙光、天河一号、天河二号、神威太湖之光等。

(7) 虚拟服务器。虚拟化服务器技术发展的产物，可以提供更便宜的高性能服务器，主要实现产品有 VMWare vSphere，可以安装在裸机上，然后进行虚拟化分割，一般用于生产环境。

(8) 虚拟工作站。虚拟工作站是在个人电脑上虚拟的一台计算机，地位等同于一台实际的物理机，但是只能安装在宿主操作系统上，主要用于学习和测试，主要实现产品有 WMWare Workstation，本书就是基于 WMWare Workstation 虚拟机安装 Linux 进行讲解的。

1.2 操作系统分类

操作系统由多种基础程序构成，它们使计算机可以与用户进行交流并接受指令，读取数据或将其写入硬盘、磁带或打印机，控制内存的使用，以及运行其他软件。

计算机操作系统根据提供商可以分为 Microsoft 阵营和 Unix/Linux 阵营，根据其用途划分为**服务器操作系统**和**桌面操作系统**。桌面操作系统以 Windows 为典型代表，几乎被 Windows 垄断，而服务器操作系统几乎被 Unix/Linux 垄断。

常见的桌面操作系统有：

- Microsoft Windows 98；
- Microsoft Windows 2000 Professional；
- Microsoft Windows XP；
- Microsoft Windows Vista；
- Microsoft Windows 7；
- Microsoft Windows 8；
- Microsoft Windows 8.1；
- Microsoft Windows 10；
- Linux Desktop 版；
- Mac OS X：苹果公司的专属操作系统，基于 Unix 发布。

常见的服务器操作系统有：

- Microsoft Windows 2000 Server；
- Microsoft Windows 2003 Server；
- Microsoft Windows 2003 R2 Server；
- Microsoft Windows 2008 Server：最后一个支持 32 位服务器版本；
- Microsoft Windows 2008 R2 Server：目前最流行的 Windows 服务器版本；
- Microsoft Windows 2012 Server；
- Microsoft Windows 2012 R2 Server；
- Linux Server 版；
- FreeBSD：开源免费的 Unix 版，支持 x86，可以在个人电脑上体验 Unix；
- Unix 类：AIX、HP-UX、Solaris 等。

1.3　Linux 的历史和发展

Linux 操作系统的诞生、发展和成长过程始终依赖着五个重要支柱：Unix 操作系统、Minix 操作系统、GNU 计划、POSIX 标准和 Internet 网络。

20 世纪 60 年代初，MIT(麻省理工学院)开发分时操作系统(Compatible Time-Sharing System)，支持 30 台终端访问主机，主机负责运算，而终端负责输入输出。

1965 年，Bell 实验室、MIT、GE(通用电气公司)准备开发 Multics 分时操作系统，期望同时支持 300 个终端访问主机，但是于 1969 年失败了。刚开始并没有鼠标、键盘，输入设备只有卡片机，因此如果要测试某个程序，需要将读卡纸插入卡片机，如果有错误，还需要重新来过。

1969 年，Ken Thompson(肯·汤普生，C 语言之父)利用汇编语言开发了 File Server System(Unics，即 Unix 的原型)。由于汇编语言对于硬件的依赖性，因此 Unics 只能针对特定硬件。

1973 年，Bell 实验室的 Dennis Ritchie(丹尼斯·里奇)和 Ken Thompson 发明了 C 语言，而后写出了 Unix 的内核。Ken Thompson 将 B 语言改成 C 语言，成为 C 语言之父。Unix 90%的代码是用 C 语言写的，10%的代码是用汇编语言写的，因此移植时只要修改那 10%的代码即可。

1977 年，加州大学伯克利分校(University of California，Berkeley)的 Bill Joy 针对他的机器修改 Unix 源码，称为 BSD(Berkeley Software Distribution)。Bill Joy 是 Sun 公司的创始人。

1979 年，Unix 发布 System V，用于个人计算机。

1981 年，IBM 公司推出微型计算机 IBM PC。

1984 年，因为 Unix 规定"不能对学生提供源码"，Tanenbaum(塔能鲍姆)自己编写了兼容于 Unix 的 Minix 用于教学。

1984 年，Richard Stallman(理查德·斯托曼)面对程序开发的封闭模式，发起了一项国际性的源代码开放的"牛羚"(GNU，GNU's Not Unix 递归形式)计划，创办 FSF(Free Software Foundation)自由软件基金会。GNU 计划和 FSF 基金会旨在开发一个类似 Unix 并且是自由软件的完整操作系统: GNU 系统。今天各种使用 Linux 作为核心的 GNU 操作系统正在被广泛使用，虽然这些系统通常被称作"Linux"，但严格地说，它们应该被称为"GNU/Linux"系统。

1985 年，为了避免 GNU 开发的自由软件被其他人用作专利软件，Richard Stallman 创建了 GPL(General Public License，通用公共许可证协议)版权声明。

GNU 倡导"自由软件"，自由软件指用户可以对软件做任何修改，甚至再发行，但是始终要挂着 GPL 的版权；自由软件是可以卖的，但是不能只卖软件，必须提供服务、手册等。GNU 项目比较著名的产品有 GCC、Emacs、Bash Shell、GLIBC 等。

1987 年 6 月，Richard Stallman 完成了 11 万行开放源代码的 GNU C 编译器"GCC"，它是 GNU 操作系统的一项重大突破。虽然 GNU 的操作系统核心 HURD 一直处于实验阶段，没有任何可用性，实质上也没能开发出完整的 GNU 操作系统，但是 GNU 奠定了 Linux 的用户基础和开发环境。

1988 年，MIT 为了开发 GUI，成立了 XFree86 组织。

1991 年，芬兰赫尔辛基大学的研究生 Linus Torvalds 基于 GCC、Bash 开发了针对 386 机器的 Linux 内核。同时，POSIX 标准正在制定和投票过程中，这个 Unix 标准为 Linux 提供了极为重要的信息，使得 Linux 能够在标准的指导下进行开发，并能够与绝大多数 Unix 操作系统兼容。在最初的 Linux 内核源代码中(0.01 版、0.11 版)就已经为 Linux 系统与 POSIX 标准的兼容做好了准备工作。

POSIX(Portable Operating System Interface for Computing Systems)是由 IEEE 和 ISO/IEC 开发的一个标准族。该标准族基于现有的 Unix 实践和经验，描述了操作系统的调用服务接口，是对应用程序和系统调用之间接口的规范，用于保证编制的应用程序可以在源代码一级在多种操作系统上移植和运行。

1994 年，Torvalds 发布 Linux 1.0，代码量 17 万行，当时是按照完全自由免费的协议发布的，随后正式采用 GPL 协议。

1995 年 1 月，Bob Young 创办了 Red Hat(小红帽)，以 GNU/Linux 为核心，集成了 400 多个源代码开放的程序模块，制作出了第一个 Linux 品牌，即 Red Hat Linux，称为 Linux "发行版"，在市场上出售。这在经营模式上是一个创举。

1996 年，Torvalds 发布了 Linux 2.0，确定了 Linux 的吉祥物：企鹅。此内核有大约 40 万行代码，并可以支持多个处理器。此时的 Linux 已经进入了实用阶段，全球大约有 350 万人在使用。

1998 年 2 月，以 Eric Raymond 为首的一批年轻的"老牛羚骨干分子"认识到 GNU Linux 体系产业化道路的本质：GNU 不是自由哲学，而是市场竞争的驱动，于是创办了开放源代码促进会(Open Source Intiative)，在互联网世界里展开了一场历史性的 Linux 产业化运动。

2001 年 1 月，Linux 2.4 发布，它进一步提升了 SMP 系统的扩展性，同时也集成了很多用于支持桌面系统的特性：USB、PC 卡(PCMCIA)的支持、内置的即插即用等功能。

2003 年 12 月，Linux 2.6 版内核发布，相对于 2.4 版内核，2.6 版内核在对系统的支持上有很大的变化。

2006 年 11 月，Microsoft 和 Novell 达成协议，用于改善 Linux 同 Windows 操作系统的兼容问题。

2007 年 11 月，Google 推出了基于 Linux 的开源移动平台 Android。

2008 年 9 月，Google 联合 T-Mobile、HTC，正式发布了首款 Android 平台的手机 G1。Google 发布开源浏览器 Chrome，发布仅仅几个小时，总体占有率就达到了 2%。

2011 年 7 月 21 日，Linus Torvalds 发布了 Linux 3.0 正式版本。Linux 3.0 没有具有重要意义的新特性或者是与之前的版本存在不兼容的地方，只是在 Linux 20 周年之际放弃不方便的版本编号系统。

2015 年 4 月 13 日，Linus Torvalds 发布了 Linux 4.0 正式版本。Linux 新的补丁更新机制叫作 "live patching"(实时补丁)，可以对系统内核进行更新而不用重启。该功能由 SUSE Enterprise Linux kGraft、Red Hat Kpatch 合并升级而来。

1.4　Linux 的特性

1. 基本思想

Linux 的基本思想有两点：第一，一切都是文件；第二，每个软件都有确定的用途。其中第一条详细来讲就是系统中的所有都归结为一个文件，包括命令、硬件和软件设备、操作系统、进程等，对于操作系统内核而言，都被视为拥有各自特性或类型的文件。至于说 Linux 是基于 Unix 的，很大程度上也是因为这两者的基本思想十分相近。

2．完全免费、开放源代码

Linux 是一款免费的操作系统，用户可以通过网络或其他途径免费获得，并可以任意修改其源代码。原先 Linus Torvalds 将 Linux 置于一个禁止任何商业行为的条例之下，但之后改用 GNU 通用公共许可证第 2 版 GPLv2，该协议允许任何人对软件进行修改或发行，包括商业行为，只要其遵守该协议，所有基于 Linux 的软件也必须以该协议的形式发表，并提供源代码。

软件的授权模式有：

- Open Source：开源软件，开放源代码。
- Close Source：闭源软件，没有源代码。
- Freeware：自由软件，免费但不开源。
- Shareware：共享软件，一开始免费试用，经过一段时间后收费。

3．完全兼容 POSIX1.0 标准

完全兼容 POSIX1.0 标准使得 Linux 同 Unix 在源代码级别可以跨平台使用，另外也可以在 Linux 下通过相应的兼容层运行常见的 DOS、Windows 程序，这为用户从 Windows 转到 Linux 奠定了基础。

4．多用户、多任务

Linux 支持多用户，各个用户对于自己的文件设备有自己特殊的权利，保证了各用户之间互不影响。多任务则是现在计算机最主要的一个特点，Linux 可以使多个程序同时并独立地运行。

5．良好的界面

Linux 同时具有字符界面和图形界面。在字符界面，用户可以通过键盘输入相应的指令来进行操作。它同时也提供了类似 Windows 图形界面的 X Window 系统，用户可以使用鼠标对其进行操作。X Window 环境基本和 Windows 相似，可以说是一个 Linux 版的 Windows。

6．支持多种平台

Linux 可以运行在多种硬件平台上，如 x86、680x0、SPARC、Alpha 等处理器平台。此外 Linux 还是一种嵌入式操作系统，可以运行在掌上电脑、机顶盒或游戏机上。2001年 1 月发布的 Linux 2.4 版内核已经能够完全支持 Intel 64 位芯片架构。同时 Linux 也支持多处理器技术，多个处理器同时工作，使系统性能大大提高。

1.5 Linux 内核

操作系统是一个用来和硬件打交道并为用户程序提供一个有限服务集的低级支撑软件。一个计算机系统是一个硬件和软件的共生体，它们互相依赖，不可分割。计算机的硬件，包括外围设备、处理器、内存、硬盘和其他的电子设备等，它们是计算机的"发动机"。

但是没有软件的操作和控制，硬件自身是不能工作的。完成这个控制工作的软件就称为操作系统，在 Linux 的术语中被称为"内核"，也可以称为"核心"。Linux 内核的主要模块(或组件)分以下几个部分：存储管理、CPU 和进程管理、文件系统、设备管理和驱动、网络通信，以及系统的初始化(引导)、系统调用等。

Linux 内核使用四种不同的版本编号方式。

第一种方式用于 1.0 版本之前(包括 1.0)。第一个版本是 0.01，紧接着是 0.02、0.03、0.10、0.11、0.12、0.95、0.96、0.97、0.98、0.99 和之后的 1.0。

第二种方式用于 1.0 之后到 2.6，数字由三部分组成，形式为"A.B.C"，A 代表主版本号，B 代表次主版本号，C 代表较小的末版本号。只有在内核发生很大变化时，A 才变化。可以通过数字 B 来判断 Linux 是否稳定，偶数的 B 代表稳定版，奇数的 B 代表开发版。C 代表 bug 修复、安全更新、新特性和驱动的次数。

以版本 2.4.0 为例，2 代表主版本号，4 代表次版本号，0 代表改动较小的末版本号。在版本号中，序号的第二位为偶数的版本表明这是一个可以使用的稳定版本，如 2.2.5；而序号的第二位为奇数的版本一般有一些新的东西加入，是一个不一定很稳定的测试版本，如 2.3.1。这样稳定版本来源于上一个测试版升级版本号，而一个稳定版本发展到完全成熟后就不再发展了。

第三种方式从 2004 年的 2.6.0 版本开始，使用一种被称为"time-based"的方式，形式为"A.B.C.D"。七年里，前两个数字 A 和 B 即"2.6"保持不变，C 随着新版本的发布而增加，D 代表 bug 修复、安全更新、添加新特性和驱动的次数。最后版本为 2.6.39.4。

第四种方式从 Linux 内核 3.0 版本之后开始，采用"A.B.C"的新格式，B 随着新版本的发布而增加，C 代表 bug 修复、安全更新、添加新特性和驱动的次数。不再使用偶数代表稳定版、奇数代表开发版这样的命名方式。例如 3.7.0 代表的不是开发版，而是稳定版。

Linux 内核官方主页：

https://www.kernel.org/

截至目前，Linux 内核最新稳定版本为 4.5.6 和 4.6.1。以前的 3 和 4 版本都提供不同周期的长期维护版本。

1.6　Linux 的发行版

在 Linux 内核的发展过程中，我们还不得不提一下各种 Linux 发行版的作用，正是它们推动了 Linux 的应用，从而也让更多的人开始关注 Linux。

20 世纪 90 年代初期，Linux 开始出现的时候，仅仅是以源代码形式出现，用户需要在其他操作系统下进行编译才能使用。后来一些组织或厂家将 Linux 系统的内核与外围实用程序(Utilities)软件和文档包装起来，并提供一些系统安装界面和系统配置、设定与管理工具，就构成了一种发行版本(Distribution)。Linux 的发行版本其实就是 Linux 核心再加上外围的实用程序组成的一个大软件包而已。相对于 Linux 操作系统内核版本，发行版本的版本号随发布者的不同而不同，与 Linux 系统内核的版本号是相对独立的。因此把 SUSE、Red Hat、Ubuntu、Slackware 等直接说成是 Linux 是不确切的，它们是 Linux 的发行版本，更确切地说，应该叫作"以 Linux 为核心的操作系统软件包"。根据 GPL 准则，这些发行版本虽然都源自一个内核，并且都有各自的贡献，但都没有自己的版权。Linux 的各个发行版本，都是使用 Linus 主导开发并发布的同一个 Linux 内核，因此在内核层不存在什么兼容性问题。每个版本都有不一样的感觉，只是在发行版本的最外层才有所体现，而绝不是 Linux 本身特别是内核不统一或是不兼容。

今天人们已经习惯了用 Linux 来称呼 Linux 的发行版，但是严格来讲，Linux 这个词本身只表示 Linux 内核。

Linux 的发行版有近百种，目前市面上较知名的发行版有 Red Hat、CentOS、Fedora、Debain、Ubuntu、SuSE、OpenSUSE、Gentoo、TurboLinux、BluePoint、RedFlag、SlackWare 等。从性质上划分，大体分为由商业公司维护的商业版本与由开源社区维护的免费发行版本。商业版本以 Red Hat 为代表，开源社区版本则以 Debian 为代表。Linux 的发行版大同小异，学通一门再掌握其他发行版就比较容易。用户可根据自己的经验和喜好选用合适的 Linux 发行版。

下面详细介绍几种常见的 Linux 发行版。

1. Red Hat Enterprise Linux

Red Hat 企业版，简称 RHEL，是 Red Hat 公司发布的商业 Linux 版本，是企业首选的 Linux 发行版，Red Hat 系都是基于该版本进行发布的。RHEL 可以说是 Linux 的领军发行版，有其广泛的商业基础，也具有强大的社区影响力，是企业最优先考虑的版本。RHEL 是很多大型企业采用的操作系统，可以免费使用，但商用需要向 Red Hat 购买商用许可证，有偿享受技术支持、版本升级等服务。

2. CentOS Linux

CentOS Linux 是一个由社区支持的发行版本，它是由 Red Hat 公开的 Red Hat 企业级 Linux(RHEL)源代码所衍生出来的。因此，CentOS Linux 以兼容 RHEL 的功能为目标。CentOS 计划对组件的修改主要是去除上游提供者的商标及美工图。CentOS Linux 是免费的及可自由派发的。每个 CentOS 版本均可获得长达十年的维护(通过安全更新——支持期的长短取决于 Red Hat 发行的源代码的更改)。新版本的 CentOS 大约每两年发行一次，而每个版本的 CentOS 更会定期(大概每六个月)更新一次，以便支持新的硬件。这最终构建了一个安全的、低维护的、稳定的、高预测性的、高重复性的 Linux 环境。

从某种角度看，CentOS 可以看作免费版的 Red Hat，任何人可以自由使用，不需要向 Red Hat 付任何的费用。同时有强大的社区提供技术支持，也有很多公开源提供免费升级服务。

CentOS 非常适合那些需要可靠、成熟、稳定的企业级操作系统，却又不愿意负担高昂技术支持成本开销的用户。典型的 CentOS 用户包括一些中小企业和个人，他们并不需要专门的商业支持服务，以最低的成本就能开展稳定的业务。本书就是主要采用目前企业生产环境最普遍使用的 CentOS 6 系统。

官方主页：

https://www.centos.org/

中文手册：

https://wiki.centos.org/zh

教学文档：

https://wiki.centos.org/zh/HowTos

3. Fedora

Fedora 是 Red Hat 公司最前沿技术的实验版本，测试稳定后才考虑加入企业版本中，交由社区维护。它非常适合作为桌面操作系统，不适合作为服务器系统，想了解未来技术走向、学习新技术的用户可以尝试该发行版。

4. Debian

Debian 是一个致力于自由软件开发并宣扬自由软件基金会理念的自愿者组织。Debian 系统以 Linux 内核为基础，也添加了针对 FreeBSD 内核的支持，整个系统基础核心非常小，不仅稳定，而且占用硬盘空间小，占用内存小。Debian 系统完全基于 GNU 发行，完全由社区维护，是对自由非商用软件有偏好者首选的服务器操作系统，其稳定性和安全性都不弱于 CentOS，且占用资源特别小。最新的 Debian 系统用作桌面系统也非常理想，很多优秀的桌面发行版都是基于 Debian 再发行的。本书的桌面系统就是基于 Debian 的最小安装，然后通过脚本的形式打造适合个人的专用桌面发行版系统，界面美观，性能稳定。

官方主页：

https://www.debian.org/

中文参考手册：

http://qref.sourceforge.net/Debian/reference/index.zh-cn.html

中文安装手册：

https://www.debian.org/releases/stable/amd64/

5. FreeBSD

FreeBSD 严格来说不属于 Linux 类，而是一种类 Unix 操作系统，是由经 BSD、386BSD 和 4.4BSD 发展而来的 Unix 的一个重要分支。FreeBSD 为不同架构的计算机系统提供了不同程度的支持。并且一些原来 BSD Unix 的开发者后来转到 FreeBSD 的开发，使得 FreeBSD 在内部结构和系统 API 上和 Unix 有很大的兼容性。由于 FreeBSD 宽松的法律条款，其代码被很多其他系统借鉴，包括苹果公司的 Mac OS X，正是因为 Mac OS X 的 Unix 兼容性，Mac OS X 获得了 Unix 商标认证。

官方主页：

http://www.freebsd.org/

中文使用手册：

http://www.freebsd.org/doc/zh_CN.UTF-8/books/handbook/

说明：FreeBSD 的使用手册非常齐全，是目前 FreeBSD 最主要的学习资料。

6. Ubuntu

Ubuntu(乌班图)是一个以桌面应用为主的 Linux 操作系统，其名称来自非洲南部祖鲁语或豪萨语的"ubuntu"一词，意思是"人性""我的存在是因为大家的存在"，是非洲传统的一种价值观，类似我国的"仁爱"思想。

Ubuntu 由开源厂商 Canonical 公司开发和维护，是基于 Debian 再发行的桌面环境。Ubuntu 的目标在于为一般用户提供一个最新的、同时又相当稳定的主要由自由软件构建而成的操作系统，十分契合 Intel 的超极本定位，支持 x86、64 位和 PPC 架构。

很多 Linux 桌面系统都是基于 Ubuntu 再发行的，如 Linux Mint、ChaletOS、ElementaryOS，还有中文版的 Ubuntu Kylin。

Ubuntu Kylin 是 Ubuntu 社区中面向中文用户的 Ubuntu 衍生版本，中文名称"优麒麟"。Ubuntu Kylin 是由中国 CCN 联合实验室支持和主导的开源项目，其宗旨是采用平台国际化与应用本地化融合的设计理念，通过定制本地化的桌面用户环境以及开发满足广大中文用户特定需求的应用软件来提供细腻的中文用户体验，做有中国特色的 Linux 操作系统。

Ubuntu 还正式发布有面向智能手机的移动操作系统，并与国产手机厂商魅族合作，推出了 Ubuntu 版智能手机。

中文官方主页：

http://www.ubuntu.org.cn/

中文使用手册：

http://www.cnubuntu.com/wiki/

7. Linux Mint

Linux Mint 由 Linux Mint Team 团队于 2006 年开始发行，是一份基于 Debian 和 Ubuntu 的 Linux 发行版。Linux Mint 是一个为 PC 和 x86 电脑设计的操作系统，可以使用 Linux Mint 来代替 Windows，其目标是提供一种更完整的即刻可用体验，这包括提供浏览器插件、多媒体编/解码器、对 DVD 播放的支持、Java 和其他组件，它也增加了一套定制桌面及各种菜单，一些独特的配置工具，以及一份基于 Web 的软件包安装界面。Linux Mint 是对用户友好而功能强大的操作系统，其目标是为家庭用户和企业客户提供免费、高效、易用、高雅的桌面操作系统，是 Distrowatch 排行榜上目前第一名的 Linux 发行版。

8. OpenSUSE

OpenSUSE 是著名的 Novell 公司旗下的 Linux 的发行版，发行量在欧洲占第一位。它采用 KDE 作为默认桌面环境，同时也提供 GNOME 桌面版本。它的软件包管理系统采用自主开发的 YaST，颇受好评。它的用户界面非常华丽，甚至超越 Windows 7，而且性能良好。

OpenSUSE 项目是由 Novell 发起的开源社区计划，该项目由 SUSE 等公司赞助。2011 年 Attachmate 集团收购了 Novell，并把 Novell 和 SUSE 作为两个独立的子公司运营。OpenSUSE 操作系统和相关的开源程序会被 SUSE Linux Enterprise 使用。OpenSUSE 对个人来说是完全免费的，包括使用和在线更新。

9. Kali Linux

Kali Linux 是基于 Debian 的 Linux 发行版，设计用于数字取证和渗透测试，由 Offensive Security Ltd 维护和资助。最先由 Offensive Security Ltd 的 Mati Aharoni 和 Devon Kearns 通过重写 BackTrack 来完成，BackTrack 是他们之前写的用于取证的 Linux 发行版。

Kali Linux 预装了许多渗透测试软件，包括 nmap (端口扫描器)、Wireshark (数据包分析器)、John the Ripper (密码破解器)以及 Aircrack-ng (一种用于对无线局域网进行渗透测试的软件)。用户可通过硬盘、Live CD 或 Live USB 运行 Kali Linux。Metasploit 的 Metasploit Framework 支持 Kali Linux，Metasploit 是一套针对远程主机进行开发和执行 Exploit 代码的工具。Kali Linux 是黑客常用操作系统。

Kali Linux 既有 32 位和 64 位的镜像，可用于 x86 指令集，同时还有基于 ARM 架构的镜像，可用于树莓派和三星的 ARM 版 Chromebook。

1.7　Linux 桌面环境

在图形计算中，一个桌面环境(Desktop Environment)为计算机提供一个图形用户界面(GUI)。一般来说窗口管理器和桌面环境是有区别的。桌面环境就是桌面图形环境，它的主要目标是为 Linux/Unix 操作系统提供一个更加完备的界面以及大量各类整合工具和实用程序，其基本易用性吸引着大量的新用户。桌面环境的名称来自桌面比拟，对应于早期的字符命令行界面(CLI)。一个典型的桌面环境提供图标、视窗、工具栏、文件夹、壁纸以及像拖放这样的能力。整体而言，桌面环境在设计和功能上的特性，赋予了它与众不同的外观和感觉。

1.7.1　X Window

Linux 图形界面称为 X Window，它同 Windows 的概念不同，X Window 没有 Windows 成熟，所以概念复杂，下面通过描述 Linux 启动过程来认识 X Window 的概念。

Linux 系统启动可以按照以下几个步骤进行：① 设定不同的运行级别(Runlevel)可以选择图形界面或者字符界面；② 字符界面可以启动 tty1-tty6 共 6 个 Terminal 终端，或者虚拟终端(客户端连接时就启动虚拟终端)；③ 然后 startx 命令可以启动 X Window；④ X Window 首先启动 X Server；⑤ 启动桌面显示管理器，开启登录窗口，选择桌面环境；⑥ 启动 X Client 完成图形界面启动。

图形界面 X Window 中几个容易混淆的概念：

* X Window: X Window 是一个协议，包括 X Server 和 X Client，通过 X Window 协议通信，可以基于 TCP/IP 网络使用，也可以单机使用。

- X Server: X server 不是指机器，而是指一个程序，它负责在某台机器上接受 X Client 的要求，在屏幕上显示 X Client 请求的图形，并把消息(键盘、鼠标、窗口消息)通知 X Client 程序。
- X Org: 现在很多 Linux 发行版使用的一种 X Server。
- X Client: 利用 X Server 进行显示并接受接入。
- 窗口管理器: 它是一种特殊的 X Client，主要目的当然就是管理窗口，有点类似资源管理器。
- 桌面环境: 就是更多 X 应用软件的一套集合，包括窗口管理器。
- 桌面显示管理器: 引导桌面环境启动的显示管理程序，选择和启动候选桌面环境，并提供用户登录界面。Linux 系统允许安装多个桌面环境，因此需要选择和启动候选桌面环境，所以其又称桌面登录管理器。

1.7.2 桌面显示管理器

常见的桌面显示管理器:
- XDM。最早是使用 X 显示管理器(X Display Manager)或者说 XDM 启动，使用命令 startx 启用 XDM。
- GDM。The GNOME Display Manager，是 GNOME 显示环境的管理器，用来替代原来的 X Display Manager。与其竞争者(X3DM、KDM、WDM)不同，GDM 是完全重写的，并不包含任何 XDM 的代码。GDM 可以运行并管理本地和远程通过 XDMCP 登录的 X 服务器，目前最新版本为 GDM3。
- LightDM。Light Display Manager，是一个全新的、轻量级的 Linux 桌面显示管理器。LightDM 是一个跨桌面显示管理器，其目的是成为 X org 服务器的标准显示管理器。使用服务 service lightdm 管理引导桌面环境。
- MDM。由 Linux Mint 发布的登录管理器，是一个基于 GDM2 登录管理器的分支。

1.7.3 桌面环境

现今主流的桌面环境有 GNOME、KDE、Xfce、LXDE 等，除此之外还有 MATE、Cinnamon、Ambient、EDE、IRIX Interactive Desktop、Mezzo、Sugar、CDE 等。

1. GNOME 3

GNOME，即 GNU 网络对象模型环境(The GNU Network Object Model Environment)，为 GNU 计划的一部分，开放源码运动的一个重要组成部分。它是一种让使用者容易操作和设定电脑环境的工具。目标是基于自由软件，为 Unix 或者类 Unix 操作系统构造一个功能完善、操作简单以及界面友好的桌面环境，它是 GNU 计划的正式桌面。GNOME 3 完全遵循 GPL 协议，很多版本都使用它作为默认桌面。

2. KDE

KDE，K 桌面环境(Kool Desktop Environment)的缩写。可以运行于 Linux、Unix 以及 FreeBSD 等操作系统上的图形桌面环境，整个系统采用的都是 Qt 程序库，可以通过大量的设置来提升桌面体验。商业软件支持比较多，性能稳定，但是部分代码闭源。

3. Xfce

Xfce，即 XForms Common Environment，有点类似 Windows XP，是一个轻量级的桌面环境，围绕 GTK 框架实现。它看起来很像 Gnome 2 和 MATE，是它们的轻量级替代品。相较于 KDE 和 GNOME 3 而言，Xfce 非常轻量级，所以它对于运行轻量级的工具或者那些希望实现最大执行效率的框架使用者来说是理想的环境，Xfce 完成了执行效率和功能的平衡。

4. Lxde

Lxde 就是 Light weight X11 Desktop 的缩写，它有点类似 Windows 98，由中国台湾设计者设计，是桌面环境中最轻量级的选择。这个基于 GTK 的桌面环境使用了很多轻量级的选择替代了默认的应用。

5. Cinnamon

Cinnamon 是由 Linux Mint 创始的一个桌面交互环境，原本是 Unix 类系统下的用户界面，GNOME Shell 的派生版本 GNOME 3 的一个分支，试图提供一个类似于 GNOME 2 的布局，含有一个底部面板和启动器，GNOME 2 样式的系统托盘和通知等工具。Cinnamon 的核心设计目标是让桌面终端和触屏设备都能完美操作。无论是使用鼠标还是使用触摸屏都可以获得同样便捷的操作。有国人参与设计。

6. MATE

MATE 与 Cinnamon 是两种相似的桌面环境，同时受到 Linux Mint 支持，界面设计非常精美。尽管 Cinnamon 采用了 GNOME 3 中的一部分代码并将其 fork 成一套传统桌面，MATE 却采用更加陈旧的 GNOME 2 桌面代码，并随 Linux 发行版进行更新。除了 Mint 之外，MATE 也适用于 Fedora、Ubuntu 以及 Debian 等。

7. Unity

Unity 是 GNOME 桌面环境的一个界面，由 Canonical 公司创建，用于 Ubuntu 系统中。Unity 最初现身于 Ubuntu 10.10 的上网本版本中。它起初打算充分利用上网本的屏幕空间，例如一个竖直的应用启动器和一个节省空间的多功能顶部菜单栏。

8. Fluxbox

Fluxbox 是一个基于 GNU/Linux 的轻量级图形操作界面，它虽然没有 GNOME 和 KDE 那样精致，但由于它的运行对系统资源和配置要求极低，所以它被安装到很多较旧的或是对性能要求较高的机器上，其菜单和有关配置被保存于用户根目录下的.fluxbox 目录里，这样使得它的配置极为便利。

9. Enlightenment

Enlightenment，常简称 E，是 X Window 系统下的一个窗口管理器，可单独应用，或者与桌面环境如 GNOME、KDE 等一起应用。Enlightenment 经常作为桌面环境的替代品，是一个功能强大的窗口管理器，它的目标是让用户轻而易举地配置所见即所得的桌面图形界面。现在 Enlightenment 的界面已经相当豪华，它拥有像 AfterStep 一样的可视化时钟以及其他浮华的界面效果，用户不仅可以任意选择边框和动感的声音效果，最有吸引力的是由于它开放的设计思想，每一个用户可以根据自己的爱好，任意地配置窗口的边框、菜单以及屏幕上其他各个部分而不需要接触源代码，也不需要编译任何程序。

1.8　几种开源协议

现今存在的开源协议很多，经过 Open Source Initiative 组织批准的开源协议目前就有近百种(http://www.opensource.org/licenses/alphabetical)。我们经常见到的开源协议如 BSD、GPL、LGPL、MIT 等都是 OSI 批准的协议。如果要开源自己的代码，最好选择这些被批准的开源协议。

1.8.1　GPL 协议

Linux 内核就是采用了 GPL(GNU General Public License)协议。GPL 协议和 BSD、Apache Licence 等鼓励代码重用的许可不一样，GPL 的出发点是代码的开源/免费使用和引用/修改/衍生代码的开源/免费使用，但不允许修改和衍生后的代码作为闭源的商业软件发布和销售。这也就是为什么我们能使用各种免费的 Linux，包括商业公司的 Linux 和Linux 上各种各样的免费软件。

GPL 协议的主要内容是只要在一个软件中使用("使用"指类库引用，修改后的代码或衍生代码)GPL 协议的产品，则该软件产品必须也采用 GPL 协议，即必须也是开源和免费的。这就是所谓的"传染性"。GPL 协议的产品作为一个单独的产品使用没有任何问题，还可以享受免费的优势。

由于 GPL 严格要求使用了 GPL 类库的软件产品必须使用 GPL 协议，对于使用 GPL协议的开源代码，商业软件或者对代码有保密要求的部门就不适合集成/采用作为类库或二次开发的基础。

GPL 经历了三代，有四个版本，其中 LGPL 是宽松的许可证。

1. GPLv1

GPLv1 是最初的版本，其目的是防止那些阻碍自由软件的行为，而这些阻碍软件开源的行为主要有两种：一种是软件发布者只发布可执行的二进制代码而不发布具体源代码；一种是软件发布者在软件许可中加入限制性条款。因此按照 GPLv1，如果发布了可执行的二进制代码，就必须同时发布可读的源代码，并且在发布任何基于 GPL 许可的软件时，不能添加任何限制性的条款。

2. GPLv2

GPLv2 中增加了"自由或死亡"(Liberty or Death)这章条款，条款声明：如果个人或组织在发布源于 GPL 软件时，同时添加强制的条款，那么他将根本无权发布该软件。

3. GPLv3

2005 年，Richard Stallman 起草了第一份 GNU GPLv3 草案，不仅要求用户公布修改的源代码，还要求公布相关硬件配置信息，这导致 GPLv3 有很大的争议。GPLv3 并不会取代 GPLv2，它们将并存，因此开源项目可以选择在任一许可证版本下发布他们的代码。

GPLv3 在所有的改动中，最重要的四个是：

* 解决软件专利问题；
* 与其他许可证的兼容性；
* 源代码分区和组成的定义；
* 解决数位版权管理(DRM)问题。

对于 LGPL 的介绍见下一小节。

1.8.2　LGPL 协议

1990 年，人们普遍认为一个限制性弱的许可证对于自由软件的发展是有战略意义上的好处的，因此，当 GPL 的第二个版本(GPLv2)在 1991 年 6 月发布时，第二个许可证程序库 GNU 通用公共许可证(LGPL，the Lesser General Public License)也被同时发布出来，并且一开始就将其版本定为第 2 版本以表示其和 GPLv2 的互补性。这个版本一直延续到 1999 年，并分支出一个派生的 LGPL，版本号为 2.1，将其重命名为轻量级通用公共许可证(又称宽通用公共许可证，Lesser General Public License)，以反映其在整个 GNU 哲学中的位置。

LGPL 是 GPL 的一个主要为类库使用设计的开源协议。和 GPL 要求任何使用/修改/衍生之 GPL 类库的软件必须采用 GPL 协议不同，LGPL 允许商业软件通过类库引用(link)方式使用 LGPL 类库而不需要开源商业软件的代码。这使得采用 LGPL 协议的开源代码可以被商业软件作为类库引用并发布和销售。

但是如果修改 LGPL 协议的代码或者衍生，则所有修改的代码，涉及修改部分的额外代码和衍生的代码都必须采用 LGPL 协议。因此 LGPL 协议的开源代码很适合作为第三方类库被商业软件引用，但不适合希望以 LGPL 协议代码为基础，通过修改和衍生的方式做二次开发的商业软件采用。

GPL/LGPL 都保障原作者的知识产权，避免有人利用开源代码复制并开发类似的产品。

1.8.3　Apache 协议

Apache(Apache License，Version 2.0)是著名的非营利开源组织 Apache 采用的协议。该协议鼓励代码共享和尊重原作者的著作权，允许代码修改与再发布(作为开源或商业软件)。

Apache Licence 是对商业应用友好的许可证协议。使用者可以在需要的时候修改代码来满足需要并作为开源或商业产品发布/销售。

1.8.4 BSD 开源协议

BSD 开源协议是一个给予使用者很大自由的协议，基本上使用者可以"为所欲为"，可以自由地使用、修改源代码，也可以将修改后的代码作为开源或者专有软件再发布。

但"为所欲为"也是有前提的，当你发布使用了 BSD 协议的代码，或以 BSD 协议代码为基础二次开发自己的产品时，需要满足三个条件：

- 如果再发布的产品中包含源代码，则在源代码中必须带有原来代码中的 BSD 协议。
- 如果再发布的是二进制类库/软件，则需要在类库/软件的文档和版权声明中包含原来代码中的 BSD 协议。
- 不可以用开源代码的作者/机构名字和原来产品的名字做市场推广。

BSD 协议鼓励代码共享，但需要尊重代码作者的著作权。BSD 由于允许使用者修改和重新发布代码，也允许在 BSD 代码上开发商业软件发布和销售，因此对商业集成是很友好的协议。很多的公司企业在选用开源产品的时候都首选 BSD 协议，因为可以完全控制这些第三方的代码，在必要的时候可以修改或者二次开发。

1.8.5 MIT 协议

MIT 协议源于麻省理工学院(Massachusetts Institute of Technology，MIT)，又称"X 条款"(X License)或"X11 条款"(X11 License)。

MIT 是和 BSD 一样宽松的许可协议，作者只想保留版权而无任何其他了限制。也就是说，使用者必须在自己的发行版里包含原许可协议的声明，无论是以二进制发布还是以源代码发布，这是最宽松的许可协议。

本 章 小 结

Linux 是一种多任务服务型操作系统，要学习 Linux 必须了解 Linux 系统的背景知识，包括最基础的硬件如何分类，操作系统如何分类。只有了解了 Linux 的历史和发展，才能建立自己的知识地图，认识 Linux 在计算机体系中的地位。

Linux 不似 Windows 成熟，其概念比较庞杂，有些知识不是透明的，必须重新学习。Windows 只是在图形界面下才有主导地位，其他知识应该养成以 Linux 为标准的习惯。

在 Linux 基础常识中，Linux 内核、Linux 常见的几个发行版本、几种常见的桌面环境以及几种开源协议都是需要掌握的。

习　　题

1. 利用网络查阅 Linux 内核的版本信息并比较几个主要版本的特性。

2. 利用网络查阅常见的 Linux 发行版本，简单归纳它们的分类以及各自的特点，选择一个自己最喜欢的发行版本，并说明原因。

3. 理清 Linux 桌面环境几个比较容易混淆的概念，搜索几种常见的桌面环境截图，选择一个自己最喜欢的桌面环境，并说明原因。

4. 认识几种开源协议，用自己的话总结这几种协议的差异和其所适应的环境。如果让你选择一种开源协议，你会选择哪种？说明你的理由。

第2章　CentOS 6 安装与配置

【学习目标】

　　Linux 安装后，是一个通用的操作系统，可以根据区域实现本地化配置，也可以根据自己的生产需求，打造更安全的操作系统。通过本章学习，重点需要掌握如何利用虚拟机安装 CentOS 6 以及进行安装后的配置，使用 Linux 客户端正确登录系统的方法，另外还需要掌握进行系统更新的方法。

　　CentOS 最新版本已经到了 7，但是生产环境使用 6 的情况比较普遍，而且两者还会在相当长的时间并存，所以本书主要介绍了 CentOS 6 的安装和维护，但并不表示本书抛弃了其他主流 Linux 的发行版本，本书知识点还包括 CentOS 7、Debian 8，甚至包括了 FreeBSD。CentOS 6 是一个非常优秀、非常成熟且非常有代表性的版本，应该以该版本为学习标准，再学习其他发行版本就非常容易了。

2.1　Linux 安装

　　Linux 最大的特色就是使用命令行的字符界面，一切都是命令，学习这些命令就构成了整个 Linux 的学习主线，而学习这些命令，不能单纯靠记忆，必须实践、动手多练习才能真正理解其含义，找出规律，实现真正记忆。所以，一定要先在自己的机器上安装好 Linux，本书选用 VMware Workstation 虚拟机安装 CentOS 6.8 系统。VMware Workstation 虚拟机是试验环境的安装，生产环境现在也普遍使用 VMware 公司的虚拟服务器技术 VMWare vSphere，使用虚拟机讲解已具有普遍性。

2.1.1　安装 VMware Workstation

　　VMware Workstation 是一个"虚拟计算机"软件，它可以使用户在一台机器上同时运行两个或更多 Windows、DOS、Linux 等系统。与多启动系统相比，VMware Workstation 采用了完全不同的概念。多启动系统在同一个时刻只能运行一个系统，在系统切换时需要重新启动机器。而 VMware Workstation 是真正同时运行的，多个操作系统在主系统的平台上可以像 Windows 应用程序那样切换。并且每个操作系统都可以进行虚拟分区、配置而不影响真实硬盘的数据，甚至可以通过虚拟网卡将几台虚拟机连接为一个局域网，极其方便。安装在虚拟机上的操作系统比直接安装在硬盘上的操作系统性能低，因此，比较适合学习和测试环境。

官方网址：

http://www.vmware.com/cn/

下载地址：

https://my.vmware.com/cn/web/vmware/downloads/

VMware Workstation 是商业软件，因此在正式使用时，建议购买商业版本，官网提供的是试用版。

VMware Workstation 的安装比较简单，按照提示就可以顺利完成安装。

2.1.2　下载 CentOS 6 发行版

本书使用 CentOS 6.8 发行版本。官网目前最新的是 CentOS 7，考虑兼容性和普遍性，本书选择 CentOS 6 分支的最新版本，该版本是生产环境应用最多的版本，可以从官网直接下载。

官网地址：

https://www.centos.org/

最新版下载地址：

https://www.centos.org/download/，一般选择 DVD 版本即可，这里我们不选择最新的 CentOS 7 分支。

CentOS 6 分支下载地址：

https://wiki.centos.org/Download/，选择最新的 6.8 版本，其中 i386 是 32 位版本，x86_64 是 64 位版本，建议选择 64 位版本，32 位已经逐渐被放弃。这里下载的文件名为 CentOS-6.8-x86_64-bin-DVD1.iso。只需要 DVD1 即可，其他 ISO 都是可选软件包，无需下载。

2.1.3　新建 CentOS 6 虚拟机

如果物理机安装 Linux 系统，需要购买一台计算机，而使用虚拟机则不需要单独购买物理机，只需要在宿主计算机上配置一台虚拟机，用来安装操作系统，但是地位等同于物理机。VMware Workstation 是非常出色的虚拟机系统，目前，已能在普通配置的计算机中流畅使用虚拟机操作系统，它应该是每个学习计算机者的常备软件。利用 **VMware Workstation** 可以非常方便地虚拟出一台功能不差于物理机的虚拟工作站。

(1) 运行 **VMware Workstation**，在图 2.1 的主页界面选择"创建新的虚拟机"。

(2) 在"新建虚拟机向导"页面"您希望使用什么类型的配置"(如图 2.2 所示)，选择"自定义(高级)"，方便我们对虚拟机进行自定义控制。

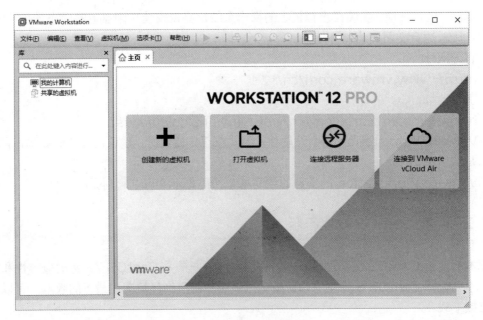

图 2.1　创建新的虚拟机

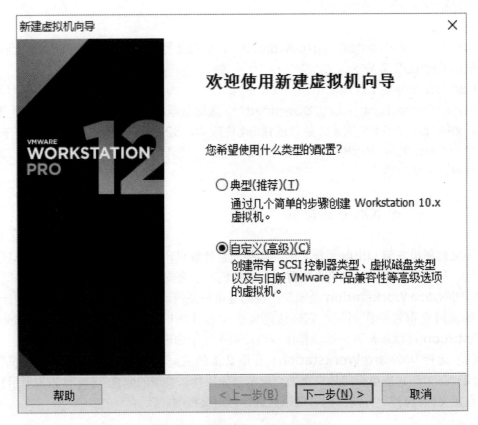

图 2.2　选择使用什么类型的配置

(3) 在"选择虚拟机硬件兼容性"页面(如图 2.3 所示)，考虑到系统的兼容性，选择"Workstation 10.x"，对于一般用户来说，可以选择最新的版本。

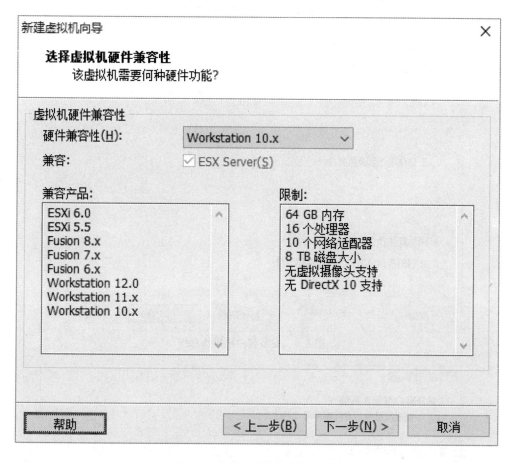

图 2.3　选择虚拟机硬件兼容性

(4) 在"安装客户机操作系统"页面(如图 2.4 所示)，选择"稍后安装操作系统"，如果提前选择操作系统的光盘或者光盘镜像，系统会默认进行一些处理，不方便我们理解，这里我们是配置安装 Linux 系统的裸机，故暂不考虑安装系统。

(5) 在"选择客户机操作系统"页面(如图 2.5 所示)，选择"Linux" → "CentOS 64 位"。

(6) 在"设定虚拟机名称和位置"页面(如图 2.6 所示)，将虚拟机名称改为"CentOS 6"，并安装到合适的位置，建议安装到统一位置，方便维护。

(7) 在"处理器配置和内存设定"页面，尽量选用推荐配置，以便满足虚拟机系统要求。

(8) 在"选择添加网络连接类型"页面(如图 2.7 所示)，选择默认选项"使用网络地址转换(NAT)"。

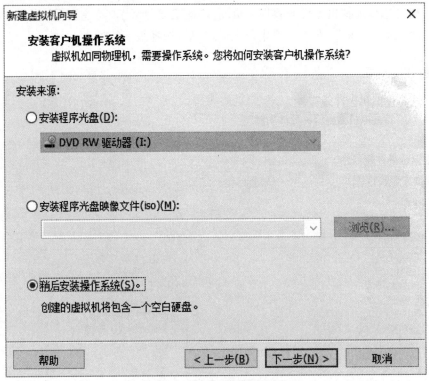

图 2.4　安装客户机操作系统

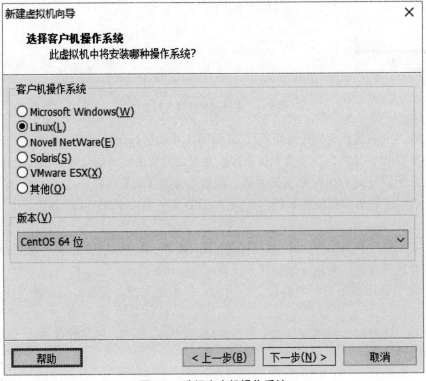

图 2.5　选择客户机操作系统

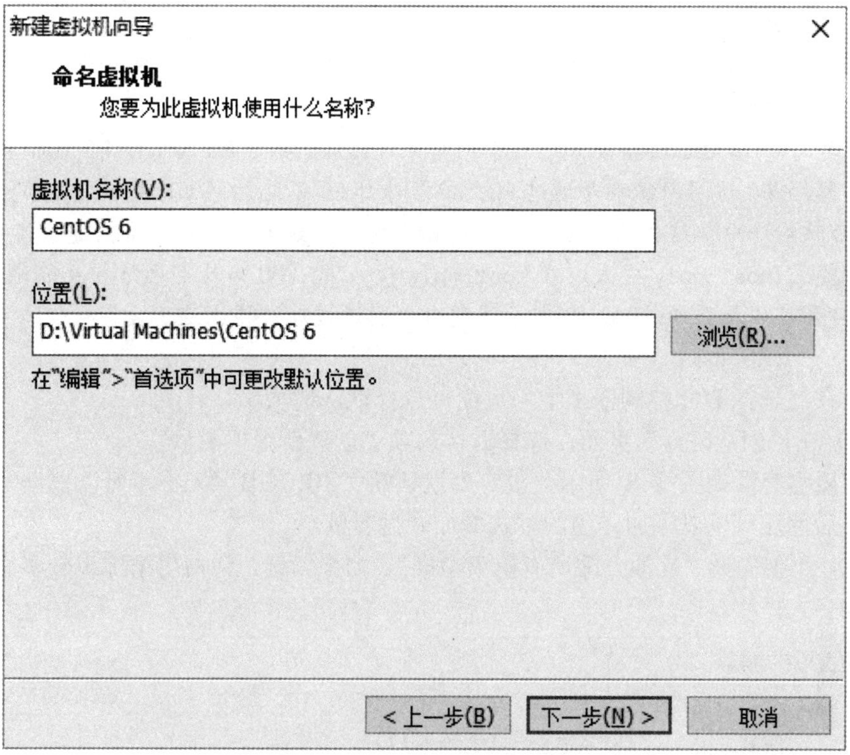

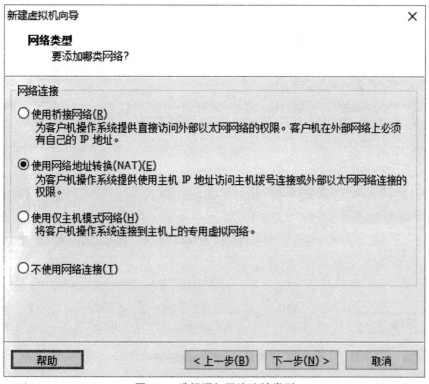

图 2.6　设定虚拟机名称和位置

图 2.7　选择添加网络连接类型

网络连接的三种模式简要说明(PC 表示物理机，VPC 表示虚拟机)如下：

- 桥接模式(bridged 模式):PC 与 VPC 处于网络对等地位，好像网络中真的存在这个虚拟电脑，网络配置全部同 PC 一致。实际生产环境建议该模式。
- NAT 模式(网络地址转换模式):对于网络来说，VPC 共享 PC 的 IP，PC 就相当于 VPC 的路由器，VPC 访问网络都是通过 PC，但是外部 PC 不能访问 VPC，如果要访问，必须通过 PC 映射端口，这里为了方便，采用 NAT 模式。如果仅作为测试，建议使用该模式。
- 主机模式(host-only 模式):在 host-only 模式下，VPC 与外部网络相互隔绝；只有 VPC 和 PC 是可以相互通信的，相当于这两台机器通过双绞线互连。

(9) 在"选择 I/O 控制器类型"页面，选择默认选项。

(10) 在"创建磁盘"页面，选择默认选项"创建新虚拟磁盘"。

指定磁盘容量如图 2.8 所示，设定为默认的"20.0GB"大小，可以根据实际情况进行调整，后期还可以以添加磁盘的方式增加硬盘容量。

注意，不要勾选"立即分配所有磁盘空间"，如果勾选，会占用宿主机较多空间，但性能并没有多大提升。

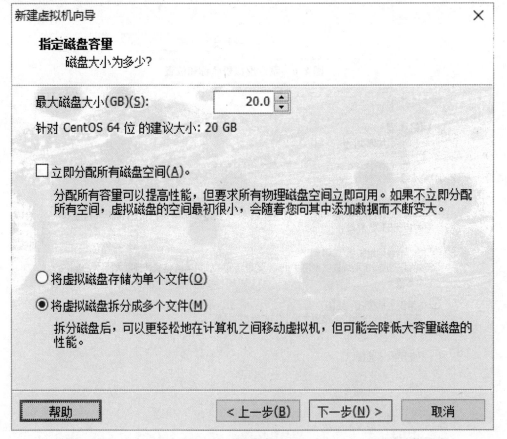

图 2.8　指定磁盘容量

(11) 后面是选择确认页面，确认，完成。

　　至此，安装 Linux 的虚拟机器已经完全配置完成，接下来就需要安装 Linux，如果是物理机，安装 Linux 之前必须将光盘插入机器光驱，而虚拟机只用插入 Linux 的 ISO 文件即可。

　　(12) 设定 CD/DVD。如图 2.9 所示，在左边库中选择刚配置好的"CentOS 6"，选择右边 CentOS 6 页面的"CD/DVD(IDE)"，弹出如图 2.10 所示页面，设定 CD/DVD 页面。

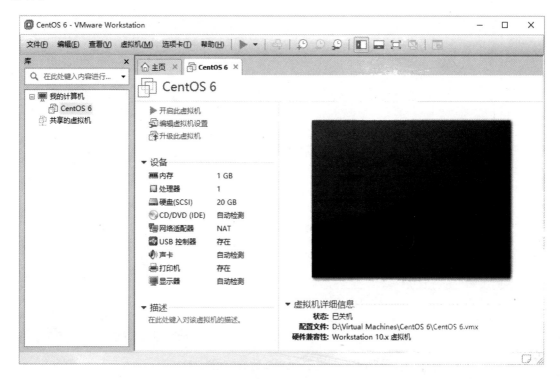

图 2.9　设定 CD/DVD

　　在图 2.10 中，点选"使用 ISO 映像文件"，浏览选择下载的 CentOS 6.8 的 ISO 文件 CentOS-6.8-x86_64-bin-DVD1.iso，相当于在虚拟光驱中插入 Linux 安装盘。如果选择"使用物理驱动器"，则必须将 ISO 文件刻盘，并借助于宿主机器的物理光驱进行安装。

　　(13) 设定好 ISO 映像文件之后，在图 2.9 的主页面选择"开启此虚拟机"，将虚拟机通电开机，并开始准备安装 Linux 操作系统。

　　(14) 部分物理机虽然自身是 64 位系统，配置虚拟机也是 64 位，通电后却无法执行 64 位操作，可以根据提示修改。提示如下：

　　已将该虚拟机配置为使用 64 位客户机操作系统。但是，无法执行 64 位操作。

　　此主机支持 Intel VT-x，但 Intel VT-x 处于禁用状态。

　　如果已在 BIOS/固件设置中禁用 Intel VT-x，或主机自更改此设置后从未重新启动，则 Intel VT-x 可能被禁用。

　　请重启物理机，开机界面进入 BIOS 修改，启用 Intel VT-x 特性。

图 2.10 设定 CD/DVD 的 ISO 映像文件

2.1.4 安装 CentOS 6 操作系统

选择以上新建的虚拟机,通电,此后虚拟机安装 Linux 同物理机安装 Linux 完全一致,下面详细介绍 Linux 的安装。

(1) 选择 CentOS 图形化安装模式(如图 2.11 所示),选择第 2 项。

安装选项说明:

- Install or upgrade an existing system:安装或升级现有的系统;
- Install system with basic video driver:安装过程中采用基本的显卡驱动;
- Rescue installed system:进入系统修复模式;
- Boot from local drive:退出安装并从硬盘启动;
- Memory test:内存检测。

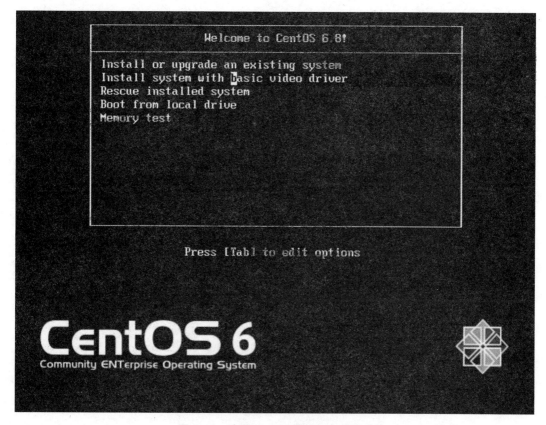

图 2.11　选择 CentOS 图形化安装模式

这里我们选择第 2 项：安装过程中采用基本的显卡驱动。

其实，如果是低配置电脑安装 CentOS，还提供了文本安装模式。选择第 1 项，系统会根据内存大小自动选择合适的模式。如果需要手工设定为文本模式，则需要在安装界面连续按 2 次 "Esc"，进入 "Boot"，输入：linux text ↵，即可开始文本安装模式。

(2) 介质校验界面直接选择 "Skip"，介质校验是检验安装光盘是否出错，一般选择跳过。

(3) 引导界面，点击 "Next"。

(4) 安装界面的语言选择，选择中文或英文影响不大，仅针对安装界面的语言选择。建议选择 " Chinese(Simplifed)(中文 (简体)) "。如果出现乱码问题，切换回 "English(English)"。

(5) 键盘布局选择默认的 "美国英语式(U.S.English)"。这里为了兼容性不建议大家修改。

(6) 存储设备，选择默认的 "基本存储设备"。

(7) 为主机命名(如图 2.12 所示)，主机名设为 "jsj.centos6"，主机名的设置并没

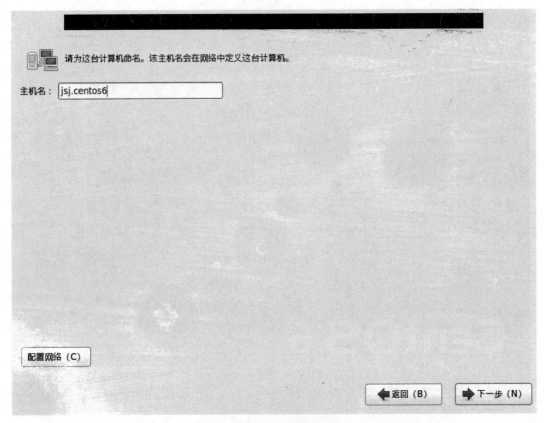

图 2.12　主机命名和配置网络

有什么强制要求，但是部分 Linux 操作系统，必须命名为如"**jsj.centos6**"的形式，否则在登录的时候，会出现明显的卡顿现象。

（8）配置网络，点击图 2.12 中的"配置网络"，设定网络 IP，一般默认都是设定 IPv4 自动获取，注意，记得勾选"自动连接"。

（9）时区选择"亚洲/上海"，国际时区标准是上海时间，不是我们通常所说的北京时间。

（10）设置根(root)用户的密码，这里密码设为"**123456**"，由于密码过于简单，系统会提示不安全，这里确认，选择"无论如何都使用"，部分系统需要确认两次。

（11）硬盘分区页(如图 2.13 所示)，如果是虚拟机安装，选择哪个选项影响不大，这里建议选择默认项。

现在的 CentOS 默认项使用 LVM(Logical Volume Manager)逻辑卷管理，是比较先进的磁盘管理机制，建议选择默认项，并点选"查看并修改分区布局"进行查看，图 2.14 是系统根据虚拟机配置自动生成的分区方案。默认分区方式值得我们学习，当然还可以进行简单的修改，这里仅查看，不修改。

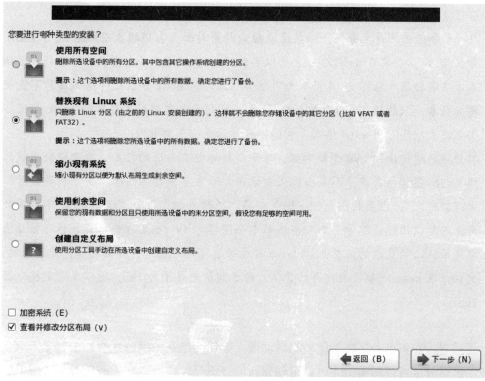

图 2.13　硬盘分区

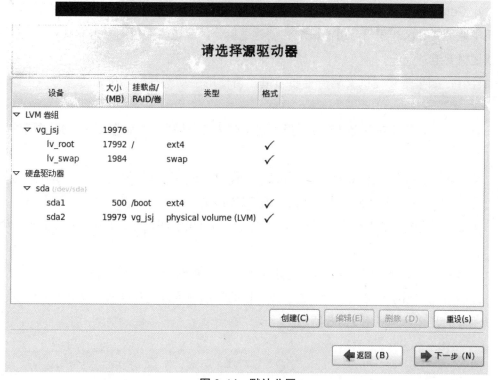

图 2.14　默认分区

分区注意事项：

- **/boot 分区必须是主分区，一般是在磁盘的最前面，占用磁盘 256MB 或 512MB。** 记下分区号，以后安装 Grub 或 Grub2 可以安装到/boot 分区，不需要安装到主引导区(MBR)。本次安装分区号从图 2.14 可知为"/dev/sda1"。**/boot 分区文件格式目前不能使用太高的版本，只能使用 ext2 或 ext3 格式，否则无法安装引导程序到/boot 分区。** 本次安装格式默认采用 ext4 格式，则引导程序只能安装到 MBR。
- 其他分区建议使用 LVM 逻辑卷组，每个逻辑卷都有自己的标签，再次重装系统时，逻辑卷与标签仍然存在，不会出现因失误而擦除重要数据的情况。将"扩展分区"再分"逻辑分区"，占用的都是数字编号；将"逻辑卷组"再分"逻辑卷"，不占用数字编号，而是使用标签编号。本次安装第 1 个逻辑卷 lv_root 挂载根目录(/)，根目录挂载也是系统必须要求的；其他如/home 目录等也可以考虑进行分区存储，是可选的。
- 交换分区 swap 一般设为内存的 2 倍。由于默认内存卡为 1GB，所以本次交换分区设为 2GB。

　　逻辑卷组和扩展分区概念比较容易混淆，逻辑卷组是扩展分区的一个进化版本，只有创建了扩展分区或逻辑卷组才可以再创建新的逻辑分区或逻辑卷。而逻辑分区或逻辑卷才是直接可以挂载使用的分区。

　　在 CentOS 7 安装中已经简化这种概念，只需要了解逻辑分区或逻辑卷的概念，不需要再掌握扩展分区和逻辑卷组的概念。创建逻辑分区或逻辑卷自动会建立其所属的扩展分区或逻辑卷组。

　　注意：如果是物理机安装一定要谨慎，请使用手动选择，否则很容易导致磁盘文件丢失。

　　物理机安装建议在图 2.13 中选择"创建自定义布局"，从而进入图 2.15 所示的自定义布局。

- ✓ 第 1 步:必须要创建 boot 分区 sda1。在图 2.15 中选择"创建"，之后选择"标准分区"，创建并挂载/boot 目录，大小为 512 MB。
- ✓ 第 2 步：创建 LVM 物理卷组 sda2，使用全部可用空间，然后在 sda2 上生成 LVM 逻辑卷组。
- ✓ 第 3 步：在 LVM 逻辑卷组上创建逻辑卷，分区对应如表 2.1 所示。

　　逻辑卷允许系统划分出多个分区，并可以随意选择目录进行挂载，但也不是越多越好，系统推荐的几个目录见图 2.16 所示。

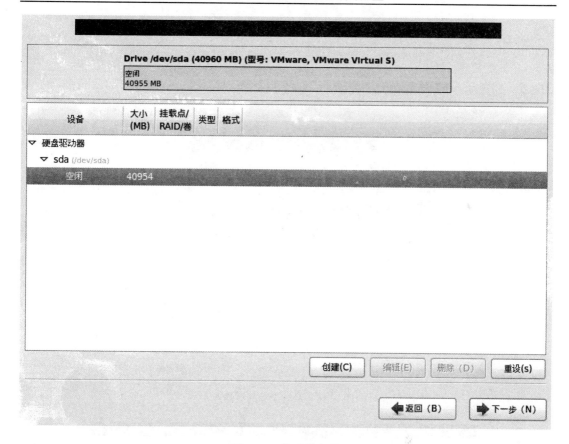

图 2.15　自定义布局

表 2.1　自定义分区表

挂　载　点	文件系统类型	逻辑卷名称	大小(MB)
	SWAP	lv_swap	2048
/home	ext4	lv_home	7928
/	root	lv_root	10000

　　为了让问题简化，我们选择最有必要的 home 目录进行分区，分配后如图 2.17 所示，对比图 2.14 的默认分区结果可以发现有很大的灵活性。选择哪些分区目录是个值得讨论的问题，在生产环境选择必要的 "/boot" "/home" "/opt" "/data" "/" 进行分区，本次安装，象征性地进行分区，在虚拟机环境，初学者可以考虑不分区，等入门之后，再回过头来比较各种方案的优劣。

图 2.16　系统推荐的挂载点

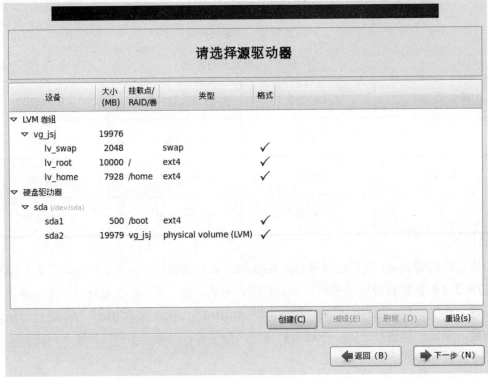

图 2.17　自定义分区

(12) 分区后，将修改写入磁盘并格式化磁盘。随后就可以将引导程序安装到磁盘。

(13) 引导程序安装完成后，进入最重要的软件安装自定义选项(如图 2.18 所示)，本次安装我们选择 "Minimal Desktop(最小桌面项)"。选择 "现在自定义" 还可以进行选择各种不同的桌面环境，目前 CentOS 官方集成了 GNOME 和 KDE 环境，其他环境需要个人再安装，可以安装多个桌面环境，运行时可以在登录窗口选择某个桌面环境启动。

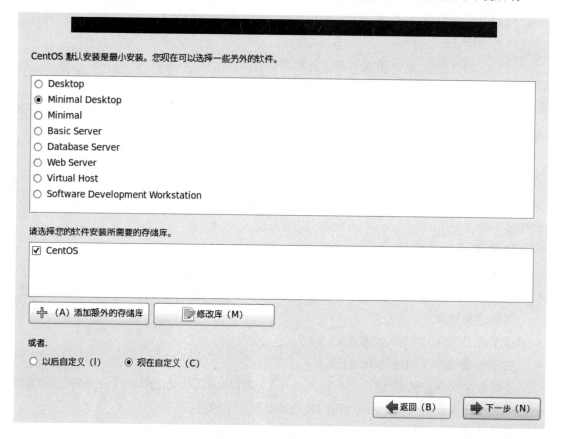

图 2.18　软件安装自定义选项

软件安装自定义选项：

- Desktop: 桌面项，CentOS 其实也非常适合作为桌面操作系统，如果作为办公或者日常使用，建议选择该项，该项默认安装了 GNOME 桌面环境，还可以选择安装 KDE 桌面环境。
- Minimal Desktop: 最小桌面项，该选项默认安装了最小的 GNOME 桌面环境，不包括 GNOME 通用桌面环境，精简的桌面项占用资源少，服务器系统也可以选择该项。
- Minimal: 最小项，纯字符界面，无图形化操作，对系统性能要求非常高的情况下可以考虑。
- Basic Server: 基本服务器，纯字符界面，作为服务器系统建议选择该项。
- 其他项: 其他项都是针对各种不同的应用进行预定义配置的，不建议使用。

安装 Linux，可以从安装过程中学习和体验 Linux 的特性，需要反复安装、比较、体会，最终理解它们的差异，方便选择，本次安装选择最小桌面项是通用的做法，适合生产环境和试验环境。不过生产环境还是推荐基本服务器项；试验环境为了不让读者在学习初期就产生抵触，可以考虑安装桌面项图形界面，可以适用于办公娱乐，经过配置还可以打造出不亚于 Windows 体验的桌面系统。

(14) 选择好安装软件后，下一步，系统正式开始自动安装 Linux 系统，整个过程耗时比较长，需要耐心等待。

(15) 安装完成，选择重新引导进行重启。

(16) 重启之后重新进入系统，首先显示欢迎界面和许可证信息。

(17) 创建初始用户，一般不推荐直接使用 root 用户登录，所以必须再创建一个普通用户。我们创建普通用户：jsj，用户密码：123。

(18) 设置系统日期和时间，勾选"在网络上同步日期和时间"。

(19) Kdump 选项，注意：记住取消勾选启动 Kdump，该选项是一个安全选项，记录系统崩溃参数信息，对网络安全要求较高的服务器可以开启，由于其占用资源较多，试验环境不建议开启。

(20) 至此，整个 Linux 系统安装完成。

系统初步安装好后，当前的系统状态是：

- Kdump 关闭；SELinux 开启，建议关闭；防火墙开启；sshd 服务开启，开放端口：22，可以远程登录。
- 虚拟机 IP 地址：192.168.153.135。
- 物理机 IP 地址：192.168.153.1。

不同安装的虚拟机 IP 地址会不相同，但是 VMWare Workstation 会在物理机和虚拟机都安装一个虚拟网卡，让两个系统 IP 地址在同一个网段。

目前创建的账号有：

- root 用户：root，密码：123456。
- 普通用户：jsj，密码：123。

2.2 Linux 安装后的配置

Linux 不同于 Windows，Linux 安装后进行重新配置几乎是必须要完成的任务，本章主要介绍一些基本的和必要的配置项，更完善的配置在第 11 章将会有详细的描述。本章安全配置使用手动完成，熟练后建议使用脚本完成。

2.2.1　关闭 SELinux

　　SELinux 是美国国家安全局和 SCC 开发的 Linux 的一个扩张强制访问控制安全模块。一般服务器很少要求这么高的安全级别，很容易带来兼容性问题，Linux 中只有 Red Hat 为默认开启，建议关闭！

命令操作: 关闭 SELinux

 # vi /etc/seLinux/config
注释以下内容:
SELinux=enforcing
添加以下内容:
SELinux=disabled

:wq
说明：保存并退出。
 # shutdown -r now
说明：重启系统。

2.2.2　修改和添加软件源

　　Linux 安装完成后，由于国际化的原因，中文本地化支持并不是很完善，Linux 系统日常使用也离不开网络，而系统默认的软件源服务器都在国外，需要从国外服务器进行下载，所以还要对系统进行相关的配置，打造适合中国本地化的系统。软件源国内做的比较好的有 163 源和中科大源，这里详细介绍 163 源的使用。

1. 163 基础源
首先，登录国内源网站。
163 源网址:
http://mirrors.163.com/
中科大源地址:
http://mirrors.ustc.edu.cn/
登入后，查看不同 Linux 系统的帮助。
这里我们选择"CentOS 使用帮助"，进入帮助页面，根据"**帮助**"提示启用软件源。

命令操作: CentOS6 使用 163Base 源

---

(1) 备份默认源文件
 # mv /etc/yum.repos.d/CentOS-Base.repo
/etc/yum.repos.d/CentOS-Base.repo.backup

说明：备份/etc/yum.repos.d/CentOS-Base.repo，CentOS 自动识别后缀.repo 文件为源配置文件，删除或修改.repo 后缀让配置失效，系统以后就不会再使用该源；不建议直接删除，而是重命名进行备份，需要时再考虑恢复；需要 root 权限。

提示：CentOS 源可以有多个，Base 源只能有一个，启用新 Base 源必须移除原有 Base 源；其他源以附加源的形式存在。

(2) 下载 163 源文件

 # wget http://mirrors.163.com/.help/CentOS6-Base-163.repo

说明：下载 163 源 repo 文件，下载到当前目录，一般为 home 目录下。

 # mv CentOS6-Base-163.repo /etc/yum.repos.d/

说明：将 163 源 repo 文件移动到/etc/yum.repos.d/，让源生效。

(3) 生成缓存

 # yum clean all

 # yum makecache

说明：将源服务器的数据库信息下载到本地，方便本地查找软件包，加快检索速度。

(4) 验证更新是否正确

 # yum repolist all

说明：结果显示启用 CentOS-6 - Base - 163.com 等信息，说明配置成功。

说明：最新的 CentOS 6 版本在软件源的设计上已经更加智能化，中文默认的软件源在查找软件库时自动反向代理到 aliyun 或 163 等国内源，所以关于软件源的修改配置已经没有以前那么迫切了，可跳过。

注意：虽然是可跳过操作，但是各个 Linux 操作系统设计得并不一样，其他 Linux 还必须按照帮助提示进行该操作，所以，我们选择性地给予保留，并加"可跳过"予以说明。

2. 使用企业版 Linux 附加软件包 yum 源(EPEL)

企业版 Linux 附加软件包(Extra Packages for Enterprise Linux，EPEL)是一个由特别兴趣小组创建、维护并管理的，针对红帽企业版 Linux(RHEL)及其衍生发行版(比如：CentOS、Scientific Linux、Oracle Enterprise Linux)的一个高质量附加软件包项目。

EPEL 的软件包通常不会与企业版 Linux 官方源中的软件包发生冲突，或者互相替换文件。EPEL 项目与 Fedora 基本一致，包含完整的构建系统、升级管理器、镜像管理器等。

EPEL 源是一个非常值得推荐开启的源，是标准源的一个很好的补充，生产环境也可以考虑使用。

EPEL 包含一个叫作"epel-release"的包，这个包包含了 EPEL 源的 gpg 密钥和软件源信息。可以通过 yum 安装到企业版 Linux 发行版上。除了 epel-release 源，还有一个叫作"epel-testing"的源，这个源包含最新的测试软件包，其版本很新但是安装有风险，请自行斟酌。

　　epel-release 源安装使用说明：

　　https://fedoraproject.org/wiki/EPEL/zh-cn

　　epel- testing 源安装使用说明：

　　http://fedoraproject.org/wiki/EPEL/testing

命令操作: CentOS6 使用 EPEL 源

 # yum -y install epel-release

说明：安装 epel-release 源。

 # yum -y install yum-axelget

说明：安装 yum 加速插件。

 # yum-config-manager --enable epel-testing

 # yum-config-manager --disable epel-testing

说明：启用或禁用 epel-testing 源。

---

　　3. Remi 源

　　Remi 源是包含最新版本 PHP 和 MySQL 包的 Linux 源，由 Remi 提供维护。启用 Remi 源后，使用 yum 安装或更新 PHP、MySQL、phpMyAdmin 等服务器相关程序时将非常方便。

　　Remi 源安装使用说明：

　　http://rpms.famillecollet.com/

　　4. RPMForge 源

　　RPMForge 拥有 4000 多种 CentOS 的软件包，被 CentOS 社区认为是最安全也是最稳定的一个软件仓库。

　　RPMForge 源安装使用说明：

　　http://repoforge.org/use/

　　5. RPMFusion 源

　　部分由于专利许可等原因不能包含在标准源里的软件可以在 RPMFusion 这个第三方仓库中找到。比如，一些解码器及各种音频软件在标准源中是没有的。CentOS 官方声明 RPMFusion 软件库里面的软件稳定性不如 RPMForge，请自行斟酌。

　　RPMFusion 源安装使用说明：

　　http://rpmfusion.org/

　　6. mosquito 源

　　由个人维护的一个 yum 源，包含很多国产的软件。

　　mosquito 源安装使用说明：

　　https://copr.fedorainfracloud.org/coprs/mosquito/myrepo-el6/

7. yum-priorities 插件

以上源对 CentOS 等系统完全兼容，但各软件库之间并不能保证完全兼容没有冲突。如果需要使用以上源，还需要安装 yum-priorities 插件。安装 yum-priorities 插件后，可以给各个源设置优先级 priority。一般设置官方标准源优先级为 1，最高；附加源设置为 2，其他第三方源推荐>10。可以直接在源配置文件添加：

priority=N (N 为 1 到 99 的正整数，数值越小优先越高)

2.2.3　限制 root 用户 ssh 登录

Linux 的远程登录方式有很多，默认的 ssh 是一种安全登录方式，通信过程都进行加密，这也是本书极力推荐的登录方式。root 用户权限过大，为了保护系统安全，应该限制 root 用户直接登录，需要 root 超级权限时，可以借助于 su 进行身份切换。

命令操作: 限制 root 用户 ssh 登录

 # vi /etc/ssh/sshd_config
说明：修改 sshd 服务的配置文件/etc/ssh/sshd_config，修改如下：
#PermitRootLogin yes
PermitRootLogin no

 # /etc/rc.d/init.d/sshd restart
说明：重启 sshd 服务使配置生效，再使用 root 用户登录就会被拒绝。但是仍然可以使用 su 切换到 root 用户。

2.2.4　设置仅限 wheel 组可以使用 su 命令

默认情况下，任何用户都允许使用 su 命令，从而有机会反复尝试其他用户的登录密码，带来安全风险。为了加强 su 命令的使用控制，可以借助于 pam_wheel 认证模块，只允许个别用户使用 su 命令。

wheel 组是系统默认创建的管理员组,以下设置仅限 wheel 管理员组成员才可以使用 su 命令。

命令操作: 设置仅限 wheel 组可以使用 su 命令

---

(1) 修改配置文件/etc/pam.d/su、启用 pam_sheel 认证
 # vi /etc/pam.d/su
#auth　　　　　required　　　　　pam_wheel.so use_uid
auth　　　　　required　　　　　pam_wheel.so use_uid
说明：启用 pam_sheel 认证，取消注释。修改后，非 wheel 组成员使用 su 不管输入什么口令，都会提示错误。

---

(2) 将需要使用 su 命令的用户加入 wheel 组

 # gpasswd -a jsj wheel

2.2.5　启用 wheel 组 sudo 权限

由于 root 用户权限过大，所以一般都不使用 root 用户直接登录，都是用普通用户登录。使用 sudo 命令可以使某些用户具有一些特殊的权限，而这个用户不需要知道管理员密码，只需要管理员预先进行授权。

sudo 命令的配置文件在/etc/sudoers 中，需要向这个配置文件中添加指定用户的指定权限，此用户才能执行这些权限，可以使用 visudo 命令或 vim 等命令进行编辑。

命令操作: 启用 wheel 组 sudo 权限

 # visudo

说明: 修改 sudo 配置文件，启动 wheel 组使用 sudo 权限，修改如下:

Allows people in group wheel to run all commands

%wheel　ALL=(ALL)　　　ALL

%wheel　ALL=(ALL)　　　ALL

说明: 去掉%wheel 前面的#注释，就可以启动 wheel 组使用全部命令的权限。

 # gpasswd -a jsj wheel

说明: 将普通用户 jsj 加入 wheel 组，jsj 用户再重新登录一次，获取 sudo 权限。

注意: 使用 sudo 提高权限输入的是普通用户密码,su 切换身份输入的是 root 用户密码。

2.2.6　批量添加删除用户

如果作为服务器提供给学生集体使用，需要批量添加用户；如果单机使用，就不需要，可跳过。

命令操作: 批量添加用户

$ vi adduser.sh

说明: 新建批量添加用户脚本，内容如下:

```
#!/bin/bash
#CentOS Linux
```

```
read -p 'Please input the Prefix: ' stu
i=1
while  [   $i  -le  140   ]
do
    if [   $i  -lt  10   ] ; then
        i=00$i
    elif [   $i  -lt  100   ]; then
        i=0$i
    fi

    useradd   ${stu}${i} -m -s /bin/bash
    echo ${stu}${i} | passwd --stdin ${stu}${i} &> /dev/null
    echo ${stu}${i} has been created.
    i=`expr $i + 1`
done
echo 'Add All Success !'
```

$ sudo chmod a+x adduser.sh
说明：添加 adduser.sh 具有可执行权限。

$ sudo ./adduser.sh
Please input the Prefix: **2016**↵

说明：超级权限才可以执行，输入学号前缀 2016，就会创建 2016001~2016140 共 140 个登录账号，密码同用户名。

命令操作：批量删除用户

$ vi deluser.sh
说明：新建批量删除用户脚本，内容如下：

```
# CentOS & debian Linux

read -p 'Please input the Prefix: ' stu
i=1
while  [   $i  -le  140   ]
do
    if [   $i  -lt  10   ] ; then
```

```
    i=00$i
elif [   $i  -lt  100  ] ; then
    i=0$i
fi

    userdel -r ${stu}${i}
    echo ${stu}${i} has been removed.

    i=`expr $i + 1`
done
echo 'Remove All Users !'
```

$ sudo chmod a+x deluser.sh
说明: 添加 adduser.sh 具有可执行权限。

$ sudo ./deluser.sh

Please input the Prefix: **2016**↵

说明: 超级权限才可以执行, 输入学号前缀 2016, 就会彻底删除刚创建的 2016001~2016140 共 140 个登录账号。

提示: 本书提供的脚本都是供用户修改后再使用的, 不建议直接使用。

2.3　虚拟机安装 VMWare Tool*

不安装 VMWare Tool 系统也可以运行, 但是安装 VMWare Tool 可以提高显示器和鼠标的操作性能。一般服务器可以不考虑安装, 这里作为测试, 强烈建议安装该插件。

(1) 安装 VMWare Tool 支持的必要套件(make、gcc、build-essential)

命令操作: 安装 VMWare Tool 支持的必要套件

 # yum install make gcc Linux-headers-`uname -r` build-essential

说明: 默认已经安装, 可跳过; 最小化安装则必须执行, 需要 root 权限。

(2) 插入 VMWare Tool 安装 ISO 文件

选择：菜单"虚拟机" → "Install/Upgrade VMware Tools...",然后挂载光驱到 /media/cdrom。

命令操作：挂载光驱到/media/

```
# mkdir /media/cdrom
# mount /dev/cdrom /media/cdrom
```
说明：安装了桌面系统会自动挂载，可跳过。

(3) 解压并执行安装程序

命令操作：解压并执行VMwareTools 安装程序

```
# tar zxvf /media/cdrom/VMwareTools-*.tar.gz
```
说明：解压到当前命令路径，一般在 Home 目录。
```
# cd /media/cdrom/VMwareTools-*
# ./vmware-tools-distrib/vmware-install.pl
```
说明：执行解压缩后批处理程序，执行后，一路回车，安装完成。

安装完成后，重新启动 Linux，就可以让虚拟机窗口自动适应 VMWare Workstation 窗口大小，并且还可以利用剪贴板在虚拟机与物理机之间传递数据。

2.4 Linux 客户端软件

2.4.1 Bitvise Tunnelier 客户端软件

Bitvise Tunnelier 是一款功能丰富的 SSH 客户端，用来远程管理 Linux 系统，除了支持比较重要的动态端口转发外，还支持多账号登录、图形界面的 SFTP、远程桌面等。特别是图形化的 SFTP 还省去了安装 FTP 客户端，方便服务器与主机之间传递数据，主程序占用内存非常小。

官方网址：

http://www.bitvise.com/

执行 Bitvise SSH Client 之后，启动登录界面(如图 2.19 所示)：在登录界面，Host 输入虚拟机的 IP 地址："192.168.153.135"(各机器并不相同，ifconfig 可以查询本机的 IP 地址)；直接可以 Login 登录，还可以保存用户名和密码，登录时不需要再输入用户名和密码验证。建立 SSH 方式联机以后，所有通信内容都是以加密的方式传输的。一般熟悉 Linux 之后，使用 Bitvise Tunnelier 作为客户端工具远程管理系统就足够满足基本的日常所需。

2.4.2　XManager 客户端软件

Xmanager5 是全新标准的跨平台集成解决方案。它是一个一站式解决方案，这个软件包含有以下一些产品：Xshell5，Xftp5 和 Xlpd5 等，这里主要使用 Xshell 功能。Xshell 是一个用于 Windows 平台的强大的 SSH、Telnet 和 RLogin 终端仿真软件，它使得用户能轻松和安全地从 Windows PC 上访问 Unix/Linux 主机。

Xmanager5 功能比较强大，还可以远程进行图形化访问 Linux，但是它是商业软件，必须购买才可以使用。

官方网址：

http://www.netsarang.com/

图 2.19　Bitvise SSH Client 登录界面

执行 Xstart,启动登录界面(如图 2.20 所示):在登录界面,点击"新建...",在弹出会话界面填写会话名;主机输入虚拟机 IP 地址:"192.168.153.135";协议选择"SSH";命令选项有多种选项可供选择,一般选择"xterm"使用字符界面,选择"gnome-session"可启动图形界面;选择"运行"即可登录。为了方便,还可以保存会话以便下次登录。

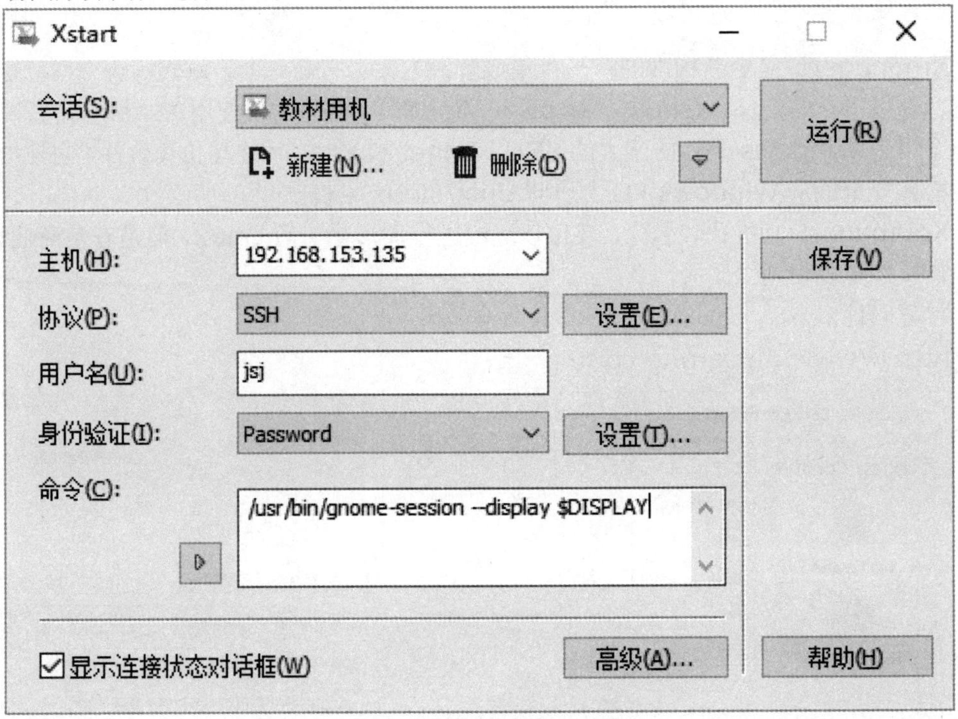

图 2.20 Xstart 登录设置界面

2.4.3 PuTTY 客户端软件

PuTTY 是一个 Telnet、SSH、RLogin、纯 TCP 以及串行接口连接软件。除了官方版本外,有许多第三方的团体或个人将 PuTTY 移植到其他平台上。PuTTY 开放源代码,主要由 Simon Tatham 维护,使用 MIT Licence 授权。随着 Linux 在服务器端应用的普及,Linux 系统管理越来越依赖于远程。在各种远程登录工具中,PuTTY 是出色的工具之一。PuTTY 虽然是一个免费的客户端,但是功能丝毫不逊色于商业的 Telnet 类工具。

英文网址:

http://www.putty.org/

中文网址:

https://github.com/larryli/putty/

这里推荐使用 putty_0.62cn 中文版,对中文支持比较好。

执行 putty.exe,启动登录界面(如图 2.21 所示):在登录界面主要填写"主机名称(或 IP 地址)",这里我们输入虚拟机 IP 地址:"192.168.153.135",输入后,直接选择"打开"即可登录。为了方便,还可以保存会话以便下次登录。

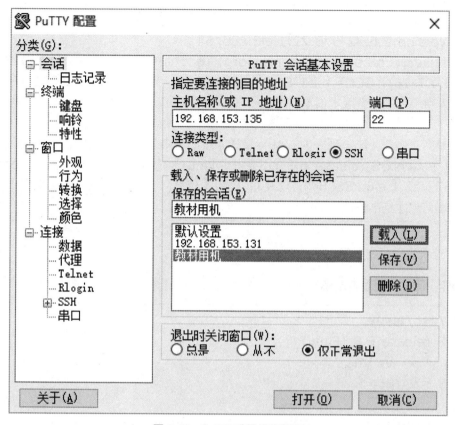

图 2.21　PuTTY 登录设置界面

2.5　Linux 系统版本查看及更新

1. 查看系统内核版本

命令操作: 查看系统内核版本

$ uname -a
Linux jsjserver.aqnu 2.6.32-573.22.1.el6.x86_64 #1 SMP Wed Mar 23
03:35:39 UTC 2016 x86_64 x86_64 x86_64 GNU/Linux
说明: 显示内核的详细版本信息。

$ uname -r
2.6.32-573.22.1.el6.x86_64
说明: 仅显示内核版本信息。

$ cat /proc/version

Linux version 2.6.32-573.22.1.el6.x86_64
(mockbuild@c6b8.bsys.dev.centos.org) (gcc version 4.4.7 20120313 (Red Hat 4.4.7-16) (GCC)) #1 SMP Wed Mar 23 03:35:39 UTC 2016
说明：内存中直接查看版本信息。

提示：如果在生产环境需要提供 Linux 操作系统的版本信息，除了要提供 Linux 发行版本信息(如 CentOS release 6.8)，还要提供 Linux 内核版本信息(如 Linux version2.6.32-573.22.1.el6.x86_64)，以及 GCC 版本信息(如 gcc version 4.4.7)。这样提供的版本信息才是准确的。

2. 查看发行版本信息

命令操作: 查看发行版本信息

$ cat /etc/issue

CentOS release 6.8 (Final)
Kernel \r on an \m
说明：显示发行版本信息。

$ lsb_release -a

LSB Version:
　　:base-4.0-amd64:base-4.0-noarch:core-4.0-amd64:core-4.0-noarch:
graphics-4.0-amd64:graphics-4.0-noarch:printing-4.0-amd64:printing-4.0-
noarch
Distributor ID: CentOS
Description:　　　CentOS release 6.8 (Final)
Release:　　　6.8
Codename:　　Final
说明：列出所有版本信息，lsb_release 是 Linux 标准化组织制定的查询版本信息命令，所有的 Linux 发行版本都应该支持。但是很多情况下默认都没有安装，因为这个命令需要的依赖包特别多。

3. 系统更新和升级
Linux 系统更新一般分下面两个步骤:
✓ 第 1 步：获取最近的软件包的列表信息。
✓ 第 2 步：如果发布了更新，下载更新。

命令操作: CentOS 更新系统

 # yum check-update
 # yum upgrade

说明: yum check-update 检查更新生成本地缓存，并不执行更新操作。yum upgrade 升级系统，不改变系统设置，也不升级系统内核。一般两者组合使用，推荐！

注意: CentOS 没有实现滚动升级，即不会从 CentOS 6 升级到 CentOS 7。

建议: 如果在实际生产环境，建议在安装开始初更新系统到最新，实际运行之后，不要随意更新系统，以防系统不兼容。

 # yum update

说明: 检查更新，并升级系统，改变软件设置和系统设置，系统版本内核都升级，慎用！

本 章 小 结

　　Linux 的学习必须动手实践，任何命令不反复练习都没有办法完全掌握，想要开始学习 Linux，第一步就是要在自己电脑上成功安装好 Linux。本章重点介绍了如何利用虚拟机安装 CentOS 6，也详细介绍了安装后的配置，作为初步，安装系统是必须要掌握的，安装后的配置可以作为提高内容以后再学习。本书介绍的配置非常具有代表性，适宜所有的发行版本，所以本书介绍的更是一种规范，从规范的角度学习，更容易掌握和学习，而不是简单的记忆。对于初学者，目前可以作为常识阅读，在后续章节会更详细地介绍如何使用脚本方式进行配置。

　　最后介绍了 Linux 客户端的概念和使用，从安全的角度还介绍了系统更新。因为，一个安全的平台是一切学习的基础。

习　　题

1. 在 Windows 平台下安装虚拟机 VMware Workstation 软件。
2. 在虚拟机中安装 CentOS 6 或者其他发行版本。
3. 使用客户端软件登录 Linux，并更新系统到最新。

第3章 Linux 基本操作

【学习目标】

在前面，我们学习如何安装 Linux，在这章，我们将尝试使用 Linux 的各种基本命令和操作对 Linux 进行概要的认识。主要掌握使用字符界面登录系统、注销登录以及使用字符界面进行简单操作，通过命令获取帮助，最后还要掌握如何正确关闭系统。如果 Linux 系统已经搭建好，建议从本章开始学习。

3.1 登录系统

Linux 的字符界面使用命令的方式操作 Linux 系统，这是 Linux 最常用的方式，使用熟练了，速度要远胜于图形界面。

首先，登录系统，可以使用 Bitvise Tunnelier 等客户端采用 SSH 远程登录 Linux，这里我们在宿主物理机模拟远程登录虚拟机 Linux。

命令操作: 登录系统

---

login as: jsj↵
jsj@192.168.153.135's password:
Last login: Sun Apr 17 23:52:50 2016 from 192.168.153.1
[jsj@jsj ~]$
说明：这里以普通用户 jsj 登录，输入密码时不像 Windows 会提示*号，初次接触感觉好像没有输入任何字符，其实已经输入。

[jsj@jsj ~]$ su
说明：su 命令，切换到 root 用户，需要输入 root 用户密码。
[root@jsj jsj]#
说明：在 Linux 中，默认的 root 用户的提示符为#；一般用户的提示符为$；~表示当前用户的 Home 目录。所以，我们在讲解命令的时候，提示符为$表示一般用户可执行，提示符为#表示需要超级权限才可以执行。

3.2　注销登录

　　Linux 同 Windows 不一样的地方是，登录系统对应的是注销登录，而不是关机操作，主要是因为 Linux 是多用户的网络操作系统，使用 Linux 系统的一般都不会是单个用户，更多的情况是多个用户一起使用 Linux 系统，只有管理员根据实际需要才考虑关机，否则一般用户，登录操作对应的都是注销操作。

命令操作: 注销登录的三种方式

$ logout
$ exit
$ [Ctrl]+d

说明: 三种方法都可以实现注销操作，推荐通过组合键[Ctrl]+d 实现快速注销，在日常的 Linux 操作中，组合键[Ctrl]+d 使用频率非常高，具有"正常退出"的含义。其实在命令中输入组合键[Ctrl]+d 就等价于输入 exit↵。

3.3　开始执行命令

　　再次重新登录系统后，我们就可以练习一些简单的命令，熟悉一下 Linux 字符命令的特点。

命令操作: 查询正在登录用户信息

$ whoami
jsj
说明: 查询我是谁，当前我是以什么账号登录的。
$ who
jsj　　　　pts/0　　　　　　2016-04-18 22:46 (192.168.153.1)
说明: 查询正在登录用户的基本信息。
$ w
 22:48:57 up 5 min, 1 user, load average: 0.02, 0.21, 0.13
USER　　TTY　　　FROM　　　　LOGIN@　 IDLE　 JCPU　 PCPU WHAT
jsj　　　pts/0　　192.168.153.1　　22:46　　　1.00s 0.29s 0.22s w
说明: 查询正在登录用户的详细信息。

系统管理员要常常查看曾经有哪些用户登录系统，可以通过 last 命令查看。

命令操作: 查看用户历史登录信息

```
$ last
jsj      pts/0        192.168.153.1    Mon Apr 18 22:46   still logged in
reboot   system boot  2.6.32-573.el6.x Mon Apr 18 22:43 - 23:24  (00:41)
jsj      pts/0        192.168.153.1    Mon Apr 18 15:13 - down    (02:29)
reboot   system boot  2.6.32-573.el6.x Mon Apr 18 14:49 - 17:43  (02:54)
jsj      pts/1        192.168.153.1    Sun Apr 17 23:52 - 23:52  (00:00)
jsj      pts/1        192.168.153.1    Sun Apr 17 23:51 - 23:51  (00:00)
jsj      pts/1        192.168.153.1    Sun Apr 17 23:50 - 23:51  (00:00)
jsj      pts/1        localhost:10.0   Sun Apr 17 23:24 - 23:24  (00:00)
...
wtmp begins Sun Apr 17 09:17:57 2016
```
说明: 列出全部用户的登录历史信息，倒序显示。

$ last -5
```
jsj      pts/0        192.168.153.1    Mon Apr 18 22:46    still logged in
reboot   system boot  2.6.32-573.el6.x Mon Apr 18 22:43 - 23:28  (00:44)
jsj      pts/0        192.168.153.1    Mon Apr 18 15:13 - down    (02:29)
reboot   system boot  2.6.32-573.el6.x Mon Apr 18 14:49 - 17:43 (02:54)
jsj      pts/1        192.168.153.1    Sun Apr 17 23:52 - 23:52  (00:00)

wtmp begins Sun Apr 17 09:17:57 2016
```
说明: 列出全部用户的登录历史信息，倒序显示最近 5 条。

$ last jsj
说明: 列出用户 jsj 的登录历史信息。

$ last -5 jsj
说明: 列出用户 jsj 的登录历史信息，倒序显示最近 5 条。

用户还可以尝试修改自己的密码，练习 **passwd** 命令学习 Linux 密码的输入。

命令操作: passwd 修改自己密码

$ passwd
更改用户 jsj 的密码。
为 jsj 更改 STRESS 密码。
(当前)Unix 密码: **123**↵
新的 密码: **mima1234**↵
重新输入新的 密码: **mima1234**↵

passwd:　所有的身份验证令牌已经成功更新。

说明：这里要输入三次密码，第一次为原来的密码"123"，之后再输入新密码两次。

注意：输入密码的时候是看不到字符输入的，这里为了演示，将密码显示。

Linux 对修改密码限制比较多，我们再次将密码改为"123"。

$ passwd

更改用户 jsj 的密码。

为 jsj 更改 STRESS 密码。

(当前)Unix 密码: **mima1234**↵

新的 密码: **123**↵

无效的密码:　WAY 过短

新的 密码: **abc123**↵

无效的密码:　过于简单化/系统化

新的 密码: **xiaoming**↵

无效的密码:　它基于字典单词

说明: Linux 对修改密码限制比较多，root 用户修改其他用户密码反而不受限制。下面是用 root 用户修改 jsj 密码为"123"。

$ su

 # passwd jsj

更改用户 jsj 的密码。

新的 密码: **123**↵

无效的密码:　WAY 过短

无效的密码:　过于简单

重新输入新的 密码: **123**↵

passwd:　所有的身份验证令牌已经成功更新。

说明：虽然还是提示密码过于简单，但是只要输入两次，就可以修改密码，再切换回 jsj 用户。

[root@jsj jsj]# exit↵

说明：其实这里是输入了组合键[Ctrl]+d，即表示正常退出当前用户 root。

[jsj@jsj ~]$

说明：从提示符来看，已经从 root 用户切换回普通用户 jsj。

　　Linux 查看系统时间必须借助于命令，但是相当简单。

命令操作: 查看系统日期和时间

$ date

2016 年 04 月 18 日 星期一 23:37:03 CST
说明：查询系统当前日期和时间。

$ cal

　　　　四月 2016
日 一 二 三 四 五 六
　　　　　　　　1　2
 3　4　5　6　7　8　9
10 11 12 13 14 15 16
17 18 19 20 21 22 23
24 25 26 27 28 29 30
说明：查询系统当前所在月份的日历情况，还可以选择月份查询。

$ cal 5 2016

　　　　五月 2016
日 一 二 三 四 五 六
 1　2　3　4　5　6　7
 8　9 10 11 12 13 14
15 16 17 18 19 20 21
22 23 24 25 26 27 28
29 30 31
说明：查询 2016 年 5 月的日历情况。

$ cal 2016
说明：查询 2016 年整年的日历情况。

　　　Linux 自带的计算器也是命令行形式，使用起来也很方便。

命令操作: 计算器 bc

$ bc
bc 1.06.95
Copyright 1991-1994, 1997, 1998, 2000, 2004, 2006 Free Software Foundation, Inc.
This is free software with ABSOLUTELY NO WARRANTY.
For details type `warranty'.
3+4↵
7
3+4*5↵
23
exit↵
说明：bc 可以进行常用的数学表达式计算，功能非常强大。

注意：退出 bc，必须使用组合键[Ctrl]+d，而命令 exit 是不能退出的。

　　Linux 命令都是调用相应的可执行程序，使用命令可以很方便地查找命令相关文件所在的位置。

命令操作: 查看命令的位置和功能

$ which date
/bin/date
说明：查找可执行命令所在位置，这里是查找命令 date 所在位置。
$ whereis date
date: /bin/date/usr/share/man/man1/date.1.gz
/usr/share/man/man1p/date.1p.gz
说明：查找文件的位置，这里查找 date 命令及相关文档所在位置，非常有用！
$ whatis date
date　　　　　　　　　(1)　- print or set the system date and time
date　　　　　　　　　(1p)　- write the date and time
说明：简单描述一个命令执行的功能。

　　还可以简单查看当前工作目录的位置以及有哪些目录和文件。

命令操作: 查看工作目录的位置和文件列表示例

$ pwd
/home/jsj
说明：查看当前工作目录位置。
$ ls -lh
总用量 44K
-rwxrwxr-x. 1 jsj　jsj　　368 4 月　 17 21:39 adduser.sh
-rwxrwxr-x. 1 jsj　jsj　　309 4 月　 17 22:02 deluser.sh
drwxr-xr-x. 2 jsj　jsj　4.0K 4 月　 17 18:20 Desktop
drwxr-xr-x. 2 jsj　jsj　4.0K 4 月　 17 09:27 Documents
drwxr-xr-x. 2 jsj　jsj　4.0K 4 月　 17 09:27 Downloads
drwxr-xr-x. 2 jsj　jsj　4.0K 4 月　 17 09:27 Music
drwxr-xr-x. 2 jsj　jsj　4.0K 4 月　 17 09:27 Pictures
drwxr-xr-x. 2 jsj　jsj　4.0K 4 月　 17 09:27 Public
drwxr-xr-x. 2 jsj　jsj　4.0K 4 月　 17 09:27 Templates
drwxr-xr-x. 2 jsj　jsj　4.0K 4 月　 17 09:27 Videos
drwxr-xr-x. 9 root root 4.0K 11 月　 11 14:53 vmware-tools-distrib

说明：列举当前工作目录文件信息。

$ ls -lh /home/jsj

说明：列举 /home/jsj 目录文件信息。

Linux Shell 脚本是 Linux 操作的提高阶段，我们先尝试练习一下。

命令操作: 简单脚本示例

$ day='Tuesday'
$ echo Today is ${day}!

Today is Tuesday!

说明：定义一个变量 day，并且赋值为'Tuesday'，在同 Shell 中就可以引用该变量，${day}读取变量 day 的值。echo：回显给定的文本。

3.4 几个重要的快捷键

Linux 的便捷性体现在设计的快捷键非常合理和实用，快捷键是命令的重要辅助和补充。这里列出 Linux 中最常见的几个快捷键(见表 3.1)，建议多加使用，慢慢熟练。

命令快捷键: 快捷键是命令的重要辅助和补充

表 3.1

快 捷 键	说　　　　明
[Tab]	命令或者文件补全
[Tab][Tab]	命令提示，[Tab]连续按两次
↑	向上查找历史命令
↓	向下查找历史命令
[Ctrl]+c	强制中止当前程序；强制中止当前输入
[Ctrl]+d	exit↵；正常结束输入
[Ctrl]+l	清屏；clear the screen，同 clear 命令
\	续行
[Ctrl]+u	清空至行首，当前命令从光标位置清空至行首

快　捷　键	说　　　　明
[Ctrl]+k	清空至行尾

注意：在输入时，[Ctrl]+d 表示正常输入结束，[Ctrl]+c 表示强制结束，在执行命令或者输入文本时如果不能退出，可以考虑使用这两个快捷键。

命令操作: 快捷键示例

$ whe↵
$ whereis
说明：输入命令 whe 后再敲入一个[Tab]键，命令自动补全为 whereis。

$ wh↵↵
whatis　　　whereis　　　which　　　while　　　whiptail　　　who　　　whoami
$ wh
说明：输入命令 wh 后连续按两次[Tab]键，Shell 中就会把 wh 开头的命令全部都列出来，提示用户输入。

$ ls /etc/sysc↵↵
sysconfig/　　sysctl.conf
$ ls /etc/sysc
说明：[Tab] [Tab]还可以提示文件路径输入。

其他快捷键都可以尝试使用，多加练习，就会发现 Linux 的命令非常简单。

3.5　检查错误信息

Linux 中经常会遇到输入了错误命令，我们可以通过命令的回显信息查找错误的原因。Linux 对错误的处理遵循一个简单原则：**如果不报错就表示正确；如果报错，请查找错误原因；也有可能是命令权限问题。**这点同 Windows 处理方式是相反的。

命令操作: 检查错误信息

$ mkdir folder1
说明：输入命令后，没有任何提示，说明操作执行成功。

$ Date

-bash: Date: command not found

说明：Linux 命令大小写敏感，提示未找到命令说明命令输入错误。

$ cal 2016 4

cal: illegal month value: use 1-12

说明：报错，正确提示错误原因。

$ shutdown -k

shutdown: time expected

Try `shutdown --help' for more information.

说明：这里报错，没有找到错误原因，其实是命令权限问题！

$ gpasswd -a jsj wheel

gpasswd: Permission denied.

说明：正确提示权限原因。

$ fdisk −l

说明：没有显示内容说明正确执行，其实是低权限能够查看内容少或者没有。

3.6　Linux 命令的通用格式

　　Linux 命令是指用于实现某一类功能的指令或程序，命令的执行依赖于解释器程序(例如：/bin/bash)。Shell 解释器在用户和内核之间相当于一个"翻译官"的角色，负责解释用户输入的命令字符串(命令行)。

　　Linux 命令又分为内部命令和外部命令。

　　内部命令属于 Shell 解释器的一部分，每个内部命令并没有独立的程序文件，只要 Shell 解释器程序运行，内部命令即可直接使用，因此执行效率更高。

　　外部命令指 Linux 系统中能够完成特定功能的脚本文件或二进制程序，是属于 Shell 解释器程序之外的命令文件。

　　内部命令是指 Shell 中的内置指令，不需要安装就可以使用，默认情况下 Bash 共有五十几个内置命令。而外部命令与其相反，并不属于 Shell 本身，且不一定所有的系统中都有，有的需要通过软件包安装才能得到。

　　学习 Linux 就是学习这些命令，但是常用的命令就有一百多个，命令还有烦琐的格式，直接记忆会非常辛苦。这里总结一些命令的通用格式，找寻一定的规律，方便大家记忆。

命令语法: Linux 命令的通用格式

命令字　[-选项]　[参数]

说明: Linux 命令除了命令字之外, 还有选项和参数, 选项还可以有多个。参数受控于命令字或者选项。

选项及参数的含义:

选项: 用于调节命令的具体功能:

　　　以 "--" 引导**长选项**(多个字符), 例如 "--long"。

　　　以 "-" 引导**短选项**(单个字符), 例如 "-l", 短选项是长选项的简写形式。

　　　多个短选项可以写在一起, 只用一个 "-" 引导, 例如 "-al", 表示 "--all --long"。

参数: 命令操作的对象, 如文件、目录名等。

提示: 一般情况下, **命令字可以控制一组参数, 选项也可以控制一组参数**; 如果有多个性质不同的参数, 那么主参数受命令字控制, 紧挨命令字或者放在整个命令的最后, 其他参数必须紧挨受控的选项; 如果有一组多个性质相同的参数, 那么前面参数全部都是输入对象列表, 只有最后一个参数是输出对象。

命令操作: Linux 命令解析

$ ls -l /home/jsj

说明: "ls" 是命令字; "-l" 是选项; "/home/jsj" 是参数, 受命令字 ls 控制。

$ ls -lh /home/jsj

说明: "-lh" 是两个选项, 拆开是 "-l -h", 表示长选项 "--long --human"。

$ mkdir 1 2 3 4

说明: "1 2 3 4" 是 4 个参数, 命令作用是在当前目录创建 4 个目录, 目录名分别为 1、2、3、4。

$ ls -lh

```
drwxrwxr-x. 2 jsj   jsj    4.0K 4月    19 09:36 1
drwxrwxr-x. 2 jsj   jsj    4.0K 4月    19 09:36 2
drwxrwxr-x. 2 jsj   jsj    4.0K 4月    19 09:36 3
drwxrwxr-x. 2 jsj   jsj    4.0K 4月    19 09:36 4
```

$ cp 1 2 3 4

说明: "1 2 3 4" 是 4 个参数, 其中 "1 2 3" 是输入对象, "4" 是输出对象, 命令作用将 3 个目录 1、2、3 复制到目录 4 中去。

$ ls -lh 4

drwxrwxr-x. 2 jsj jsj 4.0K 4 月　19 09:39 1

drwxrwxr-x. 2 jsj jsj 4.0K 4 月　19 09:39 2

drwxrwxr-x. 2 jsj jsj 4.0K 4 月　19 09:39 3

说明：查看目录 4，里面已经有 3 个目录 1、2、3。

 # gpasswd -a jsj wheel

 # gpasswd wheel -a jsj

说明：上面两个命令作用都是一样的，都是将 jsj 用户加入 wheel 组，其中"jsj wheel"
是两个参数，性质不同。gpasswd 主要是操作组对象的，所以表示组的"wheel"参数
受 gpasswd 控制，可以紧挨着 gpasswd，也可以放在最后；表示用户的"jsj"受-a 选
项控制，必须紧挨着-a。

　　这里部分命令我们还没有学习，仅是为了讲解命令格式可以大概了解一下，后面章节
会详细介绍这些命令。

3.7　BSD 命令通用格式

　　FreeBSD 是 Unix 的一个分支，它的命令大部分也是从 Unix 里面来的。FreeBSD
具有健壮、稳定的优点，也引导 Linux 的发展方向，新的 Linux 命令基本都是在模仿 BSD
命令风格。

　　Linux 风格的命令是"命令字 [-选项] [参数]"。

　　BSD 风格的命令最大的特点就是命令里面还可分子命令，形如"命令组　子命令 [选
项] [参数]"。

　　也就是说，BSD 风格可以更集中地将一组命令放到一起，只要记住了命令起点，后
面的子命令都可以根据帮助找到，非常方便记忆。

　　另外，在 Linux 命令中，部分选项也具有子命令的内涵。命令或者子命令可以有一个
或一组参数；选项也可以具有一个或一组参数。分解的命令语法如下：

命令语法: BSD 风格命令的通用格式

BSD 命令组　子命令 [子命令] [主参数]　[选项　参数] [选项　参数]...

说明：BSD 命令主参数一般都只能紧跟在子命令之后，不适宜放在命令的最后；选项的
参数也必须紧跟在受控选项的后面。

注意：BSD 风格的命令的选项不能带"-"前缀。

Linux 命令 [主参数]　[-选项　参数] [-选项　参数]...

Linux 命令 [-选项　参数] [-选项　参数]... [主参数]

说明: Linux 命令的主参数可以紧跟在命令字的后面，也可以放在最后，这是两种不同的风格，大家可以自己选择。Linux 用户倾向将主参数放置在最后，主要是因为大量的过滤器频繁使用，在复制的时候只用截取前半部分，不需要分两步截取开头和结尾；但这不是绝对的，在脚本中，部分命令利用选项来进行脚本化，参数紧跟命令字之后可以增强阅读性和操作性。

命令操作: BSD 命令解析

$ ps aux
说明: 查询正在运行的进程。ps 是命令，a、u、x 是选项。
注意: ps aux 与 ps -aux 是不同的。

$ ip addr
$ ip addr show eth0
说明: 查看 IP 地址。ip 是命令组，addr 是子命令，show 是选项，eth0 是参数。

3.8　Linux 联机帮助系统

　　Linux 命令如果还不能完全掌握它的使用规则，可以考虑查看一下它的联机帮助，联机帮助基本能解决大部分问题。

命令操作: Linux 联机帮助

$ date --help
用法: date [选项]... [+格式]
或者: date [-u|--utc|--universal] [MMDDhhmm[[CC]YY][.ss]]
以给定的格式显示当前时间，或是设置系统日期。
说明: 查询命令 date 的帮助，"--help"是最简单、最直接的帮助系统。

$ man date
说明: man 是 manual(手册)的简写，会提供比"--help"更丰富的帮助信息。

$ info date
说明: info 会提供比"--help"更丰富的帮助信息，文件格式包含超链接功能。

$ man date | less

说明：man 帮助系统只能后翻，不能向前翻页，所以如果要向前翻页查看，必须借助于 less 工具，"|"是管道的意思，将前一个命令的输出当作后一个命令的输入起到管道的作用。

Linux 最简单的阅读功能都必须借助快捷键才能流畅阅读，这是学习 Linux 最先要掌握的技能，如果不能阅读，后面的知识点就没有办法继续学习。表 3.2 给出了 info、less 等阅读命令快捷键及其说明。

命令快捷键：info、less 等阅读命令快捷键

表 3.2

快 捷 键		说　　　明
h		打开 help，可以帮助查看操作手册
空格		后翻一屏
b		前翻一屏，b 位于空格的上方
回车		后翻一行
gg		回到文章开头
G		直接跳到文章结尾，即[Shift]+g
q		退出
ZZ		退出，有"保存"之意，[Shift]同时按两下 z
/		向后查找某个字符串，如：
/date		向后查找 date
	n	查找下一个 date
	N	查找上一个 date，注意，向前查找不是 p
?		向前查找某个字符串
?date		向前查找 date
	n	查找上一个 date
	N	查找下一个 date，注意，向前查找不是 p

提示：Linux 选项中一般使用大写表示"相反""慎重"之意。

3.9　正确的关机或重启方法

　　Linux 系统主要是提供服务使用，一般不会关机，但是如果是单机或者是维护需要，就必须谨慎关机，在关机前我们始终要清楚：这是个多用户操作系统，可能还有其他用户也联机在线，必须通知他们尽快登出，并保存操作。

命令操作: Linux 正确的关机或重启方法

 # sync;sync;sync
说明: 同步三次，关机前强烈建议动作！Linux 为了提高性能，大部分数据都在内存中处理，所以直接关机，内存中的数据还没有保存到硬盘，强制关机会导致数据丢失。

 # shutdown -h +15 '警告：系统将于 15 分钟后关机！'
 # shutdown -r +15 '警告：系统将于 15 分钟后重启！'
 # shutdown -t 30
 # shutdown -k +15 '警告：系统将于 15 分钟后关机！'
说明: -h: halt，关机；-r: reboot，重启；+15: 15 分钟后；-t: 以秒为单位；-k: 只发出警告信息，并不关机；警告信息是可选参数，通知所有在线的用户即将关机或重启，提醒及时保存及登出。

 # shutdown -h now
 # shutdown -r now
说明: 立即关机或者重启，不建议使用，仅限单机用户使用。

 # shutdown -c
说明: 取消本次关机或重启操作。

 # shutdown -p +15
说明: Unix 关机方式，-p: poweroff，Unix 没有关机的概念，halt 状态都不会断电，强制断电必须使用-p 选项。

提示: 关机或重启还可以使用其他命令，如 reboot、halt、poweroff、init 0、init 6，都属于已经被取代命令，请忘记。

本 章 小 结

本章主要介绍了字符模式系统的登录、注销以及正确的关机和重启方法。字符命令行操作具有同图形界面不一样的特点，从简单的命令入手可以快速适应 Linux 命令操作的特点。

几个重要的辅助快捷键让命令变得简单、高效。从一开始就应该抛弃图形界面，接受快捷键的便捷，应该多加练习。

Linux 对错误的处理遵循一个简单原则：如果不报错就表示正确；如果报错，请查找错误原因；也有可能是命令权限问题。这点同 Windows 处理方式是相反的。Linux 的错误提示并不智能，需要一定的理解才能掌握。

Linux 的命令的通用格式总结了大部分命令的特点，也是字符命令的规律，适合入门后理解掌握，目前只需要大概了解。

在对命令不熟悉的情况下，第一手资料就是获取联机帮助，Linux 的联机帮助能解决大部分问题，在不能解决的情况下才需要考虑上网查询。

习 题

1. 利用客户端登录 Linux 系统，反复练习登录、注销，以及书中列举的常用简单命令，熟练使用快捷键辅助输入，熟练使用联机帮助系统。

2. 练习使用正确方式进行关机或重启系统。

3. 练习后总结 Linux 命令的特点，并记录笔记。

第 4 章　磁盘与文件系统

【学习目标】

　　本章需要掌握磁盘分区的概念，理解文件系统层次结构标准，要多阅读，学习后面知识点后还要回过来再阅读，需要熟练掌握文件操作，理解权限，并能使用压缩软件进行归档。所以本章内容是 Linux 的基础，掌握之后，基本就可以很熟练地使用 Linux 了。

4.1　磁盘分区与文件系统

　　Linux 中的所有硬件设备都是文件，包括磁盘。可识别的硬件设备都会在/dev 目录登记注册，当然还必须安装必要的驱动才可以在 Linux 系统中使用。

　　刚购买的**空白磁盘(Blank Disk)**，可以被 Linux、Windows 所有操作系统识别，但是必须**分区(Partition)**才可以使用，分区的同时必须进行**格式化(Format)**，建立系统可用的**文件系统(File System)**。格式化后的分区才可以**挂载(Mount)**到系统中使用。Windows 一般都是挂载到各个盘符，如 C:\、D: \、E:\等；而 Linux 必须挂载到 Linux 的文件系统结构中才可以使用。Linux 文件系统结构是一个标准化目录结构，文件系统层次结构标准是由国际化标准组织统一制定，所有 Linux 发行版本都必须遵守。

　　所以，Linux 磁盘分区其实有双重身份，一个是磁盘文件名，一个是挂载的文件目录名。

　　磁盘文件名命名规则如下：

- sd: 表示 SCSI，SATA，USB，Flash 等接口的磁盘文件名。
- hd: 表示 IDE 接口的磁盘文件名，是已经逐渐被淘汰的磁盘。
- a-z: 第 1 块磁盘命名为 a，第 2 块磁盘命名为 b……

　　所以，第 1 块是 SCSI 硬盘命名为 /dev/sda，第 2 块是 IDE 硬盘就要命名为 /dev/hdb……

　　一块磁盘，最多可以分割成 4 个主分区，为了能分割成更多分区，可以将最后一个分区分割成扩展分区，再将扩展分区分割成多个逻辑分区。

　　假设主机中的第 1 个 IDE 硬盘表示为 hda。

　　分区文件名规则如下：

- 如果分 4 个主分区，可以表示为 hda1~hda4。
- 如果分多于 4 个分区，必须分出扩展分区(扩展分区始终命名为 hda4)，主分区最多就只能再分出 3 个(见图 4.1)，这里主分区只设 2 个，分别命名为 hda1、hda2。

- 逻辑分区的编号始终从 5 开始，第 1 个逻辑分区命名为 hda5，第 2 个逻辑分区命名为 hda6……

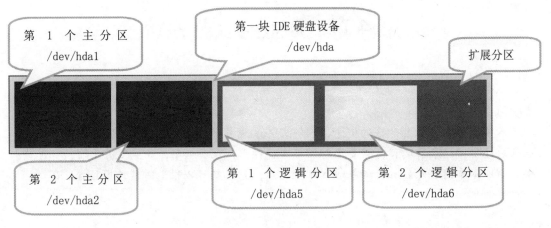

图 4.1   分区文件名

4.1.1   磁盘分区管理 fdisk

我们打开计算机的第一步，是查看系统有几个盘符，分别有多大空间，使用了多少空间等信息。Linux 可以利用 fdisk -l 查看磁盘的分区情况，利用 df -Th 查看磁盘挂载及使用情况，这是检阅系统的起点，类似于 Windows 系统的"我的电脑"，也可以直接使用 fdisk 重新进行设计分区。

命令操作: 磁盘分区管理 fdisk(format disk)

```
$ sudo fdisk -l
Disk /dev/sda: 21.5 GB, 21474836480 bytes
255 heads, 63 sectors/track, 2610 cylinders
Units = cylinders of 16065 * 512 = 8225280 bytes
Sector size (logical/physical): 512 bytes / 512 bytes
I/O size (minimum/optimal): 512 bytes / 512 bytes
Disk identifier: 0x000e97e4

   Device Boot      Start         End      Blocks   Id  System
/dev/sda1   *           1          64      512000   83  Linux
Partition 1 does not end on cylinder boundary.
/dev/sda2              64        2611    20458496   8e  Linux LVM

Disk /dev/mapper/vg_jsj-lv_root: 18.8 GB, 18798870528 bytes
255 heads, 63 sectors/track, 2285 cylinders
```

Units = cylinders of 16065 * 512 = 8225280 bytes
Sector size (logical/physical): 512 bytes / 512 bytes
I/O size (minimum/optimal): 512 bytes / 512 bytes
Disk identifier: 0x00000000

Disk /dev/mapper/vg_jsj-lv_swap: 2147 MB, 2147483648 bytes
255 heads, 63 sectors/track, 261 cylinders
Units = cylinders of 16065 * 512 = 8225280 bytes
Sector size (logical/physical): 512 bytes / 512 bytes
I/O size (minimum/optimal): 512 bytes / 512 bytes
Disk identifier: 0x00000000

说明：必须超级权限才可以查看磁盘分区情况，从结果可以看出，系统有一块 SCSI 硬盘 /dev/sda，21.5 GB。其做了两个分区，分别是/dev/sda1 和/dev/sda2；其中 sda1 是启动分区，必须在磁盘的最前面；sda2 做了 LVM 逻辑磁盘卷组，又分了两个子分区，分别是 lv_root 和 lv_swap。LVM 分区命名不同一般的分区名，不占用分区命名数字序列。

提示：fdisk -l 是 format disk 的简写，但是可以理解为 first disk，是进入检阅系统的第一步，相当于打开了"我的电脑"。fdisk 的参数如果是具体的磁盘，则进入分区操作状态，须谨慎操作。如下，以添加新磁盘的方式向虚拟机系统添加一块新磁盘，必须先利用 fdisk 分区，然后格式化，再挂载到 Linux 文件目录，方可使用。

```
# fdisk /dev/sdb
Command (m for help): n↵
Command action
   e   extended
   p   primary partition (1-4)
p↵
Partition number (1-4): 1↵
First cylinder (1-2610, default 1): ↵
Using default value 1
Last cylinder, +cylinders or +size{K,M,G} (1-2610, default 2610): +10G↵

Command (m for help): n↵
Command action
   e   extended
   p   primary partition (1-4)
p↵
```

Partition number (1-4): **2**↵
First cylinder (1307-2610, default 1307): ↵
Using default value 1307
Last cylinder, +cylinders or +size{K,M,G} (1307-2610, default 2610): ↵
Using default value 2610

Command (m for help): **w**↵
说明：添加一块新的磁盘 20 GB，重新将磁盘 sdb 分成 2 个分区，每个分区 10 GB。
操作指令：m，输出菜单；n，新建一个分区；d，删除一个分区；p，打印分区表；q，退出不保存；w，把分区写进分区表，保存并退出。
 # fdisk -l
说明：再次查看就多了两个分区：/dev/sdb1，/dev/sdb2，且没有格式化。

说明：分区硬盘操作比较危险，须慎用，初学者可以考虑在虚拟机中操作。

4.1.2 查看磁盘使用以及挂载情况 df

df 命令查看磁盘使用，有点类似于 Windows 打开资源管理器，查看各个盘符的使用情况。

命令操作：查看磁盘使用以及挂载情况 df(disk free)

$ df -Th

Filesystem	Type	Size	Used	Avail	Use%	Mounted on
/dev/mapper/vg_jsj-lv_root						
	ext4	18G	4.7G	12G	29%	/
tmpfs	tmpfs	495M	72K	495M	1%	/dev/shm
/dev/sda1	ext4	477M	37M	415M	9%	/boot

说明：df 显示了系统的分区情况以及文件挂载情况。-T：Type，分区文件格式；-h：human，人类可阅读磁盘大小。

$ df –aTh
说明：查看系统内所有的磁盘包括虚拟系统的容量及挂载情况。

$ df -h /home

Filesystem	Size	Used	Avail	Use%	Mounted on
/dev/mapper/vg_jsj-lv_root					
	18G	4.7G	12G	29%	/

说明：查看/home "所在分区" 以及该分区磁盘容量及挂载情况。

4.1.3　磁盘格式化 mkfs*

CentOS 6 采用 Ext4 文件系统格式，Ext4 保存有磁盘存取记录的日志数据，便于数据恢复、保持系统运行的稳定性。相较 Windows 系统的 NTFS、FAT32 等文件系统而言，Ext4 的读写效率和稳定性、故障恢复性能等要更好一些，特别是对于服务器主机来说。

一般建议将交换分区的大小设置为物理内存的 1.5～2 倍，例如，对于拥有 256 MB 物理内存的主机，其交换分区的大小建议设置为 512 MB。如果服务器的物理内存足够大（如 8 GB 以上），甚至可以不设置交换分区(虽然不建议这么做)，交换分区类似于 Windows 中的虚拟内存。

而 XFS 和 JFS 文件系统多用于商业版本的 Unix 操作系统中，具有更出色的性能表现。CentOS 7 开始默认推荐使用 XFS 文件格式。

格式化可以使用 mkfs 创建文件系统。

命令操作: 磁盘格式化 mkfs(make file system)

```
# mkfs -t ext4 /dev/sdb1
# mkfs -t ext4 /dev/sdb2
```
说明: 将 sdb1、sdb2 格式化为 Ext4 格式，mkfs 支持的文件系统格式如下。
- vfat: FAT32 格式；
- ntfs: NTFS 格式，Windows 主要格式；
- ntfs-3g: 默认可能不能识别 NTFS，需要安装 ntfs-3g；
- ext4: Ext4 格式，Linux 主要格式；
- ext3: Ext3 格式；
- iso9660: CD/DVD 格式。

```
$ df -Th
```
说明: 再次查看分区情况。

4.1.4　磁盘文件系统检验 fsck*

fsck 用来检查和维护不一致的文件系统。若系统掉电或磁盘发生问题，可利用 fsck 命令对文件系统进行检查。

命令操作: 磁盘文件系统检验 fsck(file system check)

```
# fsck –Cf /dev/sdb1
```
说明: 检验 sdb1；-C : 显示完整的检查进度；-f: force，强制检验。

4.1.5　磁盘坏道检验 badblocks*

　　badblocks 是 Linux 及其类似的操作系统中，扫描检查硬盘和外部设备损坏扇区的命令工具。损坏的扇区或者损坏的区块是硬盘中因为永久损坏或者是操作系统不能读取的空间。

命令操作: 磁盘坏道检验 badblocks

 # badblocks -sv /dev/sdb1
说明：扫描完成后，如果损坏区块被发现了，然后可以通过 e2fsck 命令，强迫操作系统不使用这些损坏的区块存储数据。

4.1.6　磁盘挂载与卸载 mount & umount

　　在 Windows 操作系统中，挂载通常是指给磁盘分区分配一个盘符。在 Linux 操作系统中，挂载是指将一个存储设备挂接到一个已存在的目录上。我们要访问存储设备中的文件，必须将文件所在的分区挂载到一个已存在的目录上，然后通过访问这个目录来访问存储设备。

命令操作: 磁盘挂载与卸载 mount&umount

(1) 挂载 sdb1 和 sdb2
$ mkdir sdb1 sdb2
说明：在当前路径创建两个空目录，**分区必须挂载在空目录下。**
 # mount /dev/sdb1 sdb1
 # mount /dev/sdb2 sdb2
说明：分别将/dev/sdb1 分区、/dev/sdb2 分区挂载到当前路径下的 sdb1、sdb2 两个空目录。以后就可以通过 sdb1、sdb2 两个目录访问两个磁盘分区了。

(2) 卸载 sdb2
 # umount /dev/sdb2
 # umount sdb2
说明：卸载通过磁盘文件或者挂载点都可以。

　　练习如何读取 U 盘。插入 U 盘，一般 Linux 会自动识别 U 盘，但是虚拟机不会，选择虚拟机右下角 USB 插入图标，会提示你从 Windows 下卸载 U 盘，同时插入到虚拟机的 Linux 系统。

命令操作: 挂载 U 盘

```
# mkdir /mnt/usb
# fdisk -l
   Device Boot        Start      End     Blocks      Id    System
/dev/sdc1    *             1      470    3775243+    b     W95 FAT32
```
说明: 查看插入 U 盘的磁盘文件名,为 sdc1,记下,进行下一步挂载。
```
# mount -t vfat -o iocharset=utf8 /dev/sdc1 /mnt/usb
```
说明: 将 U 盘挂载到/mnt/usb,指定编码为 utf8,可以显示中文,否则乱码。

提示: 现在 U 盘和移动硬盘图形界面基本都可以实现自动挂载,可跳过。

镜像文件不刻录就可以挂载使用,使用 loop 挂载。

命令操作: ISO 镜像文件 loop 挂载

```
# mount -o loop /root/centos6.8.iso /mnt/dvd
```
说明: 使用 loop 装置将 centos6.8.iso 挂载到/mnt/dvd。

4.2 文件系统层次结构标准

文件结构是文件存放在磁盘等存储设备上的组织方法,主要体现在对文件和目录的组织上。

目录提供了管理文件的一个方便而有效的途径。

Linux 使用标准的目录结构,在安装的时候,安装程序就已经为用户创建了文件系统和完整而固定的目录组成形式,并指定了每个目录的作用和其中的文件类型。

文件系统层次结构标准(Filesystem Hierarchy Standard,FHS)定义了 Linux 操作系统中的主要目录及目录内容。在大多数情况下,它是一个传统 BSD 文件系统层次结构的形式化与扩充。

FHS 由 Linux 基金会维护,这是一个由主要软件或硬件供应商组成的非营利组织,例如,HP、Red Hat、IBM 和 Dell。

Linux 采用的是树型结构。最上层是根目录,其他的所有目录都是从根目录出发而生成的。微软的 DOS 和 Windows 也是采用树型结构,但是在 DOS 和 Windows 中这样的树型结构的根是磁盘分区的盘符,有几个分区就有几个树型结构,它们之间的关系是并列的。但是在 Linux 中,无论操作系统管理几个磁盘分区,这样的目录树只有一个。从结构上讲,各个磁盘分区上的树型目录不一定是并列的。

Linux 文件目录结构如下。

/：第一层次结构的根、整个文件系统层次结构的根目录。

/bin：bin 就是二进制(binary)的英文缩写。在一般的系统当中，都可以在这个目录下找到 Linux 常用的命令，系统所需要的命令都位于此目录。

/boot：Linux 的内核及引导系统程序所需要的文件目录，比如 vmlinuz、initrd.img 等文件都位于这个目录中。在一般情况下，GRUB 或 LILO 系统引导管理器也位于这个目录。其时常是一个单独的第一主分区。

/dev：dev 是设备(device)的英文缩写。这个目录对所有的用户都十分重要。因为在这个目录中包含了所有 Linux 系统中使用的外部设备。但是这里并不是放的外部设备的驱动程序。这一点和常用的 Windows、Dos 操作系统不一样。它实际上是一个访问这些外部设备的端口。可以非常方便地去访问这些外部设备，它同访问一个文件、一个目录没有任何区别。

/etc：etc 这个目录是 Linux 系统中最重要的目录之一。在这个目录下存放了系统管理时要用到的各种配置文件和子目录。要用到的网络配置文件、文件系统、x 系统配置文件、设备配置信息、设置用户信息等都在这个目录下。

/etc/opt：/opt 的配置文件。

/etc/X11：X_Window 系统(版本 11)的配置文件。

/etc/sgml：SGML 的配置文件。

/etc/xml：XML 的配置文件。

/home：用户的 Home 目录，包含保存的文件、个人设置等，一般为单独的分区。如果建立一个用户，用户名是 xx，那么在/home 目录下就有一个对应的/home/xx 路径，用来存放用户的主(Home)目录。

/lib：lib 是库(library)的英文缩写。这个目录是用来存放系统动态连接共享库的。几乎所有的应用程序都会用到这个目录下的共享库。因此，千万不要轻易对这个目录进行操作，一旦发生问题，系统将无法工作。

/lost+found：在 ext2 或 ext3 文件系统中，系统意外崩溃或机器意外关机而产生一些文件碎片放在这里。当系统启动的过程中 fsck 工具会检查这里，并修复已经损坏的文件系统。有时系统发生问题，有很多的文件被移到这个目录中，可能会用手工的方式来修复，或移动文件到原来的位置上。

/media：可移除媒体的挂载点(在 FHS-2.3 中出现)。如 CD-ROM 建议挂载到/media/cdrom。

/mnt：临时挂载的文件系统。这个目录一般是用于存放挂载储存设备的挂载目录的。可移除媒体的挂载转移到/media，其他存储设备建议挂载到/mnt。

/opt：自定义应用软件包，建议应用程序都安装到这个目录，以前都建议安装到/usr/local 这个目录，为了保持兼容，可以建立从/opt 到/user/local 的软链接。

/proc：虚拟文件系统，将内核与进程状态归档为文本文件，可以在这个目录下获取系统信息。这些信息是在内存中由系统自己产生的。例如：uptime、network。在 Linux 中，对应 Procfs 格式挂载。

/root：Linux 超级权限用户 root 的 Home 目录。

/sbin: 这个目录是用来存放系统管理员的系统管理程序。大多是涉及系统管理的命令的存放，是超级权限用户 root 的可执行命令存放地，普通用户无权限执行这个目录下的命令，这个目录和/usr/sbin、/usr/X11R6/sbin 或/usr/local/sbin 目录是相似的，凡是目录 sbin 中包含的都是 root 权限才能执行的。

/selinux: 对 SELinux 的一些配置文件目录，SELinux 可以让 Linux 更加安全。

/srv: 站点数据，服务启动后所需访问的数据目录，例如，www 服务启动读取的网页数据就可以放在/srv/www 中。

/tmp: 临时文件目录，用来存放不同程序执行时产生的临时文件。有时用户运行程序的时候，会产生临时文件。/tmp 就是用来存放临时文件的。/var/tmp 目录和这个目录相似。临时文件(参见/var/tmp)，在系统重启时目录中文件不会被保留。

/usr: usr 是 Unix System Resources 的简写，主要存放 Unix 系统资源的文件目录。usr 是 Linux 系统中占用硬盘空间最大的目录，是系统程序的第二层次。用户的很多应用程序和文件都存放在这个目录下。在这个目录下，可以找到那些不适合放在/bin 或/etc 目录下的额外的工具。

/usr/bin: 非必要可执行文件。

/usr/include: 标准包含文件。

/usr/lib: /usr/bin 和/usr/sbin 中二进制文件的库。

/usr/sbin: 非必要的系统二进制文件，例如大量网络服务的守护进程。

/usr/share: 系统共用的东西存放地，比如 /usr/share/fonts 是字体目录，/usr/share/doc 和/usr/share/man 是帮助文件。

/usr/src: 源代码，例如，内核源代码及其头文件。

/usr/X11R6: X Window 系统，版本 11，Release 6。

/usr/local: 系统程序的第三层次，这里主要存放那些自动安装的应用软件(非系统软件)，rpm、yum 或 dpkg、apt-get 等自动安装的软件都存放在这个目录。它和/usr 目录具有相类似的目录结构，通常会有进一步的子目录，例如，bin、lib、share。用户自定义安装的软件也建议安放在这个目录，为了跟自动安装的软件区分开来，建议安装在/opt 目录下，然后做软链接到该目录。

/var: 变量文件，是在正常运行的系统中内容不断变化的文件，例如，日志、脱机文件和临时电子邮件文件，有时是一个单独的分区。

/var/cache: 应用程序缓存数据。这些数据是在本地生成的一个耗时的 I/O 或计算结果。应用程序必须能够再生或恢复数据。缓存的文件可以被删除而不导致数据丢失。

/var/lib: 状态信息。由程序在运行时维护的持久性数据。例如，数据库、包装的系统元数据等。

/var/lock: 锁文件，一类跟踪当前使用中资源的文件。

/var/log: 日志文件，包含大量日志文件。

/var/mail: 用户的电子邮箱。

/var/run: 自最后一次启动以来运行中的系统的信息，例如，当前登录的用户和运行中的守护进程。现已经被/run 代替。

/var/spool: 等待处理的任务的脱机文件，例如，打印队列和未读的邮件。

/var/tmp：临时文件目录，逐渐迁移到/tmp 目录。

/run：代替/var/run 目录。

/sys：有的系统作为虚拟文件系统(sysfs)，它存储且允许修改连接到系统的设备；许多传统 Unix 和类 Unix 操作系统使用/sys 作为内核代码树的符号链接。

详细 FHS 标准参见：

https://refspecs.Linuxfoundation.org/fhs.shtml

http://www.pathname.com/fhs/

4.3　目录查看操作

4.3.1　打印当前工作目录地址 pwd

命令操作: pwd(Print Working Directory)

$ pwd
/home/jsj

4.3.2　切换工作目录 cd

Linux 中目录的路径有相对路径和绝对路径。

在 Linux 中，绝对路径是从根目录开始的，比如/usr、/etc/X11。如果一个路径是从"/"开始的，它一定是绝对路径。

相对路径是以"."或".."开始的，"."表示用户当前操作所处的位置，而".."表示上级目录。要习惯把"."和".."当作目录来看。

切换工作目录是常规动作，务必要熟练掌握。

常见地址符号有：

/　：根目录；

.　：当前目录；

..　：上级目录；

~　：Home 目录；

-　：上次所在目录。

命令操作: cd(Change Directory)

$ cd /etc/

说明：切换工作目录到绝对路径/etc/，以根目录 "/" 开始的都是绝对路径。

$ cd ~

说明：切换到自己的 Home 目录。

$ ls -lh

说明：cd 命令一般都配合 ls 命令使用，方便切换工作目录。

$ cd Documents/

说明：切换到当前目录的 Documents 子目录，相对路径都是以当前目录为基础。

$ cd ..

说明：返回到上级目录，注意，cd 同..之间必须有个空格。

$ cd ./Documents/

说明：切换到当前目录的 Documents 子目录，"./" 表示当前目录，有时候可以省去。

$ cd -

说明：返回到上次所在目录。

4.3.3 列举文件列表 ls

ls 是列举当前目录的文件信息，常用且参数较多，但只需要掌握几个基本的常规操作即可。

命令语法: ls(list)

---

ls [选项]... [文件]...

说明：列出 FILE 的信息(默认为当前目录)，默认根据字母大小排序。

选项：

-a: all，包含以 "." 开头的隐藏文件。

-l: long，类似 Windows 的详细文件查看的详细信息。

-h: human，以 G、M、B 表示文件大小。

-d: directory，目录自身。

-r: reverse ，逆序排列。

-S: Sort ，文件大小降序排列。

-t: time ，修改时间降序排序。

常规命令：

$ ls -lh

$ ls -alh

> 提示：Linux 命令记忆的诀窍在于减法，而不是加法。记住几个常规命令，然后考虑减去部分选项；而不是先记忆命令字，然后考虑加上哪些选项。

命令操作: ls(list)

$ ls -lh
说明：以详细信息的形式查看文件。
$ ls -alh
说明：以详细信息的形式查看文件，包含以 "." 开头的隐藏文件。

$ ls -lh Do*
说明：查询以 Do 开头特定目录下的全部文件列表；或者查询当前目录下以 Do 开头的特定文件列表。
$ ll Do*
说明：ll 是 "ls –l" 的别名(alias)，CentOS 系统可以直接使用。

$ du -lh Documents/
说明：du: disk usage，查看目录或者文件的磁盘占用空间。
$ ls -lh Documents/
说明：查看目录或者文件的大小。

$ ls -lh
说明：默认按照文件名字母升序排序。
$ ls -lhr
说明：按照文件名字母降序排序，r: reverse，逆序。
$ ls -lhS
说明：按照文件大小降序排序。
$ ls -lhSr
说明：按照文件大小升序排序。
$ ls -lht
说明：按照修改时间降序排序。
$ ls -lhtr
说明：按照修改时间升序排序。

$ ls -lh | sort
说明：Linux 没有按文件类型排序，只能借助于 sort 工具，一般也很少用。

4.4 空目录创建与删除

Linux 创建目录 mkdir 对应的是 rmdir 删除空目录，因为创建的目录也是空目录，一般创建目录 mkdir 常用，而 rmdir 却很少用。

4.4.1 创建空目录 mkdir

命令操作: mkdir(make dir)

$ mkdir file1

说明: 在当前目录创建子目录 file1。

$ mkdir 1 2 3 4

说明: 在当前目录创建 1、2、3、4 共 4 个子目录。

$ mkdir -p 1/2/3/4

说明: -p: parent，级联，在当前目录级联创建一个目录结构 1/2/3/4。

4.4.2 删除空目录 rmdir

命令操作: rmdir(remove dir)

$ rmdir file1

说明: 删除子目录 file1。

$ rmdir 2 3 4

说明: 删除当前目录 2、3、4 共 3 个子目录。

$ rmdir 1

说明: 提示删除失败，因为 1 不是一个空目录。

$ mkdir -p 1/2/3/4

说明: 级联删除当前目录的一个子目录结构 1/2/3/4，删除成功。

注意: rmdir 只能删除空目录，很少用，一般都用 rm -r 代替。

4.5 文件操作

Linux 文件是可以进行输入输出的任意源，同 Windows 不同的是 Linux 资源一切皆是文件。包括:

(1) 普通文件: 就是一般存取的文件。

(2) 目录: 目录也是一种特殊文件。

(3) 伪文件，包括设备文件、命名管道、proc 内存文件等，例如:

- /dev: 硬件特殊文件，与系统外设及存储等相关的一些文件，通常都集中在/dev 目录。
- tty: 终端特殊文件。
- /dev/null: 伪设备特殊输出文件。
- /dev/zero: 伪设备特殊输入文件。
- sockets: 套接字，这类文件通常用在网络数据连接。可以启动一个程序来监听客户端的要求，客户端就可以通过套接字来进行数据通信。第一个属性为[s]，最常在 /var/run 目录中看到这种文件类型。
- FIFO pipe: 管道 FIFO 也是一种特殊的文件类型，它主要的目的是解决多个程序同时存取一个文件所造成的错误。FIFO 是 First-In-First-Out(先进先出)的缩写，第一个属性为[p]。
- /proc/xxx/: 进程#xxx 的信息。
- /proc/cpuinfo: CPU 信息。
- /proc/version: 内核版本，分发，内核编译 GCC 版本。
- /proc/kcore: 整个内存的映像。

4.5.1 建立文件 touch

Linux 建立文件的命令有很多，最常用的是 touch。

命令操作: touch

$ touch 1.txt
说明: 创建新文件或者修改文件时间。
$ file 1.txt
说明: 查看文件类型。

4.5.2 读文件

查看文档可以使用的命令为:

less、more、cat、tac、nl、head、tail、od。

主要使用 less、cat，详细内容见第 10 章过滤器的介绍。

命令操作: 读文件和 wc 文件统计

$ cat >1.txt
Welcome to Linux!
exit↵

说明: cat 是连接命令，>是指连接左边到右边。左边为空，默认是指标准输入设备，即键盘输入。键盘输入结束，必须借助于快捷键[Ctrl]+d，即 exit↵。所以 cat 可以进行小文件的读写，比较方便。

$ cat <1.txt
Welcome to Linux!

说明: <是指连接右边到左边。左边为空，默认是指标准输出设备，即显示器。

$ cat 1.txt

说明: 默认等价 cat <1.txt。

$ cat /etc/passwd
$ more /etc/passwd
$ less /etc/passwd

说明: 大文件的阅读就要借助于 more 和 less，more 不能前翻，所以 less 更方便，推荐多使用 less。

$ wc /etc/passwd
　35　　55 1666 /etc/passwd

说明: 统计文档内容 wc(Word Count)。-l: line，统计行数； -w: word，统计单词数；-c: char，统计字节数。

4.5.3　模式匹配 grep

grep(缩写来自 Globally search a Regular Expression and Print)是一种强大的文本搜索工具，它能使用正则表达式搜索文本，并把匹配的行打印出来。

grep 以行为单位过滤文档内容，将所有符合正则表达式的行输出；支持其他命令的输出作为 grep 的输入是 grep 更常用的用法。grep 不仅有这一个形式，更多的是融入其他命令中。

grep 的难点在正则表达式的编写上，这里熟练掌握基本的模式匹配即可，详细内容见第 10 章过滤器的介绍。

命令操作: grep

$ grep -in 'jsj' /etc/passwd
$ grep -in jsj /etc/passwd
说明: 查找/etc/passwd 文件中含有'jsj'的行。'jsj'是最简单的**模式匹配**，不包含任何匹配字符，直接查找含有 jsj 字符串的行。-i: 忽略大小写；-n: 显示行号。

提示: 简单的正则表达式可以不用单引号或者双引号界定；稍微复杂的正则表达式就需要单引号或者双引号界定。

$ grep -inv 'jsj' /etc/passwd
说明: 查找/etc/passwd 文件中没有包含'jsj'的行。-v: 不包含，同^，都有取反之意。
$ rpm -qa | grep java
tzdata-java-2015e-1.el6.noarch
java-1.6.0-openjdk-1.6.0.35-1.13.7.1.el6_6.x86_64
java-1.7.0-openjdk-1.7.0.79-2.5.5.4.el6.x86_64
说明: rpm -qa 为查询所有安装包信息，利用|管道将输出的结果作为 grep 的输入。

4.5.4　文件搜索

命令操作: 搜索文件 locate 和 find

$ find ~ -name '*.txt'
说明: 在指定的路径中按文件名搜索文件，必须指定一个路径。find 选项比较特殊，长选项也只有一个 "-"。

$ locate '*.txt'
说明: locate 命令用于查找文件，它比 find 命令的搜索速度快，它需要一个数据库，这个数据库由每天的例行工作(crontab)程序来建立。

$ which date
说明: 查找可执行命令所在位置，这里是查找命令 date 所在位置。
$ whereis date
说明: 查找文件的位置，这里查找 date 命令及相关文档所在位置，非常有用！
$ whatis date
说明: 简单描述一个命令所执行的功能。

4.5.5　文件链接

　　Linux 文件链接分两种：硬链接和软链接。默认情况下，ln 命令产生硬链接；ln -s 产生软链接。

　　硬链接是指通过索引节点(即文件的物理存储位置)来进行链接。在 Linux 的文件系统中，可以将重要的文件通过硬链接的方式共享给其他用户，而这两个文件之间还是相互隔绝的，路径并不相同，但是文件内容是同步的，现在的云盘就是使用这种机制实现存储及秒传功能的。硬链接并不是将两个文件存储多次，而是存储一次，并且通过计数存储链接数。当删除一个文件时，也并不会真的将该文件删除，而是将链接计数减 1，所以只有当所有文件都被删除时，才会真的将文件从磁盘中删除。

　　另外一种链接称之为软链接，也叫符号链接。软链接文件有类似于 Windows 的快捷方式，它实际上是一个特殊的文件，比 Windows 快捷方式功能强大。

> 提示：简单地说，软链接关注的是路径，通过软链接可以在系统中将两个路径视为同一个路径,这也是Linux常用的处理技巧,Windows并不支持,快捷方式建立的路径,Windows系统并不认为是等同的；硬链接关注的是内容，路径不等同，完全是两个不同的文件，仅仅是内容会同步而已，是一种保守的共享内容方式。

命令操作: 链接 ln 与符号链接 ln -s

$ touch raw.txt
$ echo 'raw file'>raw.txt
说明：创建一个原始文件 raw.txt，并向里面写入内容。
$ ll raw*
-rw-rw-r--. 1 jsj jsj 0 4 月　19 20:47 raw.txt

$ ln raw.txt rawlink1.txt
$ ll raw*
-rw-rw-r--. 2 jsj jsj 9 4 月　19 20:55 rawlink1.txt
-rw-rw-r--. 2 jsj jsj 9 4 月　19 20:55 raw.txt
$ ln raw.txt rawlink2.txt
$ ll raw*
-rw-rw-r--. 3 jsj jsj 9 4 月　19 20:55 rawlink1.txt
-rw-rw-r--. 3 jsj jsj 9 4 月　19 20:55 rawlink2.txt
-rw-rw-r--. 3 jsj jsj 9 4 月　19 20:55 raw.txt
说明：建立两个硬链接，并查看文件信息。

```
$ ln -s raw.txt rawlink3.ln
$ ll raw*
```
-rw-rw-r--. 3 jsj jsj 9 4月　19 20:55 rawlink1.txt
-rw-rw-r--. 3 jsj jsj 9 4月　19 20:55 rawlink2.txt
lrwxrwxrwx. 1 jsj jsj 7 4月　19 21:02 rawlink3.ln -> raw.txt
-rw-rw-r--. 3 jsj jsj 9 4月　19 20:55 raw.txt
说明：建立一个软链接，并查看文件信息。


```
$ cat raw.txt
```
raw file
```
$ cat rawlink1.txt
```
raw file
```
$ cat rawlink3.ln
```
raw file
```
$ echo "add text">>rawlink1.txt
$ cat rawlink3.ln
```
raw file
add text
说明：硬链接和软链接，读写文件内容都一样。


```
$ mv raw.txt new.txt
$ cat rawlink2.txt
```
raw file
add text
```
$ cat rawlink3.ln
```
cat: rawlink3.ln: 没有那个文件或目录
说明：将原始的文件 raw.txt 改名为 new.txt，硬链接并不影响，因为硬链接完全是两个不同的文件，仅内容同步而已，所以改名不会影响内容。但是软链接却提示找不到了，因为软链接指向的是 raw.txt 的一个符号链接，目标文件名重命名之后，地址就发生改变，而原链接文件仍指向原来的位置，所以链接失效。
```
$ echo "new raw file" > raw.txt
$ cat rawlink3.ln
```
new raw file
说明：重新建立一个 raw.txt 文件。原链接文件仍指向原来的位置,在原位置建立新文件，所以链接恢复。


```
$ rm new.txt
$ ll raw*
```

-rw-rw-r--. 2 jsj jsj 27 4 月　19 21:08 rawlink1.txt
-rw-rw-r--. 2 jsj jsj 27 4 月　19 21:08 rawlink2.txt
lrwxrwxrwx. 1 jsj jsj　7 4 月　19 21:02 rawlink3.ln -> raw.txt
$ rm rawlink1.txt
$ ll raw*
-rw-rw-r--. 1 jsj jsj 27 4 月　19 21:08 rawlink2.txt
lrwxrwxrwx. 1 jsj jsj　7 4 月　19 21:02 rawlink3.ln -> raw.txt
说明：删除硬链接中的任何一个文件都不会真的删除文件，只是将它的链接数减 1，当为 0 时，才真正删除。

4.5.6　文件编辑

文件的编辑使用 vim 编辑器，我们在第 5 章详细介绍 vim 编辑器，是 Linux 操作的重点和难点。

4.6　复制、删除、移动、重命名

习惯了 Windows 的复制、粘贴等操作，Linux 相关操作初学者可能还不适应，但是 Linux 命令熟悉后，要比 Windows 简单，因为 Windows 一个任务是两个动作，而 Linux 只需要一个动作。

命令语法: cp、rm、mv

cp|rm|mv　[选项]... 源文件... 目录
说明：一个动作实现文件的复制、删除、移动、重命名操作。

选项：
　　-r: recursive，递归，进行目录操作。
　　-f: force，覆盖时不询问。
　　-i: interactive，覆盖前询问，-i、-f 同时出现，最后一个生效，一般只出现一个。

常规命令：
$ cp -rf
$ rm -rf
$ mv
说明: -r 一般指的是逆序的意思，目录操作一般设计为-R，但是 cp、rm、mv 三个操作太频繁了，以致为了简化操作，直接使用-r 代表目录操作。这里-R、-r 都表示目录操作。

4.6.1 复制 cp

Linux 的复制操作 cp，可以将一个或多个文件，一步复制到目标位置。所以参数最少有两个，但是最后一个参数必定是目录地址，前面来源参数可以是文件也可以是目录。

命令操作: cp(copy)

$ cp –rf one four

说明: 复制 one 的一份副本到 four 目录下。one 可以是文件，也可以是目录，如果是目录，必须加上-r；-f 强制覆盖之意，不提示；可以根据实际需要加减。

注意: 操作前 four 目录存在与否，cp 命令含义差别很大。如果 four 已经存在，就是复制 one 的一份副本到 four 目录下；如果 four 不存在，则是在当前目录下建议 one 的一个副本，重命名为 four。

$ cp –rf one two three four

说明: 文件或目录 one、two、three 一起复制到 four 目录下，four 目录必须已经存在。

4.6.2 删除 rm

rm 删除可以代替 rmdir，既可以删除文件，也可以删除目录，还可以多个对象一起删除。

命令操作: rm(remove)

$ rm –rf four

说明: four 如果是目录，必须加-r。

$ rm –rf one two three

说明: 可以一次删除多个对象。

4.6.3 移动或重命名 mv

mv 命令最简单，不需要选项，文件或者目录都是可以直接操作的，但是功能很强大，可以实现移动功能，还可以实现重命名功能。

命令操作: mv(move)

$ mv one four

说明: mv 是移动还是重命名，取决于 four 目录是否已经存在。如果 four 已经存在，则是将对象 one 移动到 four 目录下，所以此时，four 必须是目录，否则报错；如果 four

---

不存在，则是将 one 重命名为 four。mv 不需要选项-r，文件或者目录都可以直接操作。

$ mv one two three four

说明：文件或目录 one、two、three 一起移动到 four 目录下，four 目录必须已经存在。

$ mv one.txt four.txt

说明：one.txt 是文件，该命令就有可能是覆盖或者重命名。four.txt 不存在，重命名；four.txt 存在且是普通文件，强制覆盖。

$ mv one/* four
$ cp one/* four

说明：移动或复制 one 目录下所有内容到 four 目录下。

注意：如果目标目录里面内容不空，而且有重复，cp、mv 都可以强制覆盖；但是部分 Linux 版本 mv 不能覆盖，只能借助于 cp 覆盖。

4.7　文件权限

4.7.1　权限

在 Linux 中的每一个文件或目录都包含有访问权限，这些访问权限决定了谁能访问和如何访问这些文件和目录。

命令操作: 权限

$ ls -lh

```
drwxr-xr-x. 2 jsj   jsj   4096 4月   17 18:20 Desktop
drwxr-xr-x. 2 jsj   jsj   4096 4月   17 09:27 Documents
drwxr-xr-x. 2 jsj   jsj   4096 4月   17 09:27 Downloads
drwxr-xr-x. 2 jsj   jsj   4096 4月   17 09:27 Music
drwxr-xr-x. 2 jsj   jsj   4096 4月   17 09:27 Pictures
drwxr-xr-x. 2 jsj   jsj   4096 4月   17 09:27 Public
-rw-rw-r--. 1 jsj   jsj     27 4月   19 21:08 rawlink2.txt
lrwxrwxrwx. 1 jsj   jsj      7 4月   19 21:02 rawlink3.ln -> raw.txt
-rw-rw-r--. 1 jsj   jsj      0 4月   19 21:15 raw.txt
drwxr-xr-x. 2 jsj   jsj   4096 4月   17 09:27 Templates
```

drwxr-xr-x. 2 jsj   jsj   4096 4 月　 17 09:27 Videos

说明: 详细介绍每行前 10 个字母代表的含义。

第一个字符代表文件(-)、目录(d)、链接(l)。

其余字符每 3 个一组(rwx)，读(r)、写(w)、执行(x)。

第一组 rwx: 文件所有者具有的权限。

第二组 rwx: 文件所属组的用户具有的权限，要学会习惯将用户组当成特殊的一类用户。

第三组 rwx: 其他用户具有的权限。

也可用数字表示为: r=4，w=2，x=1，因此 rwx=4+2+1=7。

权限可以使用下面表格表示，见表 4.1 所示。

表 4.1　Linux 文件权限表

权限项	读	写	执行	读	写	执行	读	写	执行
字符表示	r	w	x	r	w	x	r	w	x
数字表示	4	2	1	4	2	1	4	2	1
权限分配	u: 所有者			g: 所属组			o: 其他用户		

说明: u: 所有者，g: 所属组，o: other，a: all。0: 无权限；1: 执行权限；2: 写权限；4: 读权限。

注: 目录的 x 权限与能否进入该目录有关，没有 x 权限的目录是不可访问的。

还有一组特殊文件权限:

s 权限: 文件 set 权限，让文件可以获得所有者或所属组的权限。普通可执行文件运行时权限来源于执行用户的权限，但是加上 s 权限的可执行文件运行时，可以在不提权或切换身份的情况下具备所有者或所属组的权限。也可以用数字表示:

4 等价于 u+s，让文件获得所有者的权限。

2 等价于 g+s，让文件获得所属组的权限。

t 权限: 目录 sticky 权限，让目录里面的文件具有更严格的权限，不是所有者不可对里面的文件做删除/移动/重命名操作，其他 rwx 权限不变。也可以用数字表示:

1 等价于 o+t。

所以，加上特殊文件权限，可以用 4 个数字代表这四组权限，如:

0751，其中 0 表示没有特殊权限，7 表示所有者具有读、写、执行权限，5 表示所属组具有读、执行权限，1 表示其他用户具有执行权限。没有设置特殊权限的情况下，可以用 751 表示。

4.7.2　更改文件权限 chmod

chmod(change file mode)，对于文件类的修改操作都是以 ch 前缀开头的，省略了 file，因为默认就是基于文件操作的。权限的修改者必须是文件的所有者或者是 root 用户。

命令语法: 更改文件权限 chmod(change file mode)

\$ chmod -R [ugoa] [+-=] [rwx] 文件...
\$ chmod -R 777　　　　　　　　文件...

说明: 修改文件属性的命令基本都是以 ch 前缀开头的。数字权限应该是四位，777 其实是 0777 的简写方式，首位是特殊文件权限。权限的修改者必须是文件的所有者或者是 root 用户。

选项:
　　-R: recursive，递归，进行目录操作。
提示: 大写的选项一般要求稍微思考、慎重一点。-R 基本都是指目录，告诉用户注意这次操作针对的不是一个文件，而是一个目录，所以要慎重确认!

命令操作: 更改文件权限 chmod(change file mode)

\$ ll add*
-rwxrwxr--. 1 jsj　jsj　　368 4 月　17 21:39 adduser.sh
\$ chmod a+x adduser.sh
\$ ll add*
-rwxrwxr-x. 1 jsj　jsj　　368 4 月　17 21:39 adduser.sh
说明: 新建的批处理文件 adduser.sh 是不能被执行的，所以必须加上执行权限 x。

\$ chmod a-x adduser.sh
\$ ll add*
\$ chmod go=rx adduser.sh
\$ ll add*
\$ chmod 751 adduser.sh
\$ ll add*
说明: 文件权限可以利用(+，-)微调;也可以使用(=，数字)直接精确定义。

4.7.3 更改文件所属组 chgrp & chown*

同 Windows 不同，如果要共享文件，不仅要分享文件，还需要共享权限，否则文件是没办法使用的，这点安全性比 Windows 高，但是稍显复杂，是初学者最容易忽略的问题。修改所属组可以将文件权限共享给一组用户。

chgrp、chown 都可以更改文件的所属组。

命令语法: 更改文件所属组 chgrp

$ chgrp -R 新所属组　　　　　　　　　文件...

说明: 将每个指定文件的所属组设置为指定值，可以多个一起设定。

命令操作: 更改文件所属组 chgrp

$ ll add*

-rwxr-x--x. 1 jsj jsj 368 4 月　17 21:39 adduser.sh

$ chgrp wheel adduser.sh

$ ll add*

-rwxr-x--x. 1 jsj wheel 368 4 月　17 21:39 adduser.sh

说明: adduser.sh 所属组已经变成 wheel 组。

4.7.4 更改文件所有者 chown

完全把文件转送给其他用户，而不是共享，就可以使用 chown 更改文件所有者，chown 也可以更改文件所属组。

命令语法: 更改文件所有者 chown

 # chown -R [所有者][:[新所属组]] 文件...

说明: 更改每个文件的所有者或所属组，改变所有者必须具有超级权限。

常规命令:

 # chown -R root:root

$ chown -R :root

 # chown -R root:

 # chown -R root

chown -R root.root

命令操作: 更改文件所有者 chown

$ ll add*
-rwxr-x--x. 1 jsj jsj 368 4 月　17 21:39 adduser.sh
$ sudo chown root:root adduser.sh
说明: 同时改变所有者和所属组。
$ ll add*
-rwxr-x--x. 1 root root 368 4 月　17 21:39 adduser.sh
$ cat adduser.sh
cat: adduser.sh: 权限不够
说明: adduser.sh 所有者已经改变，普通用户已无权限读取其内容，包括原来的所有者。

$ sudo chown :jsj adduser.sh
说明: 改变所属组为 jsj 组。
$ ll add*
-rwxr-x--x. 1 root jsj 368 4 月　17 21:39 adduser.sh
$ cat adduser.sh
说明: 虽然 adduser.sh 的所有者已经是 root，但是 jsj 用户仍然可以访问，因为文件的所属组是 jsj，而 jsj 用户隶属于 jsj 这一个私有组，所以有权限读取。

$ sudo chown jsj:　adduser.sh
$ sudo chown jsj adduser.sh
说明: 两者等价，都是修改文件的所有者为 jsj。

思考: 演示中，为什么使用 sudo 而不使用 su 提升权限。

4.7.5　文件权限掩码 umask

文件初创建时带有默认权限，可以修改创建新文件时的默认权限，umask 是文件权限掩码，所以文件创建时的权限都是减去 umask 的设定值。

命令操作: 文件权限掩码 umask

$ umask
0002
说明: 查询新建文件默认权限，默认都是没有可执行权限的，在这基础上，o-2，即其他用户默认没有写权限。

$ umask 0022

说明：设定默认权限是 g-w，o-w，同时还会自动减去可执行权限。

$ touch file1

$ ll file1

$ umask -S g-w,o=x

u=rwx,g=rx,o=x

$ umask

0026

$ touch file2

$ ll file2

说明：-S 表示可以使用符号定义权限，umask 中设置+x 权限无效。

4.7.6　有效用户组 newgrp

用户组的概念比较多，现在先了解两个基本概念。

默认用户组：一个用户名可以隶属于多个组，默认的第一个为默认用户组。

有效用户组：指设定用户在创建文件时，该文件所属用户组，一般为默认用户组。

命令操作: 更改有效用户组 newgrp

$ newgrp　wheel

说明：更改有效用户组为 wheel 组。

$ touch file3

$ ll file3

$ newgrp

说明：更改有效用户组为默认用户组。

$ touch file4

$ ll file4

4.7.7　设置文件隐藏属性*

Linux 除了 9 个权限外，还有些隐藏属性，这些隐藏属性对于系统有很大的帮助，尤其是在系统安全方面。

命令语法: 设置文件隐藏属性 chattr

$ chattr -R [-+=ai] 文件...
说明: 设置文件隐藏属性。
$ lsattr
说明: 查看文件隐藏属性。
属性:
　　i: important，非常重要，只读，不可写入，不可删除。
　　a: append，只可增加数据，不可删除。

4.8　压缩与归档

如果文件过多，可以对文件进行归档。Linux 常见的归档程序是 tar。tar 归档动作很简单，就是将多个文件首尾相连，变成一个大文件。为了减少占用磁盘空间，还需要压缩软件对文档进行压缩，Linux 常用的压缩软件包括 gzip 和 bzip2，但是这两个软件都只能压缩单个文件，而不能压缩整个目录，所以经常都是配合 tar 将目录归档。

注意，归档命令必须通过-f 指定归档文件名，不能使用默认文件名。

4.8.1　gzip*

gzip 是 GNUzip 的缩写，它是一个 GNU 自由软件的文件压缩程序。压缩后文件格式: .gz。注意:
(1) 只压缩文件，不能压缩目录。
(2) 不保留源文件，即压缩后，源文件会被自动删除。
一般不单独使用，建议配合 tar 使用。

命令操作: gzip

$ gzip raw.txt
$ ll raw.txt*
-rw-rw-r--. 1 jsj jsj 28 4 月　20 14:44 raw.txt.gz
说明: raw.txt 压缩后变成 raw.txt.gz，源文件消失。

$ gzip -l raw.txt.gz
```
        compressed        uncompressed  ratio uncompressed_name
             28                  0       0.0%      raw.txt
```
说明: gzip –l 为查看.gz 文件内容，不解压缩，或者可以用 zcat –l。

$ gzip -d raw.txt.gz
$ ll raw.txt*
-rw-rw-r--. 1 jsj jsj 0 4 月　20 14:44 raw.txt
说明: gzip -d 解压缩.gz 文件, 同样压缩文件消失。

4.8.2　bzip2 & bzcat*

bzip2 是一个基于 Burrows-Wheeler 变换的无损压缩软件, bzip2 能够进行高质量的数据压缩, 它利用先进的压缩技术, 能够把普通的数据文件压缩 10%至 15%, 压缩的速度和解压的效率都非常高! 它支持大多数压缩格式, 包括 tar、gzip 等。压缩后文件格式: .bz2。注意:

(1) 只压缩文件, 不能压缩目录。
(2) 不保留源文件, 即压缩后, 源文件会被自动删除。

gzip 和 bzip2 命令使用的压缩算法有一定区别, 但命令使用格式基本类似, 通常认为 bzip2 的压缩效率要更好一些, 但是还没有 gzip 普遍。

这两个命令工具通常并不单独使用, 而是与 tar 命令结合起来使用。

命令操作: bzip2

$ bzip2 raw.txt
$ ll raw.txt*
-rw-rw-r--. 1 jsj jsj 14 4 月　20 14:44 raw.txt.bz2
说明: raw.txt 压缩后变成 raw.txt.bz2, 源文件消失。

$ bzcat raw.txt.bz2
说明: 查看.bz2 文件内容, 不解压缩。

$ bzip2 -d raw.txt.bz2
$ ll raw.txt*
-rw-rw-r--. 1 jsj jsj 0 4 月　20 14:44 raw.txt
说明: bzip2 -d 解压缩.gz 文件, 同样压缩文件消失。

4.8.3　tar

tar 只是一个简单的归档软件, 就是将多个文件首尾相连, 变成一个大文件。所以一般还需要压缩软件压缩。tar 整合了 gzip 和 bzip2 压缩工具, gzip 和 bzip2 一般都是搭配 tar 一起使用。

tar 命令是 Unix/Linux 系统中备份文件的可靠方法，几乎可以工作于任何环境中，它的使用权限是所有用户。

命令语法: tar

---

tar [选项...] [FILE]...

说明：将许多文件一起保存至一个单独的磁带或磁盘归档，并能从归档中单独还原所需的文件。

选项：

-　-j: 调用 bz2 程序。
-　-z: 调用 gz 程序。
-　-c: Create，压缩。
-　-x: eXtrat，解压缩。
-　-f: 后跟归档文件名.tar*，注意：归档文件名必须紧跟-f 后！
-　-C: 指定解压目录，一般为相对路径。
-　-v: verbose，进度，详细地列出处理的文件。
-　-t: test-label，测试归档卷标并退出，查看归档内容。
-　-p: preserve-permissions，保留权限，归档时保留文件属性和权限。

命令操作: tar 配合 bzip2

$ tar -jcvf file.tar.bz2 file
file
说明：使用 bzip2 将 file 进行压缩归档，源文件保留。归档名紧跟-f 之后。-v: 显示进度。
$ ll file*
-rw-rw-r--. 1 jsj jsj　　　0 4 月　20 17:46 file
-rw-rw-r--. 1 jsj jsj　110 4 月　20 17:47 file.tar.bz2

$ tar -jxvf file.tar.bz2
file
说明：使用 bzip2 进行解压缩还原，覆盖同名文件。
$ ll file*
-rw-rw-r--. 1 jsj jsj　　　0 4 月　20 17:46 file
-rw-rw-r--. 1 jsj jsj　110 4 月　20 17:47 file.tar.bz2

$ tar -jtvf file.tar.bz2
-rw-rw-r-- jsj/jsj　　　　　0 2016-04-20 17:46 file
说明：查看归档文件内容，不解压缩。-t: test，查看内容。

$ tar –jxvf file.tar.bz2 -C 目录
说明：解压缩归档文件到特定目录，该目录在部分系统中只能为相对路径。

$ tar –jcvpf file.tar.bz2 file
说明：归档时保留权限等属性，在保留原本文件时非常重要。

说明：tar 配合 gzip 使用同 bzip2 一样，只要将选项-j 改为-z，要多练习才能熟练掌握。

4.8.4   zip & unzip

Windows 系统最常用的压缩软件。如果归档文件多平台公用，建议 ZIP 压缩格式。

命令操作: zip&unzip

$ zip file.zip file
说明：压缩文件 file。这里压缩目标文件名必须在源文件的前面。

$ zipinfo file.zip
说明：查看文档内容，不解压缩。

$ unzip file.zip
说明：解压缩到当前命令目录。

$ unzip file.zip -d 指定目录
说明：解压缩到指定目录。

4.8.5   rar*

Windows 系统最常用的压缩软件。RAR 通常情况比 ZIP 压缩比高，但压缩/解压缩速度较慢。

一般 Linux 默认都没有安装 rar。

命令语法: rar

$ rar a file.rar file
说明：压缩文件 file，这里压缩目标文件名必须在源文件的前面。

$ rar v file.rar
说明：查看文档内容，不解压缩。

$ rar x file.rar

说明：解压缩。

注意：x、a、v 都是子命令，不是选项，前面不能加(-)前缀。

本 章 小 结

Linux 可以利用 fdisk -l 查看磁盘的分区情况，利用 df -Th 查看磁盘挂载及使用情况，其为检阅系统的起点，类似于 Windows 系统的"我的电脑"，也可以直接使用 fdisk 重新进行设计分区。

Linux 的逻辑目录结构是有严格标准的，需要反复多次查看才能加深理解，目前只需要掌握几个常用的目录即可。如：根目录/，Home 目录/home、/root，配置目录/etc，重要系统目录/bin、/lib，以及系第二层次目录/usr，第三层次目录/usr/local，自定义第三层次目录/opt 等。

Linux 的文件操作包括文件目录查看操作，创建删除操作，复制、删除、重命名操作，压缩与归档操作，基本都对应了 Windows 里面的图形化操作。

Linux 的文件权限属性是 Linux 特有的，没有权限无法操作，而 Windows 中对用户是透明的，所以学习 Linux 需要重点理解。

学习好本章内容，基本就相当于熟练掌握了 Windows 中的操作，慢慢就可以脱离 Windows 进入 Linux 专有领域。

习 题

1. 利用 fdisk -l 查看磁盘的分区情况，利用 df -Th 查看磁盘挂载及使用情况，并理解输出结果。

2. 整理文件系统层次结构，并记录笔记。

3. 对照课本，练习文件目录查看操作，创建删除操作，复制、删除、重命名操作，压缩与归档操作。

4. 尝试修改文件权限，并进行相应操作，查看权限是否生效。

5. 整理文件操作命令，并记录笔记。

第5章　vim 编辑器与 GCC & Java 编程

【学习目标】

　　本章主要掌握 vim 的编辑使用，关键是记住常用的快捷键和命令，操作复杂，是整个 Linux 学习的重点和难点，必须熟练掌握。最后通过 GCC & Java 编程来熟悉 vim 文本编辑器的使用。

5.1　vim 介绍

　　Linux 的命令行界面下面有非常多的文本编辑器。常用的就有 Emacs、pico、nano、joe 与 vim 等。vim 是 vi 编辑器的增强版本，但是习惯上也将 vim 称作 vi，可以建立 vi 到 vim 的命令别名以方便使用。以后都将使用此别名(vi)调用 vim 编辑器，作为默认的文本编辑工具。

　　我们为什么一定要学习 vim 呢？主要有以下几个原因：

　　(1) 所有的 Unix 类系统都会内置 vi 文本编辑器,其他的文本编辑器则不一定会存在。

　　(2) 很多软件的编辑接口都会主动调用 vi。

　　(3) vim 具有程序编辑的能力，可以主动以字体颜色辨别语法的正确性，方便程序设计。

　　(4) 程序简单，编辑速度快。

5.2　进入 vim 编辑器

　　通过"vi 文件名"的形式打开或新建文件进行编辑。

命令操作：　进入 vi

$ vi

说明：打开 vim 编辑器，编辑文档后，保存时必须提供文件名。

$ vi newfile.txt

说明：使用 vim 编辑器打开文件 newfile.txt，如果文件不存在，保存时新建文件。

$ view newfile.txt

说明：使用 vim 编辑器以只读的方式打开文件 newfile.txt。

5.3　模式与切换

vim 编辑器的三种模式：命令模式、编辑模式和末行模式。vim 编辑器的三种工作模式，相当于图形软件窗口中的不同界面，不同的模式中能够对文件进行的操作也不相同。

(1) 命令模式：启动 vi 编辑器后默认进入命令模式，该模式中主要完成如光标移动、字符串查找以及删除、复制、粘贴文件内容等相关操作。

(2) 编辑模式：在一般命令模式中可以进行删除、复制、粘贴等动作，但是却无法编辑文件内容。要等到按下"**i I o O a A r R**"等任何一个字母之后才会进入编辑模式。处于编辑模式时，vi 编辑器的最后一行会出现"-- INSERT --"的状态提示信息。该模式中主要的操作就是录入文件内容，可以对文本文件正文进行修改，或者添加新的内容。如果要回到命令模式，则必须按下**[Esc]**键即可退出编辑模式。

(3) 末行模式：在一般命令模式中，输入"**: / ?**"三个中的任一字母，就可以将光标移动到最低一列。处于末行模式时，vi 编辑器的最后一行会出现冒号":"提示符。该模式中可以设置 vi 编辑环境、保存文件、退出编辑器，以及对文件内容进行查找、替换等操作。

vim 编辑器的三种模式主要是利用**[Esc]**键回到命令模式进行切换。

5.4　命令模式下编辑

5.4.1　光标移动

vim 中文本的编辑(包括光标的移动)完全靠键盘操作，不能使用鼠标，记住最常用的操作键，能够迅速提高文本编辑效率(见表 5.1)。

表 5.1　光标移动快捷键

快 捷 键	说　　明
↑	k，上移一行，无方向键的键盘使用 k

快 捷 键	说　　明
↓	j，下移一行
←	h，左移一个字符
→	l，右移一个字符
Pg Up	[Ctrl]+b，快速后退，向前翻一屏
Pg Dn	[Ctrl]+f，快速前进，向后翻一屏
Home	^或 0，回到行首
End	$，回到行尾
回车	下一行
空格	下一个字符
w	下一个 word
b	上一个 word
H	[Shift]+h，当前屏幕的顶部
M	当前屏幕的中间
L	当前屏幕的底部
gg	回到文档第 1 行
1G	1，再按[Shift]+g，回到文档第 1 行
G	[Shift]+g 回到文档结尾
3G	移动到文档第 3 行。G 表示绝对概念，绝对行；其他都是相对
3w	向后移动 3 个 word
3 方向键	向指定的方向移动 3 个单位
...	

提示：数字开头的操作非常实用高效。

注：数字带移动操作，表示移动多个。数字开头命令基本都是相对的操作。G 操作例外，属于绝对行号移动。

5.4.2 删除、复制、粘贴

vim 中复制粘贴等操作同 Windows 很像，都是一个功能两个动作。但是快捷键不一样，而且删除都是剪切动作，可以继续粘贴。快捷键及其说明如表 5.2 所示。

表 5.2 删除、复制、粘贴快捷键

快 捷 键	说　　　　明
x	[Del]，删除 1 个字符
X	[Shift]+x，[Backspace]，退格删除 1 个字符
3x	[Del]，删除 3 个字符
dd	删除 1 行
3dd	d3d，删除 3 行
yy	复制 1 行
3yy	y3y，复制 3 行
p	粘贴，光标右边粘贴，如果复制的是多行，则在下一行粘贴
P	[Shift]+p，粘贴，光标左边粘贴，如果复制多行，则在上一行粘贴

删除复制还可以配合数字进行更丰富的功能，删除 d 操作如表 5.3 所示。

表 5.3 删除配合数字键的快捷键

快 捷 键	说　　　　明
d	删除选择反白的内容
d3w	删除向后 3 个单词
...	d3 后可以跟光标移动的符号，同 d3w，数字为相对
d1G	删除光标行到第 1 行的内容，数字为绝对序号
dG	删除光标行到文章末尾的内容
d0	删除光标位置到本行开头的位置
d$	删除光标位置到本行末尾的位置

复制配合数字键使用方法同删除，只是将 d 替换为 y，复制配合数字键的快捷键如表 5.4 所示。

表 5.4　复制配合数字键的快捷键

快 捷 键	说　　　明
y	复制选择反白的内容
y3w	复制向后 3 个单词
...	y3 后可以跟光标移动的符号，同 y3w，数字为相对
y1G	复制光标行到第一行的内容，数字为绝对序号
yG	复制光标行到文章末尾的内容
y0	复制光标位置到本行开头的位置
y$	复制光标位置到本行末尾的位置

5.4.3　撤销、重做、重复执行

撤销、重做、重复执行的快捷键如表 5.5 所示。

表 5.5　撤销、重做、重复执行的快捷键

快 捷 键	说　　　明
u	撤销
[Ctrl]+r	重做
.	点，重复执行最后一个命令
U	[Shift]+u，撤销，仅限恢复本行

5.4.4　v 模式选择

v 模式可以实现模拟鼠标式的选择操作，反白选择多文本。选择之后可以使用 d、y 操作进行剪切和复制操作。

表 5.6　v 模式操作

快 捷 键	说　　明
v	v 模式开始，以字符为单位选择，反白选中内容
V	v 模式开始，以行为单位选择，反白选中内容
[ESC][ESC]	撤销选择，退出 v 模式
d	删除选择反白的内容
y	复制选择反白的内容
p	粘贴

5.4.5　查找

查找基本同 less 阅读操作，查找的快捷键如表 5.7 所示。

表 5.7　vim 查找的快捷键

快 捷 键		说　　明
/		向后查找某个字符串，如:
/date		向后查找 date
	n	查找下一个 date
	N	查找上一个 date，注意，向前查找不是 p
?		向前查找某个字符串
?date		向前查找 date
	n	查找上一个 date
	N	查找下一个 date，注意，向前查找不是 p

5.4.6　合并行

合并行的快捷键如表 5.8 所示。

表 5.8　合并行

快 捷 键	说　　明
J	[Shift]+j，合并当前行和下一行
3J	合并当前行和下 2 行，共 3 行变 1 行

5.4.7　标记书签

当文档内容比较长的时候，可以标记一个标签，然后快速跳转到该标签。标记书签的快捷键如表 5.9 所示。

表 5.9　标记书签的快捷键

快 捷 键	说　　明
ma	m 标记，再按 a，标记名为 a，可以标记 a~z 个标记
`a	`，再按 a，就跳转到标记 a 处

5.5　末行模式下编辑

5.5.1　替换

替换的快捷键如表 5.10 所示。

表 5.10　替换的快捷键

快 捷 键	说　　明
r	替换一个字符，替换后结束
R	替换多个字符，Esc 结束
~	大小写切换

简单的替换可以使用快捷键，复制的替换功能就要借助于末行命令了。

命令操作: vim 查找替换

:%s/word1/word2/g

:%s/word1/word2/gc
:%s/word1/word2/c
说明：%:全文；s:serch；g:go；c:confirm，替换时确认；word1 被 word2 替换。
注意：末行模式进入前必须使用[Esc]返回到命令模式，然后输入":"才能进入末行模式。

:1,10s/word1/word2/g
:1,$s/word1/word2/g
:.,$s/word1/word2/g
说明：$代表最后一行；英文 "." 代表当前行。

:s/word1/word2/g
说明：搜索当前行替换。sed 等其他过滤器中默认表示全文搜索。

5.5.2　文档保存

命令操作: vim 文档保存

ZZ
说明：保存退出。

:wq
说明：保存退出。
:q!
说明：不保存强制退出。"!" 有强制的意思。

:w
说明：保存。
:w newfile.txt
说明：另存为。
:w ! newfile.txt
说明：强制另存为。

:r two.txt
说明：读入文本 two.txt 插入到当前文本。

:r !date
说明：将 date 执行的结果的第一行内容插入到当前文本。这里的 "!" 有执行后台命令的意思。

:e !
说明: 放弃保存, 文件还原到原始状态。
:e two.txt
说明: 关闭本文档不保存, 同时打开 two.txt。

5.5.3　多窗口功能 sp

　　vi 可以同时打开多个文档, 但是显示的只能有一个文档, 而多窗口 sp 功能可以同时在一个界面打开多个文档。

命令操作: 多窗口功能 sp

:sp
说明: 在新窗口打开本文档的一个副本。
:sp two.txt
说明: 在新窗口打开 two.txt。

[Ctrl]+w,　↑　↓
说明: 多窗口切换, [Ctrl]+w 放开后, 方向键选择。虽然同时打开多个窗口, 但是只有一个窗口是焦点窗口, 必须进行窗口切换才可以切换到不同的文档。

5.5.4　其他功能

命令操作: 其他功能

: set nu
说明: 显示行号。
: set nonu
说明: 取消行号。

[Ctrl]+g
说明: 查看文件名和文件路径。

: help
说明: 联机帮助。

5.5.5　利用外部程序处理数据*

vim 还可以利用外部程序处理正在编辑的文本，以行为单位作为外部命令的输入，输出替换原来行。

命令操作：!! 利用外部程序处理数据

: !date
说明：后台执行命令 date，回车后返回 vi。可以是任何命令，不影响文本内容。
!! wc
说明：后台执行命令 wc 处理本行数据。本行数据作为输入，将命令输出结果替换原来行内容。

5!!sort
说明：将本行及后 4 行，共 5 行内容作为输入，利用 sort 程序排序，输出结果替代原来5 行。

5.6　GCC 编程

5.6.1　利用 GCC 进行 C/C++编程

GCC(GNU Compiler Collection，GNU 编译器套件)是由 GNU 开发的编程语言编译器。原名为 GNU C 语言编译器(GNU C Compiler)，因为它原本只能处理 C 语言。GCC 很快地扩展到可处理 C++。后来又扩展到能够支持更多编程语言，如 Fortran、Pascal、Objective-C、Java、Ada、Go 以及各类处理器架构上的汇编语言等，所以改名 GNU 编译器套件。它是以 GPL 许可证所发行的自由软件，也是 GNU 计划的关键部分。

这里我们利用 C/C++语言的 Hello world 来简单介绍 C/C++语言的编程入门，重点不在编程，而在于在编程过程中练习 vim 编辑器的使用。

首先，我们用 vi hello.c 开始进行编码，代码如下：

代码清单: hello.c

```
#include <stdio.h>

int   main (){
  printf("Hello world!!\n");
```

```
    return 0;
}
```

　　编写代码后，保存，还必须进行编译，才可以运行。

命令操作: 编译运行 hello.c

(1) 编译

$ gcc　hello.c

$ ll

-rwxrwxr-x. 1 jsj　jsj　　6425 4 月　 20 23:38 a.out

说明: 不指定输出文件名，编译后输出文件为 **a.out**。

$ gcc -o hello hello.c

$ ll

-rwxrwxr-x. 1 jsj　jsj　　6425 4 月　 20 23:38 a.out

-rwxrwxr-x. 1 jsj　jsj　　6425 4 月　 20 23:41 hello

-rw-rw-r--. 1 jsj　jsj　　　78 4 月　 20 23:37 hello.c

说明: -o: 指定输出文件名为 **hello**。

(2) 运行

$ ./a.out

$ ./hello

Hello world!!

注意: 运行一个可执行程序，优先查找运行系统目录下同名文件，这样安全性比较高，不容易被有害程序伪装成系统程序。所以，当前目录下必须加 "./" (英文点)。

5.6.2　安装 GCC 环境

　　GCC 环境默认没有安装，必须先安装。

命令操作: 安装 GCC 环境

 # yum install gcc gcc-c++ kernel-devel

说明: 一次性安装 C/C++的整个编译环境。

5.7　Java 编程

5.7.1　利用 JDK 进行 Java 编程

　　Java 是一种可以撰写跨平台应用程序的面向对象的程序设计语言。Java 技术具有卓越的通用性、高效性、平台移植性和安全性，被广泛应用于 PC、数据中心、游戏控制台、科学超级计算机、移动电话和互联网，同时拥有全球最大的开发者专业社群。Java 最早是由 Sun Microsystems 公司推出的，2010 年 Oracle 公司收购了 Sun Microsystems 公司。

　　同样，这里我们利用官方 JDK 编写入门级的 Welcome.java，重点不在编程，而在于在编程过程中，练习 vim 编辑器的使用。

　　首先，我们用 vi Welcome.java 开始进行编码，代码如下：

代码清单: Welcome.java

```
public class Welcome {
  public static void main(String[] args) {
    System.out.println("Welcome to Java!");
  }
}
```

　　编写代码后，保存，还必须进行编译，才可以运行。

命令操作: 编译运行 Welcome.java

(1) 编译
$ javac Welcome.java
$ ll Welcome*
-rw-rw-r--. 1 jsj jsj 424 4 月　21 01:01 Welcome.class
-rw-rw-r--. 1 jsj jsj 119 4 月　21 01:00 Welcome.java
说明: javac 是编译器，编译后输出文件为 Welcome.class。

(2) 运行
$ java Welcome
Welcome to Java！

说明：这里 java 是解释器。

5.7.2 安装官方 JDK 环境

默认安装的是社区维护的开源 openjdk，只是一个 JRE，可以运行 Java 程序，但是不支持 javac 编译，因此还必须重新安装 JDK，这里建议重新安装官方 JDK。

命令操作: 安装官方 JDK 环境

(1)查看已经安装的 Java 版本信息
$ rpm -qa|grep java
tzdata-java-2015e-1.el6.noarch
java-1.6.0-openjdk-1.6.0.35-1.13.7.1.el6_6.x86_64
java-1.7.0-openjdk-1.7.0.79-2.5.5.4.el6.x86_64
$ java -version
java version "1.7.0_79"
OpenJDK Runtime Environment (rhel-2.5.5.4.el6-x86_64 u79-b14)
OpenJDK 64-Bit Server VM (build 24.79-b02, mixed mode)
说明：默认安装的 openjdk 1.6、1.7 的 JRE，不是 JDK，不能使用 javac。openjdk-devel 才是 openjdk 版的 JDK。

(2) 删除 openjdk(可跳过)
 # rpm -e java-1.6.0-openjdk
 # rpm -e java-1.7.0-openjdk

(3) 下载官方 JDK
下载地址：
http://www.oracle.com/technetwork/java/javase/downloads/index.html
说明：这里下载的是最新的 jdk-8u92-Linux-x64.rpm，复制到 Home 目录中。

(4) 安装 JDK
 # rpm -ivh jdk-8u92-Linux-x64.rpm

(5) 验证安装
$ javac
说明：有参数提示说明正确安装，已经可以使用 javac 了。
$ java -version

java version "1.7.0_79"

OpenJDK Runtime Environment (rhel-2.5.5.4.el6-x86_64 u79-b14)

OpenJDK 64-Bit Server VM (build 24.79-b02, mixed mode)

说明：默认的 JDK 还是 openjdk，还不能进行 Java 开发，必须进行配置。

(6) 配置系统环境

$ su

说明：必须切换到 root 账户，不能使用 sudo 提升权限。

 # vi /etc/profile

说明：使用 vi /etc/profile 编辑 profile 文件。

在/etc/profile 底部加入如下内容：

JAVA_HOME=**/usr/java/jdk1.8.0_92**

PATH=$JAVA_HOME/bin:$PATH

CLASSPATH=.:$JAVA_HOME/lib/dt.jar:$JAVA_HOME/lib/tools.jar

export PATH JAVA_HOME CLASSPATH

注意：JAVA_HOME 的地址一定要填写正确的安装路径。

 # source /etc/profile

说明：快速使配置文件修改立即生效。

 # echo $PATH

/usr/java/jdk1.8.0_92/bin:/usr/lib64/qt-3.3/bin:/usr/local/bin:/bin:/usr/bin

:/usr/local/sbin:/usr/sbin:/sbin:/home/jsj/bin

说明：路径中包含了/usr/java/jdk1.8.0_92/bin，说明配置已经生效。

 # java -version

java version "1.8.0_92"

Java(TM) SE Runtime Environment (build 1.8.0_92-b14)

Java HotSpot(TM) 64-Bit Server VM (build 25.92-b14, mixed mode)

说明：默认 JDK 已经切换为官方 JDK，说明已经正确安装。

 # update-alternatives --config javac

 # update-alternatives --config java

说明：如果有多个 JDK，可以随时利用 update-alternatives 切换，而且永久有效。

本 章 小 结

vim 是 Linux 编辑文档最基本的使用工具，不会使用 vim 就不能编辑文档。vim 的编辑使用主要是记住常用的快捷键和命令，操作复杂，是整个 Linux 学习的重点和难点，必须反复练习才能熟练掌握。可以通过 GCC 或 Java 编程来熟悉 vim 文本编辑器的使用。

习 题

1. 练习 vim 的快捷键和命令并尝试编辑一个文档。
2. 直接使用 vim 编写一个 C 语言程序，并编译运行。
3. 直接使用 vim 编写一个 Java 语言程序，并编译运行。
4. 整理 vim 快捷键和命令，并记录笔记。

第6章 用户账号管理

【学习目标】

本章主要学习用户和用户组的概念，以及用户账号的管理，包括：用户账号的添加、删除和修改，用户口令的管理，用户组的管理，需要熟练掌握，它是 Linux 学习的重点。

6.1 关于用户账号的几个重要概念

Linux 是个多用户多任务的分时操作系统，所有要使用系统资源的用户都必须先向系统管理员申请一个账号，然后以这个账号的身份进入系统。用户的账号一方面能帮助系统管理员对使用系统的用户进行跟踪，并控制它们对系统资源的访问；另一方面也能帮助用户组织文件，并为用户提供安全性保护。每个用户账号都拥有一个唯一的用户名和用户口令。用户在登录时键入正确的用户名和口令后，才能进入系统和自己的主(Home)目录。

在学习用户账号管理之前，我们要先学习几个重要的概念。

(1) 用户分类

Linux 用户基本可以分为以下三类：

- 超级用户：即 root 用户，类似于 Windows 系统中的 Administrator 用户，root 用户具有操作系统的一切权利，稍有不当，一个错误的操作就可能让系统崩溃，所以**限制权限运行**是计算机系统的一个基本知识，非执行管理任务时不建议使用 root 用户登录系统。
- 普通用户：一般只在用户自己的 Home 目录中有完全权限。
- 程序用户：r 级用户，用于维持系统或某个程序的正常运行，一般不允许登录到系统。例如：bin、daemon、ftp、mail 等。

(2) 用户和用户组 uid & gid

每个用户或用户组系统都会分配一个 uid 或 gid，用于系统识别，但是不利于人们记忆。

- root 用户的 uid 的固定值为 0、root 组账号的 gid 号为固定值 0。
- 1~499 的 uid、gid 默认保留给程序用户使用，useradd 加-r 选项时分配。
- 普通用户或用户组的 uid、gid 号在 500～60000 之间。

(3) 私有组和标准组

用户组账户分为私有组和标准组，当创建一个新用户时，若没有指定他所属的组，Linux 就建立一个和该用户同名的**私有组**，此私有组中只包含该用户自己，**标准组**可以容纳多个用户。

系统默认的 root 组是私有组；默认的 wheel 组是标准组，一般表示管理员组。

(4) 默认用户组、有效用户组

同一个用户可以同属于多个组；其所属的第一个组称为**默认用户组**，其他的组称为**附加组**。

用户隶属于某个组就具备该组的权限，用户组权限的效力等同用户权限的效力，所以要学会习惯将用户组看成一类特殊的用户。

有效用户组是指用户创建文件时，新文件默认隶属于的用户组；用户可以随时用 newgrp 切换有效用户组。

6.2 用户管理

用户账号的管理主要涉及用户账号的添加、删除和修改。

6.2.1 创建用户 useradd

添加用户账号就是在系统中创建一个新账号，然后为新账号分配用户号、用户组、Home 目录和登录 Shell 等资源。刚添加的账号是被锁定的，无法使用，必须设置密码才可以使用。命令语法如下：

命令语法: 创建用户 useradd

useradd [选项]... 用户名

选项：

-c: comment，新账户的描述字段。

-u: uid，指定 uid 标记号。

-g: gid，指定用户新的主组名(或 gid 号)。

-G: groups，新的附加组列表(或 gid 号)，列表用逗号分隔！

-s: shell，指定用户的登录 Shell，如: /bin/bash, /sbin/nologin。

-m: create-home，创建用户的 Home 目录。

-M: no-create-home，不创建用户的 Home 目录。

-d: HOME_DIR，用户的新 Home 目录。

-e: expire date，新账户的过期日期，如: 2014-03-09。

-f: 失效天数(inactive n days)，新账户的密码到了过期日期就开始警告，但是可以继续登录；n 天之内还可以继续登录；n 天之后就正式失效，不能继续登录。

-r: system，run，创建一个系统账户，一般都是给应用程序用，这样用户编号在 1~499。

-k: skel SKEL_DIR，使用此目录作为骨架目录，创建用户时，Home 目录内容从
该目录拷贝。

-D: defaults，显示或更改默认的 useradd 配置。

命令操作: useradd 示例

 # useradd *zs001*

说明：创建用户 zs001，并建立 Home 目录；默认 Shell: /bin/bash；被锁定，无法
使用。

 # useradd -m -s */bin/bash zs002*

说明：效果同 useradd zs002，其他 Linux 中可能需要使用这个命令才能起到同等效果。

 # useradd -e *2017-01-01* **-f 5** *zs003*

说明：创建用户 zs003，2017-01-01 开始过期提醒，5 天后正式失效。

 # useradd -r -g *mysql* **mysql**

说明：创建系统用户 mysql(最后一个)，设置默认用户组为 mysql(第一个)，同名可以
省略-g 指定。-r: run，设定 mysql 为系统用户，id 在 1~499 之间分配。

 # useradd -r -s */sbin/nologin* **mysql**

说明：创建 r 级用户 mysql，且不能登录系统，一般设定程序用户时使用，让程序具有指
定的 Linux 系统用户的权限，授权或限制程序去访问特定 Linux 系统资源，防止程序权
限不足或者权限过大。并不是所有程序用户都必须限制登录。

提示：一般命令的受控参数都是可以放在第一个参数位或者最后一个参数位的，本书建议
放最后。

在 Linux 中，除了要了解命令本身操作之外，还要掌握命令相关的配置文件，配置文
件提供了更丰富的功能。用户账号管理相关的配置文件有：

- /etc/passwd: 用户账户信息。
- /etc/shadow: 用户账户补充信息，超级权限才能访问。
- /etc/default/useradd: 创建用户时的默认配置信息。

  配置信息可以手动修改该文件，也可以通过命令修改：

  useradd -D [选项...] [参数...]，其他选项和参数同普通 useradd。

备注：FreeBSD 中 useradd 等命令，都收归到 pw 程序组中，使用 pw useradd 添加用户，
还提供了一个交互式命令 adduser。

6.2.2 管理口令 passwd

用户管理的一项重要内容是用户口令的管理。用户账号刚创建时没有口令，是被系统锁定的，无法使用，必须为其指定口令后才能使用，即使是空口令。

指定和修改用户口令的命令是 passwd。超级用户能为自己和其他用户指定口令，普通用户只能修改自己的口令。命令的格式如下。

命令语法: 口令管理 passwd

---

passwd [选项]... [用户名]

选项:
- -d : delete，清空用户的密码，使之无需密码即可登录。
- -S : status，查看已命名账号的密码状态。
- -L : lock，锁定用户账户。
- -U : unlock，解锁用户账户。

说明: 一般都需要超级用户权限，修改自己账号密码不需要超级权限。

命令操作: passwd 示例

$ passwd
说明: 修改自己密码，普通用户都可以使用。
 # passwd *zs001*
说明: 修改 zs001 密码。
 # passwd -S *zs001*
说明: 查看 zs001 密码状态。

6.2.3 修改账号 usermod

修改用户账号就是根据实际情况更改用户的有关属性，如用户号、Home 目录、用户组、登录 Shell 等。

命令语法: 修改账号 usermod

---

usermod [选项]... 用户名

选项:
- -l: login，更改用户账号的登录名称。

-L: lock，锁定用户账户。

-U: unlock，解锁用户账户。

其他选项与 useradd 命令中选项含义相同，如：

-u、-d、-e、-g、-G、-s。

命令操作: usermod 示例

 # usermod -s */bin/ksh* **-d** */home/z* **-g** *wheel* **zs001**

说明：将用户 zs001 的登录 Shell 修改为 ksh，Home 目录改为/home/z，用户组改为 wheel。

 # usermod -s */bin/bash* **mysql**

说明：开启 mysql 可以登录权限。

备注：FreeBSD 使用交互式命令 chage，以及 pw usermod 命令。

6.2.4　删除账号 userdel

如果一个用户账号不再使用，可以从系统中删除。删除用户账号就是要将 /etc/passwd 等系统文件中的该用户记录删除，必要时还要删除用户的 Home 目录。删除一个已有的用户账号使用 userdel 命令，格式如下：

命令语法: 删除账号 userdel

userdel -r 用户名

选项：

-r: remove home，连同 Home 目录，一起删除，慎重。

命令操作: userdel 示例

 # userdel -r *zs001*

说明：删除用户 zs001，包括 Home 目录。

备注：FreeBSD 使用一个交互式命令 deluser，以及 pw userdel 命令。

6.2.5　查询账号属性 id

账号的 id 以及隶属组等信息可以用 id 命令查询。

命令操作: id 示例

$ id
uid=500(jsj) gid=500(jsj) 组=500(jsj),10(wheel) 环境
=unconfined_u:unconfined_r:unconfined_t:s0-s0:c0.c1023
说明：查询自己账户属性。

 # id *jsj*
说明：查询其他用户的属性。

$ groups
jsj wheel
说明：仅查询组信息。

6.2.6　修改用户 Shell

系统提供了很多常用的 Shell，可以先查询，后修改，还可以安装自己习惯的 Shell。

命令操作: Shell 修改示例

$ cat /etc/shells
$ chsh -l
/bin/sh
/bin/bash
/sbin/nologin
/bin/dash
/bin/tcsh
/bin/csh
说明：查询系统可用 Shell，两个命令都相同。

/bin/sh
说明：临时修改自己默认使用的 Shell。
$ chsh -s */bin/sh*
说明：永久修改自己默认使用的 Shell。

 # chsh -s /bin/sh **jsj**

说明：永久修改 jsj 用户默认使用的 Shell。

 # usermod -s /bin/sh **jsj**

说明：以 usermod 方式修改其他用户默认使用的 Shell。修改自己的 Shell 也必须加用户名。

6.3　用户组管理

用户组就是具有相同特征的用户的集合体。我们把用户都定义到同一用户组，通过修改文件或目录的权限，让用户组具有一定的操作权限，这样用户组下的用户对该文件或目录都具有相同的权限。

6.3.1　管理用户组

每个用户都有一个用户组，系统能对一个用户组中的所有用户进行集中管理。用户组的管理涉及用户组的添加、删除和修改。组的增加、删除和修改实际上就是对/etc/group 文件的更新。

1. 创建新用户组 groupadd

增加一个新的用户组使用 groupadd 命令。相关配置文件如下：

- /etc/group：用户组信息。
- /etc/gshadow：用户组补充信息。

命令操作: groupadd 示例

 # groupadd group1

说明：向系统中增加了一个新组 group1，新组的组标识号是在当前已有的最大组标识号的基础上加 1。

 # groupadd -g 101 **group2**

说明：向系统中增加了一个新组 group2，同时指定新组的组标识号是 101。-g: 有指定组名或者 gid 两种用途，根据实际情况而定。

---

2. 删除用户组 groupdel

命令操作: groupdel 示例

 # groupdel group2

说明：删除用户组 group2。

3. 修改组信息 groupmod

修改用户组的属性使用 groupmod 命令，其语法如下：

命令语法: 修改组信息 groupmod

groupmod [options] GROUP

选项：
-g: gid，修改 gid。
-n: new-name，修改组名。
-p: 设定管理员管理组密码。

6.3.2　管理用户组成员 & 修改用户所属组

管理用户组成员同修改用户所属组其实是一个概念，所以这里设置用户所属组命令，其实可以有两个: gpasswd 和 usermod。
1. 设定组管理员 gpasswd

命令语法: 组成员管理 gpasswd

gpasswd [options] GROUP

选项：
-A: administrators，设定管理员列表，管理员有权限向组添加或删除成员。
-a: add，添加组成员，追加。
-d: delete，删除组成员。

命令操作: gpasswd 示例

gpasswd -A *jsj,root* **group1**
说明: 设定用户组 group2 管理员为 jsj，root 两个用户。

2. 修改用户所属组 usermod & gpasswd

命令操作: usermod & gpasswd 示例

(1) 修改用户默认组
usermod -g *wheel* **jsj**
说明: 修改 jsj 用户的默认组为 wheel 组。

(2) 修改用户附加组列表，不在列表中表示删除

 # usermod -G *jsj,group1* **jsj**

说明: jsj 用户附加组只有 jsj、group1，其他组被删除。

提示: -g: 指定默认组; -G: 指定附加组列表。

(3) 追加用户附加组(向组中添加成员)

 # usermod -a -G *group1* **jsj**

说明: jsj 追加一个附加组 group1，以前附加组不变; -a 是修饰-G 的。

 # gpasswd -a *jsj* **group1**

说明: 将用户 jsj 添加到 group1 组; 功能同上。

思考: 仔细观察以上两个命令中 jsj、group1 出现的顺序，想想为什么。

(4) 删除用户某个附加组(从组中删除成员)

 # gpasswd -d *jsj* **group1**

说明: 将用户 jsj 从 group1 组中删除。

提示: user 系列最后一个参数或者第一个参数是用户名。

group 系列最后一个参数或者第一个参数是组名。

(5) 修改有效用户组 newgrp

$ newgrp *wheel*

说明: 更改有效用户组为 wheel 组。

$ newgrp

说明: 更改有效用户组为默认用户组。

6.3.3　文件权限及用户管理小结

第 4 章和第 6 章关于文件权限和用户账户管理的命令较多，为方便记忆，整理如下。

- 文件的操作权限修改: chmod -R。
- 文件的所有者和所属组修改: chown -R, chgrp。
- 用户信息修改: useradd -r; usermod; userdel -r; passwd。
- 用户组操作: groupadd; groupdel; groupmod。
- 组密码、管理员、用户所属组修改: gpasswd, usermod。

6.4 切换身份

Linux 系统为我们提供了 su、sudo 两种用户权限管理机制，其中 su 主要是用来切换用户的，而 sudo 用来提升一次执行权限。下面分别进行详细的讲解。

6.4.1 切换用户 su

使用 su(switch user)命令，可以切换为指定的另一个用户，从而具有该用户的所有权限。当然，切换时需要目标用户的密码进行验证，从 root 切换为其他用户时无需密码。

例如，当普通用户切换 root 身份时，需要输入 root 的密码。

命令操作: su 示例

login as: jsj↵
jsj@192.168.153.135's password:**123↵**
Last login: Fri Apr 22 11:23:15 2016 from 192.168.153.1
[jsj@jsj ~]$
说明: 先以 jsj 用户身份登录进行操作，执行需要超级权限的命令，需要 root 用户身份。

[jsj@jsj ~]$ su
密码: **123456↵**
[root@jsj jsj]# pwd
/home/jsj
说明: su 默认切换身份到 root，所以必须输入 root 用户密码。这里工作环境没有变，如: 当前路径没变，仍是 jsj 用户的 Home 目录。

[root@jsj jsj]# exit↵
说明: 其实这里是输入了组合键[Ctrl]+d，建议使用组合键快速切回原身份!
[jsj@jsj ~]$
说明: 切回 jsj 用户身份。

[jsj@jsj ~]$ su -
[root@jsj ~]# pwd
/root
说明: "su - "同简单的 su 不完全一样，"su - "如同完全切换为另一个用户登录，包括工作环境。若缺少此选项则仅切换身份，不切换用户环境。

[jsj@jsj ~]$ su - mysql

说明：切换为 mysql 用户，切换为其他用户就不能省略用户名。"-"可省略，但建议根据实际情况选择，在切换为其他非 root 用户时，一般都需要切换工作环境。

默认情况下，任何用户都允许使用 su 命令，从而有机会反复尝试其他用户的登录密码，带来安全风险。为了加强 su 命令的使用控制，可以借助于 pam_wheel 认证模块，只允许极个别用户使用 su 命令进行切换。

6.4.2　提升权限 sudo

使用 sudo 命令可以使某些用户具有一些特殊的权限，而这个用户不需要知道管理员的密码，不过，这需要管理员预先进行授权。

sudo 命令的配置文件在/etc/sudoers 中，需要向这个配置文件中添加指定用户的指定权限后，此用户才能执行这些权限，可以使用 visudo 命令或 vim 等命令进行编辑。

命令操作: sudo 示例

[jsj@jsj ~]$

说明：先以 jsj 用户身份登录，创建用户 useradd 一般需要 su 切换超级权限，也可以借助 sudo 暂时提升权限。

[jsj@jsj ~]$ sudo useradd zs001

[sudo] password for jsj: **123**↵

注意：sudo 输入密码为当前用户密码；su 输入的为要切换的用户账户密码。

6.5　用户对话与 mail 使用*

Linux 是一个多用户的网络操作系统，可以允许多个用户一起使用该服务器，所以用户之间还可以进行交流，最简单的方法是使用 write 进行内部沟通，或者使用 mail 进行内部通信。

6.5.1　内部聊天工具 write

利用内部聊天工具 write 可以体验命令行式的聊天系统。

命令操作: write 示例

[jsj@jsj ~] $ write zs001
hello,zs001!
googdbye!.
说明: write zs001 为给用户 zs001 开始发一段消息, 结束消息输入是[Ctrl]+d。对方接到消息如下:

[zs001@jsj ~]$
Message from jsj@jsj.centos6 on pts/0 at 17:51 …
hello,zs001!
googdbye!
EOF

[zs001@jsj ~]$ mesg n
注意: 如果不想接受任何消息, 可以使用 mesg n 拒接消息, mesg y 为重新接受。

6.5.2 邮件 mail

系统提供了用户之间通信的邮件系统, 配置安装邮件服务器就可以实现外网通信, 这就是现在的著名的 Email, 企业完全可以凭借 Linux 系统架设企业邮件服务器。这里主要介绍单机邮件 mail 的使用。

    1. 写邮件

命令操作: mail 写邮件

[jsj@jsj ~]$ mail zs001
Subject: hello
This is my first letter

.
EOT
说明: mail zs001 为开始给 zs001 写信, 输入主题和内容之后, 最后一行输入 "." 结束, 回车后自动发送。

---

    2. 读邮件
Linux 命令行方式写邮件还比较简单, 读邮件还挺复杂, 还必须借助操作命令完成。

命令操作: mail 读邮件

[zs001@jsj ~]$ mail
Heirloom Mail version 12.4 7/29/08.   Type ? for help.

"/var/spool/mail/zs001": 2 messages 2 new

>N　1 jsj　　　　　　　　**Fri Apr 22 21:38　18/551　　"hello"**

　N　2 jsj　　　　　　　　**Fri Apr 22 21:40　18/553　　"Second".**

&

说明: mail 为直接读邮件,这里显示有 2 个未读邮件。N: new,表示未读;>标识为当前行,直接敲入回车读。&: 提示操作符,必须借助命令完成对邮件的读取等操作。

具体操作命令如下:

　　h: head,重新罗列邮件标题列表,读完都是用 h 返回邮件标题列表。

　　f　2: from,看序号为 2 的 mail。

　　f　2-5: 看序号为 2-5 的 mail。

　　r: reply,回复;R,回复所有;回复操作同写邮件。

　　d: delete,删除当前 mail,必须配合 q 动作才能真正被执行。

　　d　3: 删除序号为 3 的 mail。

　　s　　1.txt: save,将当前邮件保存到 1.txt。

　　s　2　2.txt: 将序号为 2 的邮件保存到 2.txt。

　　x: exit,不做任何操作离开 mail 程序。

　　q: quit,离开,同时执行删除邮件、移动已读邮件操作。

　　?: help,看提示命令的首字母即可知道如何操作。

本 章 小 结

　　本章主要讲解用户和用户组的概念,以及用户账号的管理。权限是 Linux 资源管理的核心内容,Linux 将安全放在第一位,必须弄清文件的权限属性和用户的权限,只有两者结合才能管理好系统资源。

　　文件权限属性的规划常用 chmod -R、chown -R 两个命令,修改文件权限属性以及修改文件的所有者和所属组。

　　用户的管理主要是使用 useradd -r、usermod、userdel -r、passwd 几个命令操作。

　　用户组要视为一种特殊的用户,它是一类权限的集合,等同于其他系统的角色概念。

　　用户组的管理主要是使用 groupadd、groupdel、groupmod 操作。

　　用户所属组的修改使用 gpasswd、usermod 两个命令,这两个命令功能一样,只是语法有差异。

　　为了保证系统安全,除了使用用户名和用户组维护之外,还有更多的安全措施,本章主要介绍了 su 和 sudo 的用法。

习　题

1. 创建用户 zs001，并设置密码。

2. 创建用户组 group1。

3. 将 zs001 加入 group1 组(至少使用两种方法)；设定 zs001 为 group1 管理员。

4. 将 zs001 加入 wheel 组，并使用 zs001 登录系统，分别使用 su 和 sudo 提升权限，修改文件权限和所有者。

5. 从 group1 组删除 zs001。

6. 删除 group1 组。

7. 删除 zs001 用户。

8. 整理第 4 章文件权限属性的规划，以及本章用户和用户组权限管理命令，并记录笔记。

第 7 章　服务进程和计划管理

【学习目标】

　　本章主要讲解 Linux 的启动加载过程，以及服务和进程的运行调度，并讲解如何有计划地调度任务，本章是学习 Linux 的重点和难点，要学会灵活运用。系统故障和程序故障都可以通过这些命令进行排查。

7.1　Linux 启动过程

　　Linux 是一个多用户多任务的操作系统。多用户是指多个用户可以在同一时间使用计算机系统；多任务是指 Linux 可以同时执行几个任务，它可以在尚未执行完一个任务时又执行另一项任务，操作系统可以管理多个用户的请求和多个任务。

　　Linux 系统上所有运行的任务、服务等，都可以称之为进程。Linux 用分时管理方法使所有的任务共同分享系统资源。我们讨论进程的时候，不会去关心这些进程究竟是如何分配的，或者内核是如何管理分配时间片的，我们所关心的是如何去控制这些进程，让它们能够很好地为用户服务。

　　程序是保存在存储介质中的可执行机器代码和数据的集合。进程是计算机处理器执行中的计算机程序，两者的关系如下：

- 程序是保存在外部存储介质中的可执行代码和数据，是静态保存的代码。
- 进程是程序代码在处理器中的运行，是动态执行的代码。

　　操作系统在执行程序时，将程序代码由外部存储介质读取到内部存储介质中，驻留在内存中的程序代码作为"进程"在中央处理器中被动态执行。

　　在进程的生存期内将使用许多系统资源，它将使用系统的 CPU 来运行指令，使用系统的物理内存来保存执行的代码和数据；它将打开和使用文件子系统中的文件，并直接或间接地使用系统中的物理设备。Linux 必须跟踪进程本身和它拥有的系统资源来保证它能公平地管理该进程和系统中的其他进程。Linux 除了内核自身管理这些进程的运行调度以外，还将这些信息通过工具程序传递给操作系统，并通过工具程序接受用户对某个监控进程的正确处理。

　　Linux 和 Windows 都提供服务。所谓服务，指的是那些在后台运行的应用程序，可以为系统和远程调用该服务的计算机提供一些功能。在系统引导的时候可以单独控制并自动启动这些程序。注意：Linux 中沿用了 Unix 的习惯，称这种应用程序为 Daemon。服务是一类特殊的进程，它不需要同用户进行交互，在进程意外退出时，还可以重新启动该进程，所以又被称为守护进程(Daemon)，作为服务器，大部分都是同守护进程打交道的。

要了解 Linux 的进程和服务，我们先了解一下 Linux 是如何启动、如何启动进程和服务的。

7.1.1　计算机的启动流程

从打开电源到开始操作，计算机的启动是一个非常复杂的过程。计算机的整个启动过程分成四个阶段。

1. 通电 BIOS 自检

计算机通电后，第一件事就是读取只读内存 ROM 芯片里面的程序。

这块芯片里的程序叫作基本输入输出系统(Basic Input/Output System)，简称为 BIOS。

BIOS 程序首先进行硬件自检，检查计算机硬件能否满足运行的基本条件。

如果硬件出现问题，主板会发出不同含义的蜂鸣，启动中止。如果没有问题，屏幕就会显示出 CPU、内存、硬盘等信息。

硬件自检完成后，BIOS 要将控制权转交给下一阶段的启动程序。

这时，BIOS 需要知道，"下一阶段的启动程序"具体存放在哪一个设备。也就是说，BIOS 需要有一个外部储存设备的排序，排在前面的设备就是优先转交控制权的设备。

打开 BIOS 的操作界面，里面有一项就是设定启动顺序。

2. 主引导记录

BIOS 按照启动顺序把控制权转交给排在第一位的储存设备。

这时，计算机读取该设备的第一个扇区，也就是读取最前面的 512 个字节。这最前面的 512 个字节，就叫作"主引导记录(Master Boot Record，MBR)"。

主引导记录的主要作用是告诉引导程序到硬盘的哪个分区去找操作系统的引导程序。

3. 硬盘启动

这时，计算机的控制权就要转交给硬盘的某个分区了，这里又分成三种情况。

(1) 卷引导记录

硬盘的四个主分区里面只有一个是激活的。计算机会读取激活分区的第一个扇区，叫作"卷引导记录(Volume Boot Record，缩写为 VBR)"。

卷引导记录的主要作用是，告诉计算机操作系统在这个分区里的位置。然后，计算机就会加载操作系统。

(2) 扩展分区和逻辑分区

随着硬盘越来越大，四个主分区已经不够了，需要更多的分区。但是，分区表只有四项，因此规定有且仅有一个区可以被定义成"扩展分区"。

扩展分区唯一的作用就是这个区里面又可以分成多个"逻辑分区"。扩展分区不能直接被访问，它是通过逻辑分区承载数据的。

计算机先读取扩展分区的第一个扇区，叫作"扩展引导记录"。它里面也包含了一张 64 字节的分区表，但是最多只有两项，也就是两个逻辑分区。

计算机接着读取第二个逻辑分区的第一个扇区，再从里面的分区表中找到第三个逻辑分区的位置，以此类推，直到某个逻辑分区的分区表只包含它自身为止(即只有一个分区项)。因此，扩展分区可以包含无数个逻辑分区。

但是，很少通过这种方式来启动操作系统。如果操作系统确实安装在扩展分区，一般采用下一种方式启动。

(3) 启动管理器

在这种情况下，计算机在读取"主引导记录"前面 446 字节的机器码之后，不再把控制权转交给某一个分区，而是运行事先安装的"启动管理器(Boot Loader)"，由用户选择启动哪一个操作系统。

Linux 环境中，目前最流行的启动管理器是 Grub，以及新版 Grub2。

4. 操作系统

控制权转交给操作系统后，操作系统的内核首先被载入内存。

Linux 内核加载成功后，第一个运行的程序是/sbin/init。它根据配置文件产生 init 进程，这是 Linux 启动后的第一个进程，PID 进程编号为 1，其他进程都是它的后代。

然后，init 线程加载系统的各个模块，比如窗口程序和网络程序，直至执行/bin/login 程序，跳出登录界面，等待用户输入用户名和密码。

至此，全部启动过程完成。

7.1.2　Linux 启动加载(SysV)

Linux 操作系统启动方式目前经历了三代，分别是 SysV、Upstart、SystemD，在 CentOS 5 以前主要采用 SysV 方式，CentOS 6 改为 Upstart，CentOS 7 之后又开始采用 SystemD 方式启动。

本小节首先详细讲解 SysV 的启动方式，SysV 是一种普遍流行的启动方式，它源于 SystemV 系列 Unix，全部以 Shell 脚本设置服务加载，保证各个模块独立运行，不相互依赖，是早期自由软件最看重的启动方式。SysV 有 6 个运行模式，通过运行级别(Runlevel)选择运行模式。

0: 系统停机状态，系统默认运行级别不能设置为 0，否则不能正常启动，机器关闭。

1: 单用户模式，root 权限，用于系统维护，禁止远程登录，就像 Windows 下的安全模式登录，又称 s 或 single 模式。

2: 多用户模式，这是 Debian 系统的默认运行级别，字符或图形界面。

3: 多用户模式，这是 Red Hat 系统的默认运行级别，字符界面。

4: 系统未使用，保留一般不用。

5: X11 控制台，登录后进入图形 GUI 模式，X Window 系统。

6: 系统正常关闭并重启，默认运行级别不能设为 6，否则不能正常启动。运行 init 6 机器就会重启。

SysV 加载流程如下：

(1) BIOS 自检与系统硬件检查，加载 MBR 主引导记录，加载 Grub。Grub 加载配置文件: /boot/grub/grub.conf。

(2) 引导程序加载内核，加载 initrd.img 映像(包含了硬件驱动程序)。

(3) 控制权转交内核，启动操作系统。

① 加载内核。操作系统接管硬件以后，首先读入 /boot 目录下的内核文件。

② 启动初始化进程。内核文件加载以后，就开始运行第一个程序 /sbin/init，它的作用是初始化系统环境。

③ 确定运行级别。通过/etc/inittab 配置文件加载运行级别，CentOS 6 默认的为 3。文件中有如下脚本：

id:3:initdefault:

④ 根据运行级别选择扫描目录/etc/rc3.d(rc: run command，运行程序；d: directory，目录，一般配合主脚本文件使用，扫描读取整个目录)，然后读取里面的脚本快捷键，最后指向/etc/init.d 中的实际脚本，所以服务要注册为自启动服务，必须在/etc/init.d 编写启动脚本，然后在各个运行级别设置是否启动或退出。

⑤ 加载系统配置文件，读取环境变量。

7.1.3 Linux 启动加载(Upstart)

Upstart 主要是 Debian 系列的启动方式，CentOS 6 开始也引入了 Upstart 机制。

SysV 启动是线性、顺序的。一个 S20 的服务必须要等待 S19 启动完成后才能启动，如果一个启动要花很多时间，那么后面的服务就算完全无关，也必须等待。

Upstart(Upstart init daemon)是基于事件的启动系统，它使用事件来启动和关闭系统服务。Upstart 是并行的，只要事件发生，服务可以并发启动。这种方式无疑要优越得多，因为它可以充分利用现在计算机多核的特点，大大减少启动所需的时间。

Upstart 是基于事件的，当系统中的某个情况发生变化时，它会运行某个特定的程序。这里被运行的程序多半是用来启动或终止服务的脚本。这种配置方式和 System V 在系统进入某个运行级别的时候运行 init 脚本的链接的概念实际上是非常类似的。只不过 Upstart 更加灵活一些，Upstart 不仅能在运行级别改变的时候启动或终止服务，也能在接收到系统发生其他改变的信息的时候启动或终止服务。这些系统的改变被称为"事件"。

采用 Upstart 作为启动管理的系统，服务的启动均依赖于/etc/init/下的每个服务对应的配置文件，通过修改这个配置文件，可以更改服务的运行级别。所以即使将 rc[0-6].d 下的文件删除，也不会影响系统的启动。

7.1.4 Linux 启动加载(SystemD)

SystemD 是 Linux 下的一种 init 软件，由 Lennart Poettering 带头开发，并在 LGPL 2.1 及其后续版本许可证下开源发布。其开发目标是提供更优秀的框架以表示系统服务间的依赖关系，并依此实现系统初始化时服务的并行启动，同时达到降低 Shell 的系统开销的效果，最终代替现在常用的 System V 和 BSD 风格 init 程序。

与多数发行版使用的 System V 风格 init 相比，SystemD 采用了以下新技术：

- 采用 Socket 激活式与总线激活式服务，以提高相互依赖的各服务的并行运行性能。
- 用 cgroups 代替 PID 来追踪进程，以此即使是两次 fork 之后生成的守护进程也不会脱离 SystemD 的控制。
- 从设计构思上说，由于 SystemD 使用了 cgroup 与 fanotify 等组件以实现其特性，所以只适用于 Linux。

传统的 SysV、Upstart 都是通过 init 初始化脚本启动服务进程。虽然 Shell 脚本非常灵活，但是它很难实现进程监管和并行执行命令这样的任务。

SystemD 是 Linux 操作系统下的一个系统和服务管理器。它被设计成向后兼容 SysV 启动脚本，并提供了大量的特性，如开机时平行启动系统服务、按需启动守护进程、支持系统状态快照，或者基于依赖的服务控制逻辑。

先前使用 SysV 初始化或 Upstart 的 Linux 版本中，使用位于/etc/rc.d/init.d/目录中的 bash 初始化脚本进行管理。而在 SystemD 中，这些启动脚本被服务单元取代了。服务单元以.service 文件扩展结束，提供了与初始化脚本同样的用途。要查看、启动、停止、重启、启用或者禁用系统服务，需要使用 systemctl 来代替旧的 service 命令。

为了向后兼容，旧的 service 命令在 CentOS 7 中仍然可用，它会重定向所有命令到新的 systemctl 工具。

7.2　SysV 服务命令 chkconfig & service

Service(也称为 Daemon)表示后台运行的服务程序，一般随系统的启动自动地启动且在用户登录后仍然能够继续运行。该服务进程一般在启动后需要与父进程断开关系，并使进程没有控制终端(tty)。因为 Daemon 程序在后台执行，所以它不需要与终端交互。在 SysV 中常见的命令是 chkconfig 安装配置服务等操作，service 是服务开启关闭等操作。

命令操作: chkconfig 服务设置&service 服务控制命令

(1) 查看服务列表
$ chkconfig --list
说明: 查看所有服务的配置情况。
$ chkconfig --list *iptables*
说明: 查看 iptables 防火墙服务的配置情况。

(2) 服务安装
/etc/init.d/服务
 # chkconfig --add 服务
说明: 安装服务首先要在/etc/init.d/下建立控制服务的脚本，然后依据运行级别在

rc[0-6].d 目录建立链接，这一工作手动比较复杂，使用 chkconfig 命令可以方便操作，chkconfig --add 是将该服务纳入 chkconfig 管理范围。这一运行机制 SysV 和 Upstart 都支持，并无很大差异，不同仅在于能否并行启动服务。

(3) 服务卸载

 # chkconfig --del 服务

rm /etc/init.d/服务

说明：服务卸载就是安装服务的逆操作。退出 chkconfig 管理机制，并删除服务脚本。

(4) 设定服务运行级别的开关

 # chkconfig *iptables* **on|off**

说明：设定防火墙服务 iptables 在 2-5 运行级别开启或关闭。

 # chkconfig --list *iptables*

 # chkconfig --level *35 iptables* **on|off**

说明：设定防火墙服务 iptables 在 3、5 运行级别开启或关闭。

(5) 服务控制命令

 # service *iptables* **{start|stop|restart|reload|status}**

说明：操作 iptables 服务，{开启|关闭|重启|重载|状态}，reload 是平滑过渡的重启，部分服务没有提供相应的操作。这些操作都必须要在服务脚本里声明。

 # /etc/init.d/_iptables_ **{start|stop|restart|reload|status}**

说明：这种直接调用服务脚本的方式也可以起到 service 命令的作用，在早期是推荐的使用方式，现在推荐使用 service 命令。

7.3 Debian 服务命令 invoke-rc.d & update-rc.d*

Debian 系列操作服务同 CentOS 不一样，罗列如下以供查阅。

命令操作: Debian 服务命令 invoke-rc.d、update-rc.d

(1) 查看服务列表

说明：Debian 系列未提供，必须自己手动安装 chkconfig 才可以查看。

(2) 服务安装

/etc/init.d/服务

说明：Debian 系列使用 Upstart 管理方式，安装服务只要在/etc/init.d/下建立控制服务的脚本就可以通过 invoke-rc.d 控制。

(3) 服务卸载

 # update-rc.d 服务 -f remove

说明：卸载服务，移除服务在 rc[0-6].d 的链接，并强制删除/etc/init.d/下的服务脚本。

(4) 设定服务运行级别的开关

 # update-rc.d *iptables* **defaults**

说明：设定默认情况 iptables 服务 2-5 级别自动运行，0 1 6 级别自动关闭。

 # update-rc.d *iptables* **enable 2 3 4 5**

 # update-rc.d *iptables* disable **2 3 4 5**

说明：指定 iptables 在 2-5 级别自动运行，自动关闭，优先级为默认。

 # update-rc.d *iptables* **start 20 2 3 4 5 . stop 20 0 1 6 .**

说明：指定 iptables 在 2-5 级别自动运行，优先级 20；0 1 6 级别自动关闭，优先级为 20。注意中间和结尾的一个 "."。

(5) 服务控制命令

 # invoke-rc.d *iptables* **{start|stop|restart|reload|status}**

说明：操作 iptables 服务，{开启|关闭|重启|重载|状态}。

 # /etc/init.d/*iptables* **{start|stop|restart|reload|status}**

说明：这种直接调用服务脚本的方式也可以起到 service 命令的作用，Debian 系列都支持这种方式。CentOS 7 之前都支持这种通用调用方式，但是 7 之后被放弃了，使其变得不再通用。

 # service *iptables* **{start|stop|restart|reload|status}**

说明：引入 SystemD 之后的 Debian 8 系统也开始支持这种方式，所以这种调用方式反而变成了通用方式。

7.4 SystemD 服务命令 systemctl*

在 CentOS 7 以及 Debian 8 以后版本中，SysV 和 Upstart 式管理服务的方式都慢慢被 SystemD 取代，SystemD 不仅启动系统初始化程序，还维护服务等操作，本书虽然是重点介绍 CentOS 6 版本，SystemD 命令不能使用，但是在新版本的 CentOS 7 和 Debian 8 系列中都支持 SystemD，所以有必要在这里罗列以供查阅。

值得注意的是在 SystemD 方式中，以前的操作方式仍然兼容，老方法会自动调用相应的 systemctl 操作。

命令操作: systemctl 服务操作

(1) 查看服务列表
 # systemctl
说明: 查看所有 SystemD 受控服务。

(2) 服务安装
/usr/lib/systemd/system/服务名.service
 # systemctl daemon-reload
说明: SystemD 服务只要设置好脚本，重新加载下就可以受 systemctl 控制了。

(3) 服务卸载
 # rm /usr/lib/systemd/system/服务名.service
说明: 卸载服务，只要停掉服务后移去脚本即可。

(4) 设定服务运行级别的开关
 # systemctl enable *firewalld*
 # systemctl disable *firewalld*
说明: 开启或者禁止防火墙自动启动，没有运行级别的概念，防火墙是 firewalld 服务，取代之前的 iptables。

(5) 服务控制命令
 # systemctl {start|stop|restart|status|is-active} *firewalld*
说明: 操作 firewalld 服务，{开启|关闭|重启|状态|是否激活}。

 # service *firewalld* **{start|stop|restart|status|is-active}**
说明: service 命令会转向调用 systemctl 相应的操作。

 # /etc/init.d/*firewalld* **{start|stop|restart|status|is-active}**
说明: 这种方式 CentOS 7 不支持，Debian 8 做了兼容。

(6) 改变运行级别
 # ln -sf /lib/systemd/system/multi-user.target
/etc/systemd/system/default.target
说明: 默认改为文字模式，即运行级别 3。
 # ln -sf /lib/systemd/system/graphical.target

/etc/systemd/system/default.target

说明：默认改为图形模式，即运行级别 5。

(7) systemctl 还可以操作系统和网络

 # systemctl reboot
 # systemctl poweroff

说明：重启或关机。

7.5　Linux 任务管理器

　　管理员对操作系统的管理在很大程度上是对运行在系统中的程序的管理，即对系统中进程的管理。而了解系统中进程的状态是对进程管理的前提，所以管理之前要查看进程，了解进程的运行。

　　ps 命令就是 Linux 系统中很强的进程查看命令。运用该命令可以确定有哪些进程正在运行和运行的状态、进程是否结束、进程有没有僵死、哪些进程占用了过多的资源等。总之大部分信息都可以通过执行该命令得到。

　　ps 有两种风格，一种 BSD 风格，一种 Unix 风格，建议都掌握。

命令操作：进程查看命令 ps

(1) ps 的 BSD 选项语法
 # ps aux
说明：查看全部进程信息。BSD 语法的选项没有"-"。a :all；u :user，显示 user id；x：显示命令或者终端 tty。
注意：ps aux 与 ps -aux 是不同的。

(2) ps 的 Unix 选项语法
 # ps -elf
说明：查看全部进程信息。-e: all；-l: long；-f: full，显示更多信息。两种风格的 ps 建议都要掌握。

(3) 树状显示进程信息 pstree
$ pstree
$ pstree -aup

(4) 查询特定条件的进程信息
$ ps aux | grep *sshd*

$ pgrep -l *sshd*

说明：ps 不支持正则表达式查询，必须借用管道，利用 grep 查询。pgrep 支持正则，但是只是查询特定进程的进程号。

(5) 任务管理器 top

 # top

说明：top 可以实时地看到系统的资源使用情况，而排序查看等操作还要了解一些操作键。

h| ?:查看操作帮助；**q:**退出；**f|o:** field，order，选择哪些字段查看；**F|O:**排序查看。

7.6 进程的调度

无论是在批处理系统还是分时系统中，用户进程数一般都多于处理机数，这将导致它们互相争夺处理机。另外，系统进程也同样需要使用处理机。这就要求进程调度程序按一定的策略，动态地把处理机分配给处于就绪队列中的某一个进程，以使之执行。

进程的调度一般由系统自动处理，这里介绍手动调度 Linux 进程的相关操作。

命令操作: 进程手动调度

(1) 手动调度

前台启动：用户输入命令，直接执行程序。

后台启动：在命令行尾加入"**&**"符号，如 **vi &**，后台开启 vi。

(2) 进程挂起快捷键**[Ctrl]+z**

将当前进程挂起，即调入后台并停止执行，在 Linux 字符界面，只有单窗口是激活状态，可以借助[Ctrl]+z 实现多任务切换。

相关：[Ctrl]+c: 强制中断正在执行的命令；[Ctrl]+d: 正常结束正在执行的命令。

(3) jobs 命令

$ jobs

说明：查看处于后台的任务列表。一般辅助 bg、fg 使用。

(4) 后台运行命令

$ bg *1*

$ bg %*1*

注意：bg: background，bg 1 或者 bg %1 是让后台的 1 号任务进程在后台执行，%n 需要借助 jobs 查看。

(5) 前台运行命令

$ fg *1*

$ fg %*1*

注意: fg: foreground, fg 1 或者 fg %1 将处于后台的 1 号任务进程恢复到前台运行, %n 需要借助 jobs 查看。

(6) 终止进程

　　kill: 用于终止指定 PID 号的进程。

　　killall: 用于终止指定名称的所有进程。

　　pkill: 根据特定条件终止相应的进程。

选项:

　　-U: 根据进程所属的用户名终止相应进程。

　　-t: 根据进程所在的终端终止相应进程。

　　-9: 强制终止。

　　-15: 正常结束进程。

常规命令:

 # kill -9 *2869*

说明: kill 只能终止指定进程的 PID; kill 命令配合 ps aux 查看 PID 使用。正则查找可以使用 ps aux | grep 或者 pgrep -l 查找 PID。

 # killall -9 *vim*

说明: 强制终止进程名中包含 vim 字样; killall 需要配合 ps aux 查看 COMMAND 使用。

 # pkill -9 -U　*jsj*

说明: 强制终止 User 连接, 如果指定自己, 自己也会被终止; pkill -U 需要配合 w 查看 USER 使用。

 # pkill -9 -t *pts/1*

说明: 强制终止终端 tty 连接。pkill -t 配合 w 查看 TTY 使用。

注意: 不能合并为-9U, -9t。

7.7　进程查询*

　　进程调度一般都要配合一些进程查询命令才能进行, 如 ps、pgrep、w 等命令, 这里列出更多的进程查询命令。

命令操作: 进程查询

(1) fuser

说明: 查看某个目录或者文件被哪些进程打开, Windows 下经常发生某个文件被打开,然后不能删除这种情况，但是又没有办法知道是哪个进程打开的，Linux 下 fuser 查看可以非常简单地实现该功能。

 # fuser -uvm */var/log/*

说明：查看/var/log/目录在被哪些进程使用。

 # fuser -ki */var/log/*

说明：试图关闭使用/var/log/目录的进程。

 # fuser -kf */var/log/*

说明：强制关闭使用/var/log/目录的进程，慎用！

(2) lsof

说明：lsof: list of file，查看各进程所打开的文件，同 fuser 是互逆操作。

 # lsof：查看系统所打开的文件

 # lsof -u root：查看 root 用户打开的文件

 # lsof -u root |grep bash：查看 root 用户 bash 进程打开的文件

 # lsof -i 4：列出使用 IPv4 打开的文件

 # lsof -i：列出所有侦听和已建立的网络连接

 # lsof -i :22：列出在某个端口运行的进程

 # lsof -i :1~1024：列出端口在 1~1024 之间的所有进程

 # lsof -p PID：根据进程 PID 来列出打开的文件

killall -9 `lsof -t -u username`：强制终止某个用户的所有活动进程

 # lsof +D /var/log/：列出某个目录中被打开的文件

 # lsof +d /dev：列出系统被启动的周边设备

 # lsof -c ssh：根据进程名称列出打开的文件

(3) 根据进程名查询 PID

 # pidof *bash*

说明：查询 bash 进程的 PID，不支持正则表达式。

 # pidof -x *bash*

说明：查询 bash 进程可能的 PPID(父进程 PID)，不支持正则表达式。

$ ps aux | grep *bash*

$ pgrep -l *bash*

(4) 进程优先级查看

说明：Pri 优先级，数值越大，优先级越低；运行后的进程可以用 renice 重新修正优先级；nice 是**修正优先级**，在默认优先级的基础上修正，取[-20，20]之间；程序运行初修正；renice 是**重新修正优先级**，程序运行后修正。

 # nice -n 19 命令 **&**

说明：以较低的优先级在后台运行，比较常用。

renice 19 -p <PID>
说明：修正 PID 的进程的优先级。

(5) 系统资源的查看
free -m：内存容量。
uname – a：系统内核版本。
cat /etc/issue：发行版本。
lsb_release -a：列出所有版本信息。
uptime：系统启动时间与负载。
netstat -tulnp：跟踪网络连接情况。
dmesg | less：分析内核启动信息。

(6) 特殊文件/proc/* 代表的意义
cat /proc/cmdline：加载内核的相关参数的命令行。
cat /proc/1/cmdline：PID为 1 的进程的命令行。
cat /proc/cpuinfo：CPU信息。
cat /proc/version：同uname -a，发行版本信息。

7.8　计划管理

Linux 程序一般都是手动启动进行管理，如果有计划的执行某些程序，就必须进行计划管理。

7.8.1　at 命令

在指定的日期、时间点自动执行预先设置的一些命令操作，属于一次性计划任务。

命令操作: at 计划任务

(1) 服务脚本名称
/etc/init.d/atd

(2) 设置格式
at [HH:MM] [yyyy-mm-dd]
说明： at 之后，回车，开始输入命令任务；可以输入多条命令，最后按[Ctrl]+d 组合键提交；使用 at 命令设置的任务只在指定时间点执行一次；若只指定时间则表示当天的该时间，若只指定日期则表示该日期的当前时间。

(3) 查询命令
atq

(4) 删除命令
atrm　编号
说明: 编号需要配合 atq 查询。

7.8.2　计划任务管理 crontab

cron 是一个 Linux 下的定时执行工具, 可以在无需人工干预的情况下运行作业。
crontab: chronos table, 时间表。crontab 按照预先设置的时间周期(分钟、小时、日、月、星期), 重复执行用户指定的命令操作, 属于周期性计划任务。crontab 为每个用户制订了一份计划表, 每个用户在使用 crontab 时将不会相互干扰。

注意: 由于 crontab 计划任务的使用频率比较高, 因此牢牢记住配置记录的格式是非常有必要的。

命令操作: crontab 计划任务

(1) crontab 任务的配置格式

50　　3　　2　　1　　*　　　　[run_command]
分钟、小时、日、月、星期　　　　[命令]

说明: crontab 任务配置记录中, 所设置的命令在"分钟+小时+日+月+星期"都满足的条件下才会运行。

时间数值的特殊表示方法:

*　: 表示该范围内的任意时间。

,　: 表示间隔的多个不连续时间点。

-　: 表示一个连续的时间范围。

/　: 指定间隔的时间频率。

常规用法:

```
0  17  *  *  1-5       周一到周五每天 17:00
30  8  *  *  1,3,5     每周一、三、五的 8 点 30 分
0  8-18/2  *  *  *     8 点到 18 点之间每隔 2 小时
0  *  */3  *  *        每隔 3 天整点
```

(2) 管理 cron 计划任务

crontab　-e [-u　用户名]: 编辑计划任务。

crontab　-l [-u　用户名]: 查看计划任务。

crontab　-r [-u　用户名]: 删除计划任务。

说明:

① 启用周期性任务有一个前提条件,即对应的系统服务 crond 必须已经运行。

② 全局配置文件,/etc/crontab,一般不需要用户修改。

③ 用户只需执行"crontab -e"命令后会自动调用文本编辑器(默认为 vi)并打开
"/var/spool/cron/用户名"文件,无需手动指定文件位置。

④ -u 选项只适合于 root 用户,即帮助别人建立任务,-l 选项适合 root 用户查看其他用
户已经建立的任务,-r 选项适合 root 用户删除其他用户的任务。

7.8.3　日志轮转 logrotate

日志文件包含了关于系统中发生的事件的有用信息,在排除故障过程中或者系统性能
分析时经常被用到。对于忙碌的服务器,日志文件大小会增长极快,服务器会很快消耗磁
盘空间,除此之外,处理一个庞大日志文件也常常是件十分棘手的事。

logrotate 是一个十分有用的工具,它可以自动对日志进行截断(或轮转)、压缩以及
删除旧的日志文件。logrotate 的运作完全自动化,使用 cron 按时调度执行而不必任何
人为的干预。日志的执行过程原理为不断改日志文件名称,比如有一个 access.log 文件,
需要保留 4 个日志文件,那么 logrotate 将进行如下轮转:

✓ access.log 满足轮转条件?(调度时间,日志大小是否满足要求)如果需要轮转则进行
下列步骤,否则跳过。

✓ access.log.3 存在?如果存在则删除。

✓ access.log.2 如果存在则改名为 access.log.3。

✓ access.log.1 如果存在则改名为 access.log.2。

✓ access.log 如果存在则改名为 access.log.1。

✓ 创建一个空的 access.log 文件。

logrotate 配置文件如下所示:

• /etc/logrotate.conf,通用配置文件,全局默认选项。

• /etc/logrotate.d/,自定义配置扫描目录,该目录下的配置文件都会被执行。

我们新建一个/etc/logrotate.d/nginx 来分割 nginx 日志,配置文件内容如下:

脚本示例: /etc/logrotate.d/自定义脚本示例

(1) 新建/etc/logrotate.d/nginx 脚本
 # vi /etc/logrotate.d/nginx

(2) 脚本内容
/var/log/nginx/*.log {

```
        daily
        missingok
        rotate 52
        minsize 10M
        compress
        delaycompress
        notifempty
        dateext
        create 640 nginx adm
        sharedscripts
        postrotate
            [ -f /var/run/nginx.pid ] && kill -USR1 `cat
/var/run/nginx.pid`
        endscript
}
```

说明：

第一行：指明日志文件位置，多个以空格分隔，也可以使用路径匹配符。

daily：调用频率，有 **daily**，**weekly**，**monthly** 可选。

missingok：在日志轮转期间，任何错误都将被忽略，例如"文件无法找到"之类。

rotate：总共轮换多少个日志文件，这里为保留 52 个。

minsize 10M：限制条件，大于 10M 的日志文件才进行轮转，否则不操作。

compress：在轮转任务完成后，已轮转的归档将使用 gzip 进行压缩。

delaycompress：总是与 compress 选项一起用，delaycompress 选项指示 logrotate 不要将最近的归档压缩，压缩将在下一次轮转周期进行。这在仍然需要读取最新归档时很有用。

notifempty：如果日志文件为空，轮转不会进行。

dateext：使用日期作为轮转日志的后缀。

create 640 nginx adm：以指定的权限创建全新的日志文件，同时 logrotate 也会重命名原始日志文件。

sharedscripts：用于指明以下是执行轮转前和轮转后自定义执行的命令，比如 **postrotate** 和 **endscript** 表示，轮转后，终止锁定/var/run/nginx.pid 的用户。如果要轮转前执行某个命令可以使用 **prerotate** 代替 postrotate，两者可同时存在。

(3) 轮转预演

 # logrotate -d /etc/logrotate.d/nginx

reading config file /etc/logrotate.d/nginx

reading config info for /var/log/nginx/*.log

removing last 1 log configs

Handling 1 logs

rotating pattern: /var/log/nginx/*.log　after 1 days (52 rotations)

empty log files are not rotated, only log files >= 10485760 bytes are rotated, old logs are removed

说明：排障过程中的最佳选择是使用"-d"选项以预演方式运行 logrotate。要进行验证，不用实际轮转任何日志文件，可以模拟演练日志轮转并显示其输出。这里说明不需要进行轮转。

(4) 强制轮转

 # logrotate -vf /etc/logrotate.d/nginx

说明：即使轮转条件没有满足，我们也可以通过使用"-f"选项来强制 logrotate 轮转日志文件，"-v"参数提供了详细的输出；建议多试验几次。

提示：如果日志为空，不能强制轮转，可以手动加入日志内容。

本　章　小　结

本章主要讲解了 Linux 的启动加载过程，Linux 操作系统启动方式目前经历了三代，分别是 SysV、Upstart、SystemD，在 CentOS 5 以前主要采用 SysV 方式，CentOS 6 改为 Upstart，CentOS 7 之后又开始采用 SystemD 方式启动。

服务控制和进程调度是服务器运维必须具备的技能，本章详细描述了主流 Linux 服务控制和进程调度方法，建议全部掌握。

服务和进程除了可以手动调度之外，还可以计划执行，常见的 at 和 crontab 调度也需要熟练掌握；日志系统是系统故障排查的主要依据，保证了系统服务和进程正确运行。

习　　题

1. 以防火墙 iptables 为例，开启和关闭防火墙，并查看防火墙运行状态。

2. 关闭 ssh 服务，再尝试远程登录。

3. 查看运行的进程信息并手工调度。

4. 编写一个日志轮转任务，再分别使用 at、crontab 编写一个计划，定时向日志文件写入一定内容。多次手动轮转并观察结果。

5. 整理服务控制、进程调度、进程查询、计划管理等命令，并记录笔记。

第 8 章　软件包管理

【学习目标】

　　Linux 软件包的使用和安装，是软件安装和系统维护的基本技能，需要掌握安装的基本方法和原理，能够熟练掌握 rpm、yum、源代码安装的命令，并能够安装著名的 vsftpd 和 postfix 服务器。

8.1　软件安装简介

　　在 Linux 系统的使用和管理过程中，经常要对软件包进行安装和升级，Linux 中最常见的软件包是 rpm 格式和 deb 格式。rpm 格式主要是 Red Hat 系软件包格式，deb 主要是 Debian 系软件包格式，都比较常见。还有一种 bin 格式安装包，Linux 平台可以通用的二进制包格式，这些我们都有必要掌握。其实各个 Linux 发行版本的区别，最大程度就体现在这些安装包格式上，其他并无太大差异。源代码安装是各个 Linux 平台，甚至 Windows 平台都可以通用的一种软件安装方式，但是缺点也很明显——需要消耗非常多的时间去重新编译。

　　Linux 不同于 Windows，Windows 的基础包和补丁都是由 Microsoft 一家维护，而 Linux 却由不同的组织维护，Linux 软件包的依赖关系特别复杂，如果都是由各自维护，势必造成版本的混乱，所以，统一维护基础包和依赖关系势在必行，Red Hat 系和 Debian 系等都提供了自己的前端软件包管理器，能够从指定的服务器自动下载软件包并且安装，可以自动处理依赖关系，并且一次安装所有依赖的软件包，无需烦琐地一次次下载、安装。Red Hat 系是著名的 yum 管理器，Debian 是 apt 管理器，它们都在某种程度上想取代各自早期的 rpm 和 deb 管理方式。

　　下面罗列 Red Hat 系中常见的软件包的安装方式，并比较它们的特点。

　　(1) yum 前端软件包管理方式：可以理解为系统基础包或补丁包的统一安装维护方式，依赖网络；一些常用且稍大的应用软件，经过评估认为非常有价值且非常稳定，也会加入到 yum 服务器中，但是一般大型应用软件不建议这种安装方式。

　　(2) rpm/yum localinstall 安装方式：可以将 rpm 包下载到本地进行安装，包自身不依赖网络，基础依赖包可能需要网络，所以大型的应用软件主推这种安装方式，缺点是只支持 Red Hat 系 Linux 版本。

（3）源代码安装：利用源代码重新编译安装可以实现跨平台安装，缺点是编译时间过长，一般只有版权问题的软件包才考虑使用这种安装方式，另外在没有任何其他官方替代方式安装的情况下，才考虑使用源代码安装。

（4）二进制安装：安装方式基本同源代码安装，省略了漫长的编译过程，因为 Linux 平台兼容性，二进制安装是替代源代码安装的最好方式，可以兼容各个 Linux 平台。

（5）run 安装格式：可以说是二进制安装方式的改进，除了编译好源代码之外，还提供了安装脚本，是 Shell 脚本+安装包文件格式，可以适合各个 Linux 平台，但是规范不严格，如果加以规范，基本等同 rpm 安装方式。

8.2　rpm 软件包管理

RPM 是 Red Hat Package Manager(Red Hat 软件包管理工具)的缩写，这一文件格式名称虽然打上了 Red Hat 的标志，但是其原始设计理念是开放式的，现在包括 OpenLinux、SuSE 以及 Turbo Linux 等 Linux 的分发版本都在采用，可以算是公认的行业标准。

下面以安装官方 JDK 为例，讲解 RPM 软件包的管理。

命令操作: rpm 软件包管理

（1）安装&升级
 # rpm -ivh jdk-8u92-Linux-x64.rpm
说明：安装官方 jdk，rpm 选项：

 -i　: install，安装。

 -v　: verbose，详细。

 -h　: hash，-vh 显示详细安装进度。

 -U　: update，升级。

 -e　: erase，擦除，卸载。

 # rpm -ivh jdk-*.rpm
说明：rpm -ivh 安装本地 rpm 包时可以使用路径通配符，其他 rpm 查询都不支持通配符。

 # rpm -ivh
http://download.oracle.com/otn-pub/java/jdk/8u92-b14/jdk-8u99-Linux-x64.rpm
说明：rpm 也可以在线安装，等于先使用 wget 下载，然后用 rpm -ivh 安装。

 # rpm -Uvh jdk-8u92-Linux-x64.rpm

说明：软件升级。

(2) rpm 查询安装包信息

 # rpm -qa

说明：查询安装的全部软件，-a: all。

 # rpm -qa| grep *jdk*

jdk1.8.0_92-1.8.0_92-fcs.x86_64

说明：如果软件名只记得一部分，就必须借助于 grep 查询，jdk1.8.0_92 是软件名，后面是版本信息以及平台信息。其他很多命令都要依赖 rpm -qa 命令，这是最常用的使用方式。

 # rpm -q jdk1.8.0_92

说明：查询软件的基本信息，rpm 不支持正则，必须记住完整的软件名，所以 rpm -q 一般很少单独用，都借助于 rpm -qa| grep 获取完整软件名。

 # rpm -ql *jdk1.8.0_92*

说明：查询软件安装后全部文件和目录清单；-l: list。

 # rpm -qi jdk1.8.0_92

说明：查询软件的详细信息，-i: info。

 # rpm -qR jdk1.8.0_92

说明：查询软件的依赖关系。

 # rpm -qf /usr/java/jdk1.8.0_92/

jdk1.8.0_92-1.8.0_92-fcs.x86_64

说明：查询一个文件所归属的软件；-f: file。通过已安装文件反向查找安装包的名称，非常方便。

(3) rpm 查询未安装包信息

 # rpm -qp[ilRf] jdk-8u92-Linux-x64.rpm

说明：-qp 查询未安装的 rpm 包的信息，其他选项同-q。

(4) rpm 验证

 # rpm -V *jdk1.8.0_92*

说明：查询软件所含的文件是否被修改。

 # rpm -Vf /usr/java/jdk1.8.0_92/

说明：查询一个文件是否被修改。

(5) rpm 卸载&重建数据库

 # rpm -qa| grep *jdk*

jdk1.8.0_92-1.8.0_92-fcs.x86_64

 # rpm -e jdk1.8.0_92

 # rpm -e jdk1.8.0_92-1.8.0_92-fcs.x86_64

说明：卸载软件，卸载前可以先用"rpm -qa| grep jdk"查询一下具体软件名称，卸载名称不带版本号名称或者全名称。

软件包命名规范：jdk1.8.0_92-1.8.0_92-fcs.x86_64，其中软件名为 jdk1.8.0_92；版本号为 1.8.0_92；可用平台 x86_64 表示 Intel i386 或 i586 CPU 64 位系统，x86 表示 32 位，fcs 是自定义符号，这里表示最终版本。

 # rpm --rebuild

说明：rpm 重建数据库，当 rpm 添加修改删除软件过多时，最好重建一下。

(6) 强制安装
 # rpm --force --nodeps -ivh *software*

8.3　yum 软件包管理

yum(全称为 Yellow dog Updater，Modified)是一个在 Fedora 和 Red Hat 以及 SUSE、CentOS 中的 Shell 前端软件包管理器。基于 RPM 包管理，能够从指定的服务器自动下载 RPM 包并且安装，可以自动处理依赖性关系，并且一次安装所有依赖的软件包，无须烦琐地一次次下载、安装。

yum 是一个命令集，详细命令：**yum --help**。

命令操作：yum 软件包管理

(1) 安装&更新
 # yum install *vsftpd*
 # yum -y install *vsftpd*
说明：在线安装 vsftpd 包，-y：yes，在安装过程中，需要用户确认的全部回复 y。

(2) 软件列表(按包名搜索)
 # yum list *vsftp**
说明：可以在 rpm 包名中使用匹配符。
 # yum list installed
说明：列出已经安装的所有的 rpm 包。
 # yum list extras
说明：列出已经安装的但是不包含在资源库中的 rpm 包，即自定义安装的 rpm 包。
 # yum list updates
说明：列出资源库中所有本地已安装可以更新的 rpm 包。

yum list

说明：列出资源库中所有可以安装或更新的 rpm 包(比较多)，包括本地未安装的包。

提示：yum 是基于 rpm 安装的改进，所以 yum 也是一种 rpm 安装；yum 基本都支持匹配符，rpm 基本都不支持。

(3) 软件详细信息 info(参数同 list)
yum info *vsftp**
yum info installed
yum info extras
yum info updates
yum info

(4) 高级搜索
yum search *vsftp*
说明：在包名、包描述等中搜索匹配特定字符，不支持通配符。
yum provides *vsftp**
说明：在包含的文件名以及功能中搜索匹配特定字符，支持通配符。

提示：这两个一般很少用，都是在只知道功能、想搜索适合自己需求的软件时才使用。

(5) 卸载
yum erase *vsftpd*
yum remove *vsftpd*
说明：两者都可以卸载。

(6) 清理缓存
yum clearn all
说明：清理 yum 缓存及安装包。
yum makecache
说明：yum clearn all 后必须用 yum makecache 重新生成缓存。

yum check-update
说明：查询是否有更新，也可以生成缓存，推荐！

yum clean packages
说明：清除缓存目录(/var/cache/yum)下的软件包。

(7) 更新系统

yum check-update

yum upgrade

说明: yum check-update 检查更新生成本地缓存, 并不执行更新操作。yum upgrade 升级系统, 不改变系统设置, 也不升级系统内核。一般两者组合使用, 推荐!

注意: CentOS 没有实现滚动升级, 即不会从 CentOS 6 升级到 CentOS 7。

建议: 如果在实际生产环境, 建议在安装开始初更新系统到最新, 实际运行之后, 不要随意更新系统, 以防系统不兼容。

yum update

说明: 检查更新并升级系统, 改变软件设置和系统设置, 系统版本内核都升级, 慎用!

(8) 程序组操作

yum groupinstall *mate-desktop*

yum groupremove *mate-desktop*

yum groupupdate *mate-desktop*

yum grouplist *mate-desktop*

yum groupinfo *mate-desktop*

说明: yum 程序组概念是一组软件一起安装使用。mate-desktop 是 MATE 桌面环境的一组程序。感兴趣可以参考: http://wiki.mate-desktop.org/download/。

说明: CentOS 7 之后还可以使用 yum groups 实现组安装。

(9) 本地安装

yum localinstall *jdk-8u92-Linux-x64.rpm*

说明: 本地安装 JDK。yum localinstall 几乎等同于 rpm -ivh, 不同的是 yum localinstall 安装的软件可以自动在线安装依赖库, 所以优于 rpm -ivh 安装。另外 yum 安装的不仅可以用 rpm -e 卸载, 还可以用 yum remove 卸载。建议学会习惯使用 yum localinstall 代替 rpm -ivh 安装 rpm 软件包。

提示: 可以直接使用 yum install 代替 yum localinstall。

8.4　yum 安装 vsftpd FTP 服务

vsftpd 是 "Very Secure FTP Daemon" 的缩写, 安全性是它的一个最大的特点。vsftpd 是一款在 Linux 发行版中最受推崇的 FTP 服务器程序。特点是小巧轻快、安全易用。它可以运行在诸如 Linux、BSD、Solaris、HP-Unix 等系统上面, 是一个完全免费的、开放源代码的 FTP 服务器软件，支持很多其他的 FTP 服务器所不支持的特性。比如：非常高的安全性需求、带宽限制、良好的可伸缩性、可创建虚拟用户、支持 IPv6、速率高等。

vsftpd 三个重要的用户概念如下：

- 匿名用户：anonymous，不用登录即可访问，默认登录路径在 ftp 用户的 Home 目录 /var/ftp。
- 本地用户：Linux 的系统用户，必须提供 Linux 用户名和密码才能登录，默认登录路径是 Home 目录。
- 虚拟用户：不是 Linux 的系统用户，不能登录 Linux，只能登录 FTP，虚拟用户信息一般都存储在文件或者数据库中。

命令操作: yum 安装 vsftpd FTP 服务

(1) 查看是否安装 vsftpd
 # rpm -qa |grep vsftpd
说明：未显示结果就说明没有安装。
 # yum info vsftpd
说明：显示可安装的软件包，说明系统未安装；否则显示已安装。

(2) yum 安装 vsftpd
 # yum -y install vsftpd
说明：安装后状态如下所示。
- 建立用户：ftp，限制登录。
- 默认 Home 目录：/var/ftp。
- 配置文件：/etc/vsftpd/vsftpd.conf。

(3) 查看服务运行状态
 # service vsftpd status
说明：首次安装服务是未运行的，必须手动运行。
 # chkconfig --list vsftpd
vsftpd   0:关闭 1:关闭 2:关闭 3:关闭 4:关闭 5:关闭 6:关闭
说明：首次安装未设置开机自启动。

(4) 修改配置文件(可跳过)
 # vi /etc/vsftpd/vsftpd.conf
修改配置，确保以下几项开启：
anonymous_enable=YES
local_enable=YES
write_enable=YES

local_umask=022

说明：配置文件的注释非常详细。

- anonymous_enable=YES，允许匿名用户访问，默认开启。
- local_enable=YES，接受本地用户，默认开启。
- write_enable=YES，上传总开关(全局控制)，默认开启。
- local_umask=022，本地用户上传文件(包括目录)的 umask，默认开启。

(5) 设置开机自启动，并启动服务

 # chkconfig vsftpd on
 # service vsftpd start

(6) 再次检查 vsftpd 状态

 # service vsftpd status
 # chkconfig --list vsftpd
 # netstat -tulnp | grep ftp
 # ps aux |grep ftp
 # service iptables status
 # cat /etc/sysconfig/iptables

说明：上面是一个服务的常规检查，如果出现故障，可以按照顺序依次排查。netstat -tulnp：检查监听端口情况；ps aux：检查进程可有运行；service iptables status：检查防火墙端口是否开放。

(7) Windows 匿名访问测试

 # ifconfig

说明：检测服务器 IP 为 192.168.153.135，然后在物理机打开资源管理器或者浏览器，在地址栏输入：ftp://192.168.153.135。

(8) Linux 客户端 FTP 登录测试

 # yum install ftp

说明：最小化安装未安装 FTP 客户端工具。

$ ftp 192.168.153.135
Connected to 192.168.153.135 (192.168.153.135).
220 (vsFTPd 2.2.2)
Name (192.168.153.135:root): **jsj**↵
331 Please specify the password.
Password:**123**↵
230 Login successful.
Remote system type is Unix.

Using binary mode to transfer files.

ftp>

说明：这里设置了接受本地用户登录，所以 Linux 的账号可以登录 FTP；匿名用户登录使用用户名"**anonymous**"，密码随意输入。登录后可以使用 FTP 客户端的命令，这些命令同 Linux 命令非常相似；ftp>为 FTP 命令提示符。

FTP 命令：

ls：查看 FTP 服务器上文件列表。

cd：切换服务器目录。

lcd：切换本地下载目录，否则为当前路径下载。

get：从服务器下载指定文件到本地机。

put：从本地机上传指定文件到服务器。

open：open 192.168.153.135，未成功登录 FTP 服务器或者 close 登出 FTP 服务器之后，重新连接 FTP 服务器。

close：登出 FTP 服务器，仍接受 FTP 命令。

8.5 yum 安装 postfix 邮件服务器

postfix 是在 IBM 的 GPL 协议之下开发的 MTA(邮件传输代理)软件。postfix 已经成功地成为了最广泛的 sendmail 的替代品。postfix 更快、更容易管理、更安全，同时还与 sendmail 保持足够的兼容性。

如果要完整的搭建一个邮件服务器，是一个很复杂的过程，这里我们先了解一下邮件服务器的概念。

MTA(Mail Transfer Agent)：MTA 就是"邮件传输代理"的意思，它负责帮用户传送邮件，所以是邮件送信代理。MTA 通过 **SMTP** 协议(简单邮件传输协议)进行邮件发送。常见的 SMTP 服务器有 sendmail、postfix 等。

MDA(Mail Delivery Agent)："邮件投递代理"主要的功能就是将 MTA 接收的信件依照信件的流向将该信件放置到本机账户下的邮件文件(收件箱)中，所以对用户来说是邮件收信代理，它还可以具有邮件过滤与其他相关功能。MDA 主要通过 POP3/IMAP 协议访问邮件。其中，**POP3**：Post Office Protocol - Version 3，邮局协议版本 3，POP3 是从邮件服务器中下载邮件存起来，用户的操作不反映到服务器上；**IMAP**：Internet Message Access Protocol，互联网邮件访问协议，可以通过互联网对接受的邮件进行阅读、删除等操作，客户端的操作都会反馈到服务器上，对邮件进行的操作，服务器上的邮件也会做出相应的动作。建议尽量使用 IMAP 协议，常见的 IMAP 服务器有 Dovecot 等。

MUA(Mail User Agent)："邮件用户代理"就是用户寄信收信的客户端邮件系统。如 Windows 里的 OutLook Express 以及在线的 Email 客户端都是 MUA。MUA 主要的功能就是接收邮件主机的电子邮件，并提供用户浏览与编写邮件等功能。

现在比较流行的组合就是 iRedmail 提供的 Postfix + Dovecot + Postfixadmin + Roundcubemail 组合。我们这里主要通过邮件安装介绍 yum 操作，所以只介绍如何安装 postfix 邮件服务器，并尝试发送邮件。接收邮件服务器架设不在本书讨论范围。

命令操作: yum 安装 postfix 邮件服务器

---

(1) yum 安装 postfix
 # yum remove sendmail
 # yum -y install postfix
说明：CentOS 5 默认是安装 sendmail，CentOS 6 默认是安装 postfix，最小化安装没有，必须手动安装。安装后的状态如下：

- 建立用户: postfix，限制登录。
- 默认 Home 目录: /var/ftp。
- 配置文件: /etc/postfix/main.cf。
- 日志文件: /var/log/maillog。

(2) 更改默认邮件传输代理(MTA)
 # alternatives --config mta
共有 1 个程序提供 "mta"。

```
   选择      命令
-----------------------------------------------
*+ 1            /usr/sbin/sendmail.postfix
```
按 Enter 来保存当前选择[+]，或键入选择号码: **1↵**
说明：上面只有一个 postfix，sendmail 已经被删除。可以通过下面命令来查看。
 # alternatives --display mta

(3) 查看服务运行状态
 # service postfix status
说明：首次安装服务是未运行的，必须手动运行。
 # chkconfig --list postfix
postfix   0:关闭   1:关闭   2:启用   3:启用   4:启用   5:启用   6:关闭
说明：首次安装已设置开机自启动。

(4) 修改配置文件(可跳过)
 # vi /etc/postfix/main.cf
 # postfix reload

说明：默认的配置已经可以发送外网了。修改配置文件后，都必须进行一次加载 postfix reload 生效。

(5) 启动服务
 # service postfix start

(6) 再次检查 postfix 状态
 # service postfix status
 # chkconfig --list postfix
 # netstat -tulnp | grep postfix
 # ps aux |grep postfix
 # service iptables status
 # cat /etc/sysconfig/iptables
说明：上面是一个服务的常规检查，如果出现故障，可以按照顺序依次排查。netstat -tulnp：检查监听端口情况；ps aux：检查进程可有运行；service iptables status：检查防火墙端口是否开放。

(7) 外网邮件发送测试
 # mail chxcn@qq.com
Subject: **hello**
This is my second letter
.
EOT
说明：开始给自己的 qq 邮箱写信，输入主题和内容之后，最后一行输入"**.**"结束，回车后自动发送。虽然可以成功发送邮件，但是不能接收邮件，接收邮件还必须安装 MDA 服务，非本机用户还要考虑安装 MUA 服务。

8.6 源代码安装

在 Linux 下的很多软件都是通过源代码包方式发布的，官方没提供二进制版本，所以必要的时候还是要考虑使用源代码安装，源代码安装也比较规范，不需要记忆很多，唯一的问题就是编译时间可能过长。这里的源代码一般都是指 C/C++，项目维护比较复杂，采用比较早的 Makefile 方式管理项目，其他语言在这里不做讨论。

Nginx 是俄罗斯人编写的十分轻量级的 HTTP 服务器，同时也是一个高性能的 HTTP 和反向代理服务器。官方提供源代码，没有提供二进制包。

下面以 Nginx 为例详细介绍源代码安装的步骤。

命令语法：源代码安装的一般步骤

---

(1) 下载源代码到本机

$ wget http://nginx.org/download/nginx-1.10.0.tar.gz

说明：wget 是 Linux 下载命令，参数为下载链接地址。

(2) 解压到当前路径

$ tar zxf nginx-1.10.0.tar.gz

$ tar jxf nginx-1.10.0.tar.bz2

说明：解压到本地路径，目录名为 nginx-1.10.0。注意下载的压缩包格式，采用命令选项不同。

(3) 切换到源代码目录

$ cd nginx-1.10.0

说明：源代码安装必须切换到源代码目录，不能指定路径。

(4) 配置源代码、编译、安装

$ ./configure

$ make

 # make install

说明：这里的源代码一般都是指 C/C++，采用比较早的 Makefile 方式管理项目。configure：配置项目如何去编译，有的项目是 config；make：使用 gcc 编译源代码成二进制文件；make install：使用安装脚本安装。基本的源代码安装都是这三个统一的指令，唯一要注意的就是待编译的源代码要正确进行配置。如何正确配置，一般官方都会提供安装帮助指南，也可以使用./configure --help 查看可以配置的选项，一般 configure 配置需要查看官方帮助文档说明。这里列举几个常用通用的选项：

--help：查看可以配置选项。

--prefix=：设置安装路径。

8.7　dpkg 软件包管理*

dpkg 是 Debian 系的软件包管理器，类似 RPM。有关 **dpkg** 的更多介绍参阅：http://www.dpkg.org

各个 Linux 发行版本的区别，最大程度体现在这些安装包格式上，其他并无太大差异，作为一个拥有庞大用户群的 Linux 系统，如果我们不去关注，就是浪费我们的学习成本。

所以虽然 **dpkg** 不在本书的介绍范围，但是还是建议我们都有必要掌握，这里仅列举供大家参考。

命令语法: dpkg 软件包管理

---

(1) 安装 deb 软件包

 # dpkg -i *software*

说明: -i: install; 安装不能解决依赖关系。依赖问题可以通过 apt-get -f install 来修正。

(2) 查询

 # dpkg -l

说明: 列出当前全部已安装的包。

 # dpkg -l *<string*>*

说明: 查询 string*包信息，支持通配符。

 # dpkg -S *software*

说明: 查找，依据文件名在已安装的软件包中查找匹配的软件包，同 rpm -qf，为了通过已安装文件反向查找安装包的名称，非常方便。

(3) 移除软件包

 # dpkg -r *software*

 # dpkg -P *software*

说明: -r :remove，只删掉数据和可执行文件，-P: purge 另外还删除所有的配置文件。

8.8　apt 软件包管理*

　　apt-get 命令适用于 deb 包前端管理器，主要用于自动从互联网的软件仓库中搜索、安装、升级、卸载软件或操作系统。

　　aptitude 是涵盖 apt-get, apt-cache 等字符界面的前端程序，可以替代 apt-get 的相关操作，效果更好，推荐使用 aptitude 代替 apt-get。

　　apt 是对 apt-get 和 aptitude 的简化，建议使用 apt 简化命令，apt 命令基本都支持通配符。apt 会逐渐成为新的标准，缺点是目前还没有完善，不保证完全兼容 apt-get 或 aptitude。

命令语法: apt 软件包管理

---

(1) 安装软件包

 # apt install *software*

说明：安装或者重新安装一个新软件包。

 # apt-get -f install

说明：-f: --fix-missing，修正 dpkg -i 强制安装，解决全部软件包的安装依赖关系。

提示：apt 没有提供 yum localinstall 功能，目前只能采用-f 方式修正。

注意：修正命令 apt-get -f 没有精简，apt 命令不保证向后兼容，所以如果 apt 没有对应命令，请尝试使用 apt-get 或 aptitude。

(2) 卸载

 # apt remove *software*

说明：卸载一个已安装的软件包(保留配置文件)。

 # apt purge *software*

说明：卸载一个已安装的软件包(同时删除配置文件)。

 # dpkg --force-all --purge *software*

说明：强制卸载。

(3) 清理

 # apt autoremove

说明：卸载所有自动安装且不再使用的软件包。

说明：autoremove 这个命令 Red Hat 系列没有对应的命令，也不需要，该命令算法本身存在一定的问题，在后续版本也慢慢被取消了，慎用。

 # apt autoclean

说明：自动清除那些已经卸载的软件包的.deb 安装文件。

 # apt clean

说明：清除下载的.deb 安装文件，包括安装的软件备份，不过会保证不影响软件的使用。

(4) 查询

 # dpkg -l *software*

 # apt list *software*

说明：列出当前全部已安装的包，相当于 yum list。

提示：Debian 有将 apt list 合并到 apt search 的打算。

 # apt show *software*

说明：显示软件包记录，相当于 yum info。

 # apt search *<string*>*

说明：搜索包，支持通配符。类似于 yum provides，强于 yum search。

(5) 更新系统

 # apt update

说明：更新缓存，更新可用的包列表，相当于 yum check-update。

 # apt upgrade
说明：通过"安装/升级"软件来更新系统，安全升级系统，包括内核。

本 章 小 结

Linux 软件包的使用和安装是软件安装和系统维护的基本技能，需要掌握安装的基本方法和原理。本章主要介绍了目前常用的安装方式，包括 Red Hat 系的 rpm/yum 安装方法，Debian 系的 dpkg/apt 安装方式，两者之间共通点越来越多，也方便大家学习和使用。

本章还介绍了如何安装著名的 vsftpd 和 postfix 服务器。通过这两个实例，演示了如何正确安装服务器和如何通过命令进行故障排查。

习 题

1. 使用 rpm 方式安装官方 JDK，并配置和测试。
2. 用 yum 方式安装 vsftpd FTP 服务，并配置和测试。
3. 用 yum 方式安装 postfix 邮件服务器，并配置和测试。
4. 使用 dpkg 方式安装官方 JDK，并配置和测试。
5. 用 apt 方式安装 vsftpd FTP 服务，并配置和测试。
6. 用 apt 方式安装 postfix 邮件服务器，并配置和测试。
7. 整理 rpm/dpkg 命令，总结规律，并记录笔记。
8. 整理 yum/apt 命令，总结规律，并记录笔记。

第9章　Shell 脚本

【学习目标】

本章主要讲解 Shell 脚本的概念及常用的语法，是 Linux 系统维护中必须掌握的知识，也是 Linux 学习的重点和难点。为了降低难度，本章只讲解基础，包括最基本的条件测试、if 语句、循环语句等，更复杂的过滤器将在第 10 章再做详细介绍。

9.1　Shell 概述

Shell 环境是 Linux 用户(管理员)与 Linux 操作系统之间的交互界面，在 Shell 环境中不仅可以输入执行单个的命令，还可以把需要执行的多个命令保存在文本文件中作为 Shell 脚本执行，使管理任务简单化。

9.1.1　Shell 的基本概念

Shell 是操作系统中运行的程序，与系统中的其他程序不同，Shell 程序位于操作系统内核与用户之间，负责接收用户输入的命令，对已输入命令解释，将需要执行的命令程序传递给操作系统内核执行，因此 Shell 程序充当了一个"命令解释器"(如图 9.1 所示)。Shell 的简单定义：Shell 是用户和内核之间的接口程序，是命令的语言解释器，拥有自己的命令集，它能被系统中其他应用程序调用。Shell 最大的亮点是 Linux 命令都可以直接脚本化。

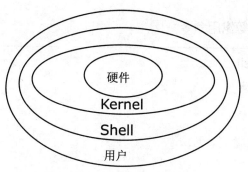

图 9.1　Shell 的位置和作用

在 Microsoft 的操作系统中，DOS 中的 command.exe 程序和 Windows 中的 cmd.exe 都属于 Shell 程序，在 Unix 操作系统中存在多种类型的 Shell 程序。

9.1.2　Shell 的发展和分类

Unix 操作系统从诞生之日起就工作在命令行方式下，因此 Unix 操作系统中的 Shell 程序是与 Unix 操作系统一同出现的，在 Unix 操作系统的发展过程中，逐步出现了不同类型的 Shell，其中最常用的包括 bsh、csh、ksh 和 bash 等。

(1) bsh

bsh 是 Bourne Shell 的简称，最初是由 Stephen R. Bourne 于 20 世纪 70 年代中期在新泽西的 AT&T Bell 实验室编写的，因此以 Bourne 的名字进行命名。

(2) csh

csh 是 C Shell 的缩写，是 Bill Joy 于 20 世纪 80 年代早期，在加州大学伯克利分校开发完成的，C Shell 使用 C 语言的语法风格并因此得名。csh 在用户的命令行交互界面上进行了很多改进，并增加了命令历史、别名、文件名替换、作业控制等功能。因此 csh 与 bsh 相比，更加适合与用户命令交互。tcsh 是 csh 的兼容升级版本，因此有些系统运行 csh 时将直接运行 tcsh。FreeBSD 默认 Shell。

(3) ksh

ksh 是 Korn Shell 的缩写，是由 AT&T Bell 实验室的 David Korn 开发的，因此以 Korn 命名。ksh 是在 bsh 和 csh 之后出现的，它结合了 bsh 和 csh 两者的功能优势，ksh 兼有 bsh 的语法和 csh 的交互特性，因此受到了用户的广泛欢迎。Unix 默认 Shell。

(4) bash

bash 是 Bourne Again Shell 的缩写，从 bash 的全名就可以看出，bash 是 bsh 的升级替代品。bash 是 GNU 项目的成员，也是著名的开源软件项目。目前大多数 Linux 发行版本都使用 bash 作为默认的 Shell。

9.1.3　Shell 切换等常用命令

当 Linux 系统中的登录用户需要临时使用其他 Shell 程序时，可以直接输入相应的 Shell 命令运行 Shell 程序。

命令操作: Shell 切换等常用命令

---

(1) 查看安装的 Shell
$ cat /etc/shells
$ chsh -l
/bin/sh
/bin/bash
/sbin/nologin
/bin/dash
/bin/tcsh

/bin/csh

说明：查询系统可用 Shell，两个命令都相同。

(2) 临时切换 Shell 环境

$ bash

说明：临时修改使用的 Shell，直接输入 Shell 名。

$ /bin/csh

$ /bin/bash

说明：部分系统不支持简写，必须包含全部路径。

$ exit↵

说明：几乎所有的 Shell 程序都支持使用 exit 命令退出当前的 Shell 程序，大多数 Shell 都支持使用[Ctrl]+d 组合键实现 exit 命令。

(3) 永久更改用户登录 Shell 环境

$ chsh -s /bin/sh

说明：永久修改自己默认使用的 Shell。

 # chsh -s /bin/sh jsj

说明：永久修改 jsj 用户默认使用的 Shell。

 # usermod -s /bin/sh jsj

说明：usermod 方式修改其他用户默认使用的 Shell。修改自己的 Shell 也必须加用户名。

(4) 查看 Shell 历史和别名

$ history

说明：查看使用的 Shell 命令的历史。

$ history -c

说明：清空历史命令。

$ alias

说明：查看命令的别名设置。

$ alias ll='ls -l'

说明：自定义命令别名 ll，代替 ls -l 使用。

$ unalias ll

说明：取消别名 ll。

9.2　Shell 变量

在 Shell 的使用中，不可避免地要遇到 Shell 变量的概念，Shell 变量用于在 Shell 程序中保存系统和用户需要使用的值，Shell 变量可分为如下 4 种类型。环境变量、预定义变量、位置变量和用户自定义变量(本地变量)。

9.2.1　环境变量

环境变量是用户登录时 Linux 系统为用户预先设定好的一类 Shell 变量。环境变量的功能是设置用户在当前 Shell 中的工作环境，包括用户 Home 目录、命令查找路径、用户当前目录等。

环境变量具有如下特点：
- 环境变量的名称通常由大写字母、数字和其他字符组成，而不使用小写字母。
- 环境变量在 Linux 系统中拥有固定的含义，因此环境变量名称是固定的。
- 环境变量的值通常由 Linux 系统自动维护，无需用户人工设置。

1.　查看环境变量

set 命令用于查看系统中的 Shell 变量，其中大多数都是用户的环境变量。

常见环境变量有 $USER、$LOGNAME、$UID、$SHELL、$HOME、$PWD、$PATH、$PS1、$PS2 等。

其中，$PS1：默认提示符；$PS2：辅助提示符，是第一行没输完、等待第二行输入的提示符。

命令操作：查看环境变量

---

(1)查看全部环境变量
$ env
说明：查看所有的环境变量。
$ set
说明：查看所有的 Shell 变量，其中包括环境变量。

(2)查看具体环境变量
$ echo $USER
jsj
$ echo $PATH
/usr/local/php6/bin:/usr/java/jdk1.8.0_92/bin:/usr/lib64/qt-3.3/bin:/usr/local/bin:/bin:/usr/bin:/usr/local/sbin:/usr/sbin:/sbin:/home/jsj/bin

---

```
$ echo $LANG
zh_CN.UTF-8
$ echo $PS1
[\u@\h \W]\$
$ echo $PS2
>
```

2.　环境变量配置文件

Linux 系统中用户的环境变量是在用户登录时设置完成的，环境变量的配置是通过配置文件实现的，环境变量配置文件可分为全局配置文件和用户配置文件两种。

环境变量全局配置文件包括"profile"和".bashrc"两个文件，/etc/profile 是全局配置文件，Linux 系统中所有的用户在登录时都会按照全局配置文件的内容设置工作环境。

- **/etc/profile**　：加载系统配置文件，所有用户都有效，为系统级配置。

用户级配置文件有以下三个，但是仅只有一个配置文件被加载一次，具体加载哪一个要看运行级别，所以很有可能出现未加载情况，需要根据情况设置。

- ~/.bash_profile：CUI 方式会被加载。
- ~/.bash_login。
- ~/.profile: GUI 方式会被加载。

还有一种 Shell 级配置文件，启动一个 Shell 就会被加载一次，用户级配置建议也写在这。

- **~/.bashrc**。

9.2.2　位置变量

位置变量(位置参数)与 Shell 脚本程序执行时所使用的命令参数相对应，命令行中的参数按照从左到右的顺序赋值给位置变量。位置变量名称的格式是"$n"，其中"n"是参数的位置序号，位置变量的"n"是从"1"开始的，例如**$1**、**$2**、**$3** 分别代表了命令的第 1、2、3 个参数，位置变量最多使用到**$9**。

$0 代表所执行命令的名称，虽然$0 与位置变量的格式相同，但是$0 属于预定义变量而不是位置变量。

通常，在编写 Shell 脚本时会使用位置变量接收用户指定的命令参数。

9.2.3　预定义变量

预定义变量是 Linux 系统中已定义好的变量，用户只能使用预定义变量而不能创建或赋值预定义变量。所有的预定义变量都是由"$"符和另一个符号组成的，常用的 Shell 预定义变量有：

- **$0**：表示当前执行的进程名。
- **$$**：表示当前进程的进程号。
- **$#**：表示位置参数的数量。
- **$***：表示所有位置参数的内容。
- **$?**：表示命令执行后返回的状态，用于检查上一个命令的执行是否正确；在 Linux 中，命令退出状态为 0 表示命令正确执行，任何非 0 值表示命令执行错误。
- **$!**：表示后台运行的最后一个进程号。

预定义变量通常使用在 Shell 脚本中，在 Shell 交互命令中使用并不常见，但是仍然可以使用 echo 命令查看预定义变量的值。

9.2.4　用户自定义变量

用户自定义变量是在 Shell 中用户自己定义的变量，只在用户自己的 Shell 中有效，因此又称为本地变量。与环境变量、位置变量和预定义变量三类变量相比较，自定义变量能够实现更加灵活的功能，因此自定义变量也是用户最常使用的一类变量。

命令操作：用户自定义变量

(1) 变量的定义与赋值
变量名＝变量值
说明：Shell 变量的定义不需要刻意声明，在需要的时候，赋初值即为定义，要区分大小写。
在变量赋值的命令语句中，"＝"(等号)左边是被赋值的变量名，右边是为变量所赋的值，等号左右都没有空格。如果包含空格，必须加单引号或者双引号界定。
$ DAY=Sunday
$ DAY='Sunday'
$ DAY="Sunday"
说明：上述三者等价，简单的字符串常量可以省略界定符，但是常量的两边或者中间不能有空格或者其他特殊符号；稍微复杂或者有空格的情况必须使用界定符界定。

(2) 变量的读取与引用
$ echo Today is $DAY
$ echo Today is ${DAY}
Today is Sunday
说明：上面两个引用方法等价。读取变量必须在变量前加$，在变量后跟其他字符的情况下，建议使用第二种。

(3) 变量的生存周期
用户在当前 Shell 中定义了某个变量后，只能在当前的 Shell 中使用，而在当前 Shell

的子 Shell 中是无效的(无法引用定义的变量)。
$ bash
$ echo $DAY
说明: 在子 bash 中, 无法识别变量 DAY。

(4) 全局变量
为了在用户的子 Shell 或脚本程序中使用自定义变量, 需要将用户自定义的变量 "输出" 为全局变量。
$ exit↵
$ export DAY
$ bash
$ echo $DAY
Sunday
说明: 新开的子 bash 已可以识别 DAY 变量。
注意: export 导出的全局变量只能在自己或者自己的子 Shell 中使用, 其他 Shell 无法使用, 如果要变成环境变量, 让所有的 Shell 可用, 必须到/etc/profile 中注册、导出。

$ export NextDay=Monday
说明: export 支持在定义的时候就直接导出为全局变量。

(5) 变量的清除
$ unset NextDay
$ echo $NextDay
说明: unset 命令可直接让变量的生命周期结束, 以后就无法再访问该变量。

(6) 读取键盘输入值
$ read -p 'Please input Next Day:' NextDay
Please input Next Day:**Monday↵**
$ echo Tomorrow is $NextDay
Tomorrow is Monday
说明: read: 接受键盘输入; -p: 输入提示信息。

(7) 界定符的差异
$ echo 'Tomorrow is $NextDay'
Tomorrow is $NextDay
说明: 单引号里面的符号不做任何解析, 原样输出。
$ echo "Tomorrow is $NextDay"
Tomorrow is Monday

说明：双引号里面的变量或者转义字符都给出解析。

$ DAY=`date +%Y%m%d`

说明：反引号，可以认为是宏命令，在脚本执行之前进行预替换，替换后可以作为命令的一部分被执行。性质完全不同于单引号或者双引号。

(8) 数值类型及计算表达式

$ sum=100+300+50

$ echo $sum

100+300+50

说明：在 Shell 脚本中所有默认定义的变量其实都是文本类型，包括数字，所以没办法进行数值计算。

$ declare -i sum=100+300+50

$ echo $sum

450

说明：declare -i：定义变量为数值类型，定义为数值类型之后，就可以进行数值计算了。

$ num=`expr 32 \* 10`

$ echo $num

320

说明：可以使用计算整数表达式 expr 进行运算，expr 表达式计算符号两边都必须加空格。

注意：加减乘除模的写法(+、-、*、/、%)。

(9) 数组

$ var[1]="one"

$ var[2]="two"

$ var[3]="three"

$ echo "${var[1]}, ${var[2]}, ${var[3]}"

one, two, three

(10) 变量的替换和删除*

$ echo ${test1//test2/test3}

说明：在变量 test1 中，把 test2 字符串全部替换为 test3。

注意：test1 必须是变量，test2 和 test3 可以是变量也可以是常量。test2 支持正则表达式。

$ echo ${test1/test2/test3}

说明：在变量 test1 中，找到第一个 test2 字符串，并替换为 test3，仅一次。

$ echo ${test1##test2}

说明：在变量 test1 中，从左开始，满足 test2 表达式的字符串全部删除。

$ echo ${test1#test2}

说明：在变量 test1 中，从左开始，满足 test2 表达式的字符串删除一个。

$ echo ${test1%%test2}

说明：在变量 test1 中，从右开始，满足 test2 表达式的字符串全部删除。

$ echo ${test1%test2}

说明：在变量 test1 中，从右开始，满足 test2 表达式的字符串删除一个。

9.3　重定向与管道

在前面我们已经学习了 Linux 常用的命令，这些命令都能独立完成某些功能，并且使用键盘作为内容的输入，使用屏幕作为内容的输出。在本节中将学习如何保存命令的输出结果，以及如何将多个命令组合在一起完成更加复杂的功能。

9.3.1　标准输入输出

在 Linux 系统中，通常使用文件来描述系统资源，Linux 系统中的输入输出可分为如下三类，它们也使用文件进行描述：

- 标准输入(/dev/stdin)文件编号是 0，默认的设备是键盘，命令在执行时需要的输入数据从标准输入文件中读取。
- 标准输出(/dev/stdout)的文件编号是 1，默认的设备是显示器，命令执行后的输出结果发送到标准输出文件。
- 标准错误(/dev/stderr)的文件编号是 2，默认的设备是显示器，命令执行时的错误信息发送到标准错误文件。

标准输入、标准输出和标准错误默认使用了键盘和显示器作为关联的设备，因此当我们执行命令时会从键盘接收用户的输入字符，并将命令结果显示在屏幕上，如果命令执行错误也将显示在屏幕上反馈给用户。这样通过最普通的终端设备，用户就可以执行 Linux 命令并完成最基本的输入输出。

9.3.2　重定向

重定向操作的概念是令标准输入、标准输出和标准错误不使用默认的资源(键盘和显示器)，而是使用指定的文件。下面将介绍输入输出重定向的具体操作。

1．输入重定向

输入重定向就是将命令中接收输入的途径由默认的键盘更改(重定向)为指定的文件，由文件作为输入。输入重定向需要使用"<"重定向操作符。

2．输出重定向

输出重定向是将命令的输出结果定向(保存)到指定的文件中，不再输出到标准输出文件(显示器屏幕)中。输出重定向使用">"和">>"。

">"重定向操作符将命令的执行结果重定向输出到指定的文件中，命令进行输出重定向后执行结果将不显示在屏幕上。

">"重定向符后面指定的文件如果不存在，在命令执行中将建立该文件，并保存命令执行结果到文件中；">"重定向符后面指定的文件如果存在，命令执行时将清空文件的内容并保存命令执行结果到文件中。

如果用户想将多个命令的输出结果都保存到同一个文件中，而新的命令输出不覆盖文件中原有的内容，需要使用">>"重定向操作符实现这一功能。

">>"重定向操作符可以将命令执行的结果重定向并追加到指定文件的末尾保存，因此指定文件中的内容会越来越多。

3．错误重定向

在我们执行 Linux 命令时，经常会因为命令名、命令选项和命令参数使用错误而收到显示在计算机屏幕上的错误信息，我们可以将这些命令执行的错误信息重定向到指定的文件而不显示在屏幕上，这样的操作叫作错误输出重定向。

错误重定向需要使用"2>"操作符，其中"2"表示错误，">"表示用于重定向到文件。

"2>"操作符会像">"操作符一样先清空指定文件的内容，再保存重定向的内容到文件中，如果要保存多个命令的错误输出到同一个文件，需要使用"2>>"重定向操作符。

"2>>"重定向操作符向指定文件中追加命令的错误输出，而不覆盖文件中的原有内容。

使用错误重定向功能通常有以下两个作用：

- 在程序调试时，收集程序的错误信息，为程序排错提供依据。
- 在编写 Shell 脚本时，将错误重定向到指定文件，以便保持用户显示界面的整洁。

命令操作: 重定向

(1) 标准输入与重定向输入

```
$ cat >file.txt
This is new file!
```

exit↵

说明: cat 就是一个标准输入输出的重定向命令。"＞"指定左边为输入，右边为输出；未指定输入即为标准输入(键盘)。标准输入[Ctrl]+d 结束输入。

$ cat file.txt

$ cat <file.txt

This is new file!

说明: 上面两者等价，"＜"指定右边为输入，左边为输出；指定了输入，即重定向了输入，使用指定的文件代替默认的标准输入。

(2) 标准输出与重定向输出

$ cat file.txt

This is new file!

说明: 默认输出，即标准输出，输出到显示器。

$ cat file.txt >file2.txt

$ cat file.txt 1>file2.txt

说明: 重定向了输出，屏幕就不再显示文件内容，而是写入 file2.txt 文件中。

提示: 默认的重定向 "＞"，其实就是 "1＞"，表示标准输出重定向。

$ cat file.txt >>file2.txt

说明: 追加重定向输出到 file2.txt 文件中，不清空以前的内容。

$ cat file2.txt

This is new file!

This is new file!

$ echo hello,world!

hello,world!

$ echo hello,world! > file.txt

$ cat file.txt

hello,world!

说明: cat 是重定向输入输出文件，echo 是重定向字符串变量。

(3) 标准错误输出与重定向错误输出

$ cal 13 2016

cal: illegal month value: use 1-12

$ cal 13 2016 2>file.txt

$ cat file.txt

cal: illegal month value: use 1-12

说明: "2＞"只重定向错误信息。

$ ls file.txt nofile.txt

ls: 无法访问 nofile.txt: 没有那个文件或目录

file.txt

说明：第一行是标准错误输出；第二行是标准输出。

$ ls file.txt nofile.txt 2>> file.txt

file.txt

$ cat file.txt

cal: illegal month value: use 1-12

ls: 无法访问 nofile.txt: 没有那个文件或目录

(4) 输出重定向和错误重定向的组合使用

$ ls file.txt nofile.txt 1>file.txt 2> file2.txt

$ cat file.txt

file.txt

$ cat file2.txt

ls: 无法访问 nofile.txt: 没有那个文件或目录

说明：将标准输出重定向到 file.txt；将标准错误输出指定到 file2.txt。

$ ls file.txt nofile.txt &> file.txt

$ cat file.txt

ls: 无法访问 nofile.txt: 没有那个文件或目录

file.txt

说明：标准输出和标准错误一起重定向到同一个文件使用"&>"。

$ ls file.txt nofile.txt 1>file.txt 2> file2.txt 2>&1

$ cat file.txt

ls: 无法访问 nofile.txt: 没有那个文件或目录

file.txt

$ cat file2.txt

说明："2>&1"指明无论将错误输出重定向到哪里，都与标准输出的重定向一致。即将标准错误输出的性质改为标准输出，所以重定向错误输出失效。

(5) 禁止标准输出

$ cat file1.txt> /dev/null

说明：/dev/null 可以看作一个黑洞，所有导入的内容都会消失，所以常用来禁止向屏幕输出内容。/dev/null 是输出设备，同/dev/zero 很像，但是/dev/zero 是输入设备，常用来初始化文件。

9.3.3　管道

　　管道是 Linux 系统的一大特色，可以把多个简单的命令连接起来实现更加复杂的功能。
　　管道使用竖线"|"将两个命令隔开，竖线左边命令的输出就会作为竖线右边命令的
输入。连续使用竖线表示第一个命令的输出会作为第二个命令的输入，第二个命令的输出
又会作为第三个命令的输入，依此类推。就像由多条小的管道左右相连组成一条长的管线，
数据从管线的最左边经过每一个管道节点(命令)的处理，最终输送到管线的最右端。
　　能够接受数据，过滤(处理或筛选)后再输出的工具，称为**过滤器**。本章会简单介绍一
些本章用到的过滤器，关于更复杂的过滤器知识将在第 10 章详细介绍。

提示：管道同重定向的不同在于重定向是连接文件的输入和输出，管道是连接命令之间的
输入输出。管道连接的上一个命令的输出必须是下一个命令的受控参数的同一类型才能作
为输入。

命令操作: 管道

$ ls /etc/ |head -2
adjtime
aliases
$ ls /etc/ |head -2 |tail -1
aliases
$ ls /etc/ |grep net
issue.net
networks
xinetd.d
说明：管道在脚本过滤器中是最常用的处理方式，一定要熟练掌握。

9.3.4　分流 tee

　　将输出的结果分为几个分流(每个分流内容都一样)，就需要使用 tee，tee 也同 cat
一样，简单的连接输入输出，不同之处在于 tee 分流不影响原来的输入输出流向，只是在
输出的基础上增加一个或几个分流。

命令操作: 分流 tee

$ cat file.txt
说明：默认作为输入，输出到标准输出。
$ tee file.txt
说明：默认作为输出，接受输入，所以一般都是跟在管道后面接受输入。

$ cat file.txt |tee file2.txt

说明：等价于 cat file.txt ;cat file.txt>file2.txt；在标准输出的同时分支流向 file2.txt。

$ cat file.txt |tee -a file2.txt

说明：等价于 cat file.txt ;cat file.txt>>file2.txt，分流追加写入文件。

提示：标准错误输出不能直接分流，必须转换成标准输出才可以分流(2>&1)。

9.4 Shell 脚本

　　Shell 不仅是和用户交互的界面，还是一种编程语言；使用 Shell 编程语言编写的程序就是 Shell 脚本。编写一个完整可运行的 Shell 脚本需要经过以下一些步骤。

命令操作: 编写完整可运行的 Shell 步骤

(1) 建立 Shell 文件

$ vi hello.sh

说明：使用文本编辑器创建脚本程序，脚本文件可以有文件扩展名(如.sh)，也可以不使用扩展名，并没有强制的要求。

(2) 脚本运行环境设置

#!/bin/bash

说明：Shell 脚本文件的首行内容是指定当前脚本运行需要的 Shell 环境，即当前脚本需要使用哪个 Shell 程序进行解释执行。

(3) 注释行的使用

#This is my first HelloWorld program.

说明：在脚本文件的首行下面通常会有注释行用于说明程序的功能、版本信息、更改记录等内容。脚本文件中的注释行以"#"开始，后面可以写入任何文本作为注释信息，在脚本执行时，Shell 解释器程序将忽略所有注释行的内容，因此不必担心由于注释行过多而造成脚本的执行速度下降。

提示：脚本程序中的注释行通常是写给脚本编写人员自己看的，因此在注释行中写入清晰准确的注释内容是一个良好的编程习惯，有利于程序的开发与维护。Shell 支持中文注释。

(4) 脚本语句

echo Hello World!

说明：脚本语句是脚本程序中最重要的组成部分，是真正需要在 Shell 程序中解释执行的内容。脚本语句的内容是根据需要实现的功能而定的，在 Shell 命令行中可以执行的命令都可以写入脚本当中实现同样的功能。

(5) 保存脚本

:wq!

提示: 含有中文的脚本, 必须保存为 UTF-8 格式, 如果在 Windows 下编写脚本, 在保存的时候还要选择 UTF-8+无 BOM 格式, 即 Unix/Linux 风格的换行。

(6) 设置脚本文件为可执行

$ chmod a+x hello.sh

(7) 执行脚本

$ ./hello.sh

说明: 直接执行具有"x"权限的脚本文件, 但是当前路径必须使用"./"指明, 因为 Linux 不同于 Windows, Linux 是优先执行系统程序, 所以要想执行当前路径程序, 必须明确声明。如果在脚本中执行脚本, 则两个脚本相互独立, 不共享全局变量。

$ bash hello.sh

说明: 使用指定的解释器程序执行脚本内容, 不需要脚本有可执行权限。一般在调试时使用, 可以根据参数进行调试。

souce hello.sh

. hello.sh

. ./hello.sh

说明: 通过 source 命令(或 .)读取脚本内容使用指定的解释器执行; 注意两个点之间有空格; 无需可执行权限。如果在脚本中执行脚本, 则脚本为调用脚本的一部分, 共享全局变量。

9.5　条件测试

　　Linux 的 Shell 中存在一组测试命令, 该组命令用于测试某种条件或某几种条件是否真实存在。测试命令是判断语句和循环语句中的条件测试工具, 所以, 它对于编写 Shell 非常重要。

命令操作: 测试操作

(1) test 命令

用途: 测试特定的表达式是否成立, 成立时为 0, 不成立非 0

格式 1: test　　条件表达式

格式 2: [　　条件表达式　　]

注意: test 命令的两种方式的作用完全相同, 但通常后一种形式更为常用, 也更贴近编程习惯；方括号 "[" 或者 "]" 与条件表达式语句之间至少需要有一个空格进行分隔。

(2) 测试文件状态

常用的文件测试操作符如下。

    -d: 测试是否为目录(Directory)。

    -f: 测试是否为文件(File)。

    -L: 测试是否为符号链接文件(Link)，同-h。

    -r: 测试当前用户是否有权限读取(Read)。

    -w: 测试当前用户是否有权限写入(Write)。

    -x: 测试当前用户是否可以执行该文件(eXcute)。

    -k: 测试目录是否有粘滞位(sticKy)。

    -u: 测试可执行是否有用户 SET 位(set-User-id)。

    -g: 测试可执行是否有组 SET 位(set-Group-id)。

    -O: 测试文件的所有者是否为当前用户(Owner)。

    -G: 测试文件的所属组是否为当前用户所属组(Group)。

    -e: 测试目录或文件是否存在(Exist)。

    -s: 测试文件是否为非空(Size)。

$ [-d /etc/vsftpd]

$ echo $?

说明: $?为预定义变量，用于显示命令的执行结果，命令退出状态为 0 表示命令正确执行，任何非 0 值表示命令执行错误。一般很少使用这种只判断没有后续执行的语句。

$ [-e /media/cdrom] && echo "YES"

说明: [条件] &&符号表示并且，当条件成立时才执行后面的语句，简单等价于 if{}语句，不过只能后跟一条执行语句，否则要使用完整版的 if 语句。

[条件] || 等价于 if (not){}，也只能后跟一条执行语句。

[条件] && 语句1 || 语句2 等价于 if(条件){语句1}else{语句2}。

$ [-k /tmp] && echo "YES" || echo "NO"

YES

$ [! -u /usr/bin/passwd] || echo "NO"

NO

说明: 注意 "!" 与 "-u" 之间有一个空格，当条件不满足时执行 echo "NO"。

提示: "&&"，逻辑与，属于短路检验，当第 1 个条件为真时，就必须检验(即执行)第 2 个条件是否为真；否则不执行第 2 条语句。在检验的过程中，正好变相完成我们的需求，因为如果第 1 个条件为假，系统就认为没有必要去检验第 2 条语句。多理解几次，就会发现非常方便实用，在脚本中非常常用。"||"，逻辑或，原理基本同 "&&"。

(3) 整数值比较

常用的测试操作符如下。

    -eq: 等于(Equal)。

    -ne: 不等于(Not Equal)。

    -gt: 大于(Greater Than)。

    -lt: 小于(Lesser Than)。

    -le: 小于或等于(Lesser or Equal)。

    -ge: 大于或等于(Greater or Equal)。

$ [`who | wc -l` -le 10] && echo "YES"

说明: 查询登录的用户信息, 一个用户一行记录; 统计多少行, 即统计多少用户登录; 如果用户数小于 10, 那么显示"YES"。

$ BootUsage=`df -hT | grep "/boot" | awk '{print $6}' | cut -d "%" -f 1`

说明: 定义一个变量 BootUsage, 获取/boot 分区的使用率。

提示: 提前接触部分过滤器的知识, 后面会详细介绍。

    df -hT: 查看所有分区的磁盘空间使用情况

    grep "/boot": 过滤出关于/boot 分区的数据行

    awk '{print $6}': 以空格为分隔符, 只取第六个字段数据

    cut -d "%" -f1: 以%为分隔符, 取第一个字段数据

$ [$BootUsage -gt 80] && echo "YES"

说明: 如果分区使用率超过 80%, 则输出"YES"。

(4) 字符串比较

常用的测试操作符如下。

    =: 字符串内容相同。

    !=: 字符串内容不同, !号表示相反的意思。

    -z: 判断字符串内容为空(Zore)。

    -n: 判断字符串内容非空(Nonzore)。

$ read -p "Location: " FilePath

Location: **/etc/inittab**↵

$ [$FilePath = "/etc/inittab"] && echo "YES"

YES

说明: 如果键入路径与指定的目录一致则输出"YES"。

$ [$LANG != "en.US"] && echo $LANG

zh_CN.UTF-8

说明: 如果当前的语言环境不是 en_US, 则输出 LANG 变量的值。

```
$ [ -z `grep jsj /etc/passwd ` ] && echo "Not User : jsj"
```
说明：检验是否存在用户 jsj。

(5) 逻辑测试

格式: [表达式 1] 操作符 [表达式 2] ...

常用的测试操作符如下。

    -a：逻辑与，指"并且"。

    -o：逻辑或，指"或者"。

    !：逻辑否，指"取反"。

```
$ [ 1 -le 2 -a 1 -le 3 ] && echo 'true'
true
$ [ 1 -ge 2 -o 1 -le 3 ] && echo 'true'
true
```
说明：-a、-o 用于测试内；&&、|| 用于测试外。

9.6 if 条件语句

条件测试语句是 if 语句的一部分，由于测试语句比较灵活，所以通常都单独用于简单的判断条件，如果为复杂的条件语句，必须使用完整的 if 语句。

命令操作: if 条件语句

(1) if 条件语句——单分支

当"条件成立"时执行相应的操作。

```
if [ 条件测试命令 ]
   then    命令序列
fi
```
说明：then 也可以在 if 行，但测试语句后必须加分号。

```
if [ 条件测试命令 ]; then
   命令序列
fi
```

```
# vi ynchoice.sh
read -p "Please input (Y/N): " yn
```

```
if [ ${yn} == "Y" ] || [ ${yn} == "y" ]; then
  echo "Yes"
fi
```

(2) if 条件语句——双分支

当"条件成立""条件不成立"时执行不同操作。

if [条件测试命令]; then

　命令序列 1

else

　命令序列 2

fi

 # vi ynchoice.sh

```
read -p "Please input (Y/N): " yn

if [ ${yn} == "Y" ] || [ ${yn} == "y" ]; then
  echo "Yes"
elif [ ${yn} == "N" ] || [ ${yn} == "n" ]; then
  echo "No"
fi
```

(3) if 条件语句——多分支

相当于 if 语句嵌套，针对多个条件执行不同操作。

```
if [ 条件测试命令 1 ] ; then
  命令序列 1
elif [ 条件测试命令 2 ] ; then
  命令序列 2
elif  ...
else
  命令序列 n
fi
```

9.7　case 多分支语句

对于判断条件是离散可枚举类型，使用 case 语句能够让代码结构更清晰，是特殊情况下 if 语句非常好的一个替代。

命令操作: case 多分支语句

case 变量值　**in**
　模式 **1)**
　　命令序列 **1**
　　;;
　模式 **2)**
　　命令序列 **2**
　　;;
　……
　*)
　　默认执行的命令序列
esac

范例 1: 编写脚本文件 mydb.sh，用于控制系统服务 mysql。
　　当执行 ./mydb.sh start 时，启动 mysql 服务。
　　当执行 ./mydb.sh stop 时，关闭 mysql 服务。
　　如果输入其他脚本参数，则显示帮助信息。

```
#!/bin/bash
case $1 in
  start)
    echo   "Start MySQL service."
    ;;
  stop)
    echo   "Stop MySQL service."
    ;;
  *)
    echo   "Usage: $0 start|stop"
    ;;
esac
```

范例 2: 提示用户从键盘输入一个字符，判断该字符是否为字母、数字或者其他字符，并输出相应的提示信息。

```
#!/bin/bash
read -p "Press some key, then press Return:" KEY
case "$KEY" in
  [a-z]|[A-Z])
    echo "It's a letter."
    ;;
  [0-9])
    echo "It's a digit."
    ;;
  *)
    echo "It's function keys、Spacebar or other keys. "
esac
```

9.8　for 循环语句

循环重复执行，Shell 也提供了 for、while 等语句。for 语句实现根据变量的不同取值，重复执行一组命令操作。

命令操作: for 循环语句

for 变量名 **in** 取值列表
do
　命令序列
done

范例 1: 依次输出 3 条文字信息，包括一天中的"Morning" "Noon" "Evening"字符串。

```
#!/bin/bash
for TM in "Morning" "Noon" "Evening"
do
    echo "The $TM of the day."
done
```

范例 2: 对于使用/bin/bash 作为登录 Shell 的系统用户，检查它们在/opt 目录中拥有的子目录或文件数量，如果超过 100 个，则列出具体个数及对应的用户账号。

```
#!/bin/bash
DIR="/opt"
LMT=100

//获取使用"/bin/bash"作为登录 Shell 的系统用户列表
ValidUsers=`grep "/bin/bash" /etc/passwd | cut -d ":" -f 1`

//检查各用户在"/opt"目录中拥有的子目录或文件数量
for UserName   in   $ValidUsers
do
    Num=`find $DIR -user $UserName | wc -l`
    if  [  $Num  -gt  $LMT  ]  ;  then
        echo "$UserName have $Num files."
    fi
done
```

9.9 while 循环语句

while 语句可实现重复测试指定的条件，只要条件成立则反复执行对应的命令操作。

命令操作: while 循环语句

while [命令或表达式]
do
  命令列表
done

范例 1: 批量添加 1~140 个系统用户账号，用户名依次为 stu001、stu002……stu140，要求这些用户名前缀动态指定，这些用户的初始密码均与用户名相同。

```
#!/bin/bash
#CentOS Linux

read -p 'Please input the Prefix: ' stu
```

```
i=1
while  [   $i  -le   140   ]
do
    if [   $i  -lt   10   ] ; then
        i=00$i
    elif [   $i  -lt   100   ]; then
        i=0$i
    fi


    useradd  ${stu}${i} -m -s /bin/bash
    echo ${stu}${i} | passwd --stdin ${stu}${i} &> /dev/null
    echo ${stu}${i} has been created.
    i=`expr $i + 1`
done
echo 'Add All Success !'
```

范例 2：批量删除上例中添加的 140 个系统用户账号。

```
# CentOS & Debian Linux

read -p 'Please input the Prefix: ' stu
i=1
while  [   $i  -le   140   ]
do
    if [   $i  -lt   10   ] ; then
        i=00$i
    elif [   $i  -lt   100   ] ; then
        i=0$i
    fi


    userdel -r ${stu}${i}
    echo ${stu}${i} has been removed.

    i=`expr $i + 1`
done
echo 'Remove All Users !'
```

9.10 until 循环语句

until 语句根据条件执行重复操作。until 循环的结构与 while 命令类似，until 通过检测其后接命令的返回值 "$?" 来判断是否退出循环。

until 是直到测试条件成立时终止循环，而 while 是当测试条件成立时进行循环。即 until 在测试条件为假(非 0)时执行循环，条件为真时(0)退出循环，正好与 while 循环相反。

命令操作: until 循环语句

until [条件测试命令]
do
　　命令序列
done

9.11 shift 迁移语句

shift 用于迁移位置变量，将 $1~$9 依次向左传递。
例如，若当前脚本程序获得的位置变量如下:
$1=file1、$2=file2、$3=file3、$4=file4。
则执行一次 shift 命令后，各位置变量为:
$1=file2、$2=file3、$3=file4。
再次执行 shift 命令后，各位置变量为:
$1=file3、$2=file4。
从中可以看出，shift 迁移语句的关键是在第一个位置参数$1，它起到迁移变量的作用。

命令操作: shift 迁移语句

范例: 通过命令行参数传递多个整数值，并计算总和。

 # vi sumer.sh

```
#!/bin/bash
Result=0
```

```
while  [  $#  -gt  0  ]
do
    Result=`expr $Result + $1`
    shift
done
echo "The sum is : $Result"
```

 # ./sumer.sh 12 34 56
The sum is : 102
说明: 验证脚本执行结果。

9.12　循环控制语句

1. break 语句
在 for、while、until 等循环语句中，用于跳出当前所在的循环体，执行循环体后的语句。
2. continue 语句
在 for、while、until 等循环语句中，用于跳过循环体内余下的语句，重新判断条件以便执行下一次循环。

9.13　Shell 函数应用

在编写 Shell 脚本程序时,将一些需要重复使用的命令操作定义为公共使用的语句块，称为函数。合理使用 Shell 函数可以使脚本内容更加简洁，增强程序的易读性，提高执行效率。

命令操作: Shell 函数应用

(1) 定义新的函数
function 函数名 **{**
　　命令序列
}
或
函数名() {
　　命令序列

```
}
```

(2) 调用已定义的函数

函数名

函数名　参数 1　参数 2　……

范例：在脚本中定义一个加法函数，用于计算 2 个整数的和；调用该函数分别计算 (12+34)、(56+789)的和。

$ vi add.sh

```
#!/bin/bash
adder() {
    echo `expr $1 + $2`
}
```

$ vi main.sh

. add.sh
adder 12 34
adder 56 789

说明：在同一个文件内定义函数，直接使用函数名调用即可；不同文件时，使用"."引入文件，然后调用函数。

$. main.sh
```
46
845
```

本 章 小 结

　　Shell 最大的亮点是 Linux 命令都可以直接脚本化，但是要将各种命令揉和在一起，还必须掌握必要的概念和技巧。本章主要讲解了 Shell 脚本的概念及常用的语法，都是 Linux 系统维护中必须掌握的知识，也是 Linux 学习的重点和难点。Shell 的概念主要是变量，输入输出的重定向，以及管道的使用技巧；Shell 的技巧是使用条件测试代替很多场合的 if 语句，功能强大，书写简单，需要多次练习才能熟练掌握。Shell 的其他语句基本等同于其他语言的语句，只要具备一定的 C 语言基础就可以掌握。

习　　题

1. 对照课本练习条件测试、if 语句、各循环语句，以及 Shell 函数。
2. 练习重定向和管道，分清它们之间的区别，并整理笔记。
3. 归纳整理条件测试判断条件，并整理笔记。

第10章 过滤器

【学习目标】

本章主要学习各种常用的过滤器，最常见的过滤器是 cat、echo、grep、cut、sed、awk 等，它们是 Linux Shell 脚本的重要组成部分，需要多练习才能熟练掌握，也才能写出实用的脚本，它们是整个 Linux 脚本学习的重点和难点。

10.1 简单过滤器 cat & echo

有时候，我们可以把两个命令连起来使用，将一个命令的输出作为另一个命令的输入，这就叫作**管道**。

管道使用竖线"|"将两个命令隔开，竖线左边命令的输出就会作为竖线右边命令的输入。连续使用竖线表示第一个命令的输出会作为第二个命令的输入，第二个命令的输出又会作为第三个命令的输入，依此类推。就像由多条小的管道左右相连组成一条长的管线，数据从管线的最左边经过每一个管道节点(命令)的处理，最终输送到管线的最右端。

能够接受数据，过滤(处理或筛选)后再输出的工具，称为**过滤器**。

过滤器是 Shell 脚本重要的组成部分，重要的过滤器是 cat、echo、grep、cut、sed、awk 等。这里主要从脚本的角度讲解过滤器的使用。

1. cat & echo

将标准输入的数据复制到标准输出，并且不以任何方式对数据进行特殊处理或者改变。

命令操作: cat&echo 相关操作

---

(1) 快速创建小文件

$ cat > file1.txt

说明：快速从键盘输入创建一个文件。标准输入是键盘；输出被重定向到文件 file1.txt。键入时每行在按下回车键时被直接复制到文件中，可以输入任意多行数据，按下[Ctrl]+d 结束输入。

$ cat >>file1.txt

说明：在已有文件中追加少数几行内容。

$ cat file1.txt >file2.txt

说明：快速从一个文件复制或创建一个新文件。

$ cat <file1.txt

$ cat file1.txt

说明：显示一个短文件。

(2) 脚本变量输出到文件

$ echo "New File" >newFile.txt

$ cat newFile.txt

New File

说明：echo 虽然功能简单，可实现简单的回显，但是配合重定向能实现很强大的功能。在脚本中使用 echo 可以很方便地实现将变量内容输出到文件；脚本中常用来将变量变成管道输出，非常实用。如：检验字符串后缀是否匹配为 ".txt"。

$ echo "File.txt" | grep "\.txt"

说明：变量操作和过滤器是两个性质的操作，要注意区别。

(3) 脚本原样创建文件

```
cat > /etc/yum.repos.d/nginx.repo <<EOF
[nginx]
name=nginx repo
baseurl=http://nginx.org/packages/centos/\$releasever/\$basearch/
gpgcheck=0
enabled=1
EOF
```

说明：cat 可以让脚本内容原样写入文件，最后以 "EOF" 结束写入，文件中删去结束标记 "EOF"。这样可以不用修改文件内容，直接将文件嵌入到脚本中；当然还可以把大文件单独保存，需要的时候可以拷贝到需要的地方。

提示：嵌入的文本内容，可以有变量，在写入文件时转换变量，所以符号 "$" "\" 等是元字符，如果需要这些字符，需要使用 "\$" "\\" 进行转义。

2. nl

在文件前面加一字段，显示行号；同 cat -n。

3. wc(word count)

默认情况下，wc 的输出包含 3 个数字：数据中的行数、单词数和字符数。

4. tac [file…]

反转文本行的顺序，cat 的反写。

5. rev [file…]

反转字符的顺序，行序不变。

6. head、tail

从数据开头(head)或结尾(tail)选择数据行，默认是 10 行。

head [-1] [file…]

tail [-2] [file…]

选项: -1 为显示 1 行；-2 为显示 2 行。

10.2　比较和补丁 diff&patch

1. 比较无序文本文件 diff

当需要比较无序文件和比较大的文件时，可以使用 diff。

命令语法: diff 比较

diff [-bBiqswy] [-c | -C lines| -u | -U lines] file1 file2

说明: 当比较两个相同文件时，无输出；不同时，显示一组指示，遵循它可将第一个文件修改为第二个文件；diff 的输出常见单字符指示符，"|": change，改变；"-": delete，删除；"+": append，追加；"<": 第一个文件中的行；">": 第二个文件中的行。

选项:

- i: case Insensitive，不区分大小写。
- r: Recursive，递归，包括子目录文件。
- N: New file，利用差异创建补丁。
- b: 不忽略所有的空白符，而只忽略空白符数量上的区别。
- B: Blank lines，空白行，忽略所有的空白行。
- u: Unified output，统一输出格式。
- y: side-bY-side diff，并排输出比较结果。

常规命令:

$ diff -bBu file1 file2

$ diff -bBy file1 file2

$ diff -u file1 file2

$ diff -y file1 file2

2. 差分和补丁

Linux 系统中可以很容易使用差分建立补丁。

差分：将一个文件转换为另一个文件时的一串指示叫一个差分(diff)。

补丁：使用差分，以一个文件重新创建另一个文件，叫作应用差分，用来应用差分的程序称为补丁(patch)。

命令语法: 差分和补丁

---

(1) 建立补丁

$ diff -uN file1 file2 > file2.patch

说明：建立 file1 到 file2 的补丁文件。

(2) patch 补丁

$ patch file1.txt <file2.patch

说明: file1 打完补丁之后，就会跟 file2 完全一样了。

(3) 取消补丁

$ patch -RE file1.txt <file2.patch

说明: file1 取消补丁之后，就还原到原来的 file1。

10.3 选择和正则表达式 grep & look

10.3.1 正则表达式 grep

正则表达式，又称正规表示法、常规表示法。英文为 Regular Expression，在代码中常简写为 regex、regexp 或 RE，是计算机科学的一个概念。正则表达式使用单个字符串来描述、匹配一系列符合某个句法的规则。在很多文本编辑器里，正则表达式通常被用来检索、替换那些符合某个模式的文本。

正则表达式由一些**普通字符**和一些**元字符**组成。普通字符包括大小写的字母和数字，而元字符则具有特殊的含义。

最简单的 RE 是**模式匹配**，不包含任何元字符，一个正则表达式看上去就是一个普通的查找串。例如，正则表达式"testing"中没有包含任何元字符，它可以匹配"testing"和"testing123"等字符串，但是不能匹配"Testing"。

1. 元字符

要想真正用好正则表达式，正确地理解元字符是最重要的事情。表 10.1 列出了所有的元字符和对它们的一个简短的描述。

表 10.1　正则表达式元字符

元 字 符	描　　　述
\	转义字符，将下一个字符标记符，或一个向后引用，或一个八进制转义。例如，"\\n"匹配"\n"，"\n"匹配换行符。序列"\\"匹配"\"，"\("则匹配 ("
^	匹配输入字符串的开始位置。如果设置了 RegExp 对象的 Multiline 属性，^也匹配"\n"或"\r"之后的位置
$	匹配输入字符串的结束位置。如果设置了 RegExp 对象的 Multiline 属性，$也匹配"\n"或"\r"之前的位置
*	匹配前面的子表达式任意次。例如，zo*能匹配"z"，"zo"以及"zoo"，但是不匹配"bo"。*等价于{0,}
+	匹配前面的子表达式一次或多次(大于等于 1 次)。例如，"zo+"能匹配"zo"以及"zoo"，但不能匹配"z"。+等价于{1,}
?	匹配前面的子表达式零次或一次。例如，"do(es)?"可以匹配"do"或"does"中的"do"。?等价于{0,1}
{n}	n 是一个非负整数，匹配确定的 n 次。例如，"o{2}"不能匹配"Bob"中的"o"，但是能匹配"food"中的两个 o
{n,}	n 是一个非负整数，至少匹配 n 次。例如，"o{2,}"不能匹配"Bob"中的"o"，但能匹配"fooooood"中的所有 o。"o{1,}"等价于"o+"。"o{0,}"则等价于"o*"
{n,m}	m 和 n 均为非负整数，其中n<=m，最少匹配n次且最多匹配m次。例如，"o{1,3}"将匹配"fooooood"中的前三个 o。"o{0,1}"等价于"o?"。请注意在逗号和两个数之间不能有空格
{n,m}?	当该字符紧跟在任何一个其他限制符(*,+,?,{n}，{n,}，{n,m})后面时，匹配模式是非贪婪的。非贪婪模式尽可能少地匹配所搜索的字符串，而默认的贪婪模式则尽可能多地匹配所搜索的字符串。例如，对于字符串"oooo"，"o+?"将匹配单个"o"，而"o+"将匹配所有"o"
{n,m}+	当该字符紧跟在任何一个其他限制符(*,+,?,{n}，{n,}，{n,m})后面时，匹配模式是贪婪非回溯的。贪婪模式尽可能多地匹配所搜索的字符串，不回溯，而默认是回溯的。例如，对于字符串"oooo"，匹配符"o+o"，前面 o+匹配前 3 个 o，搜索时会匹配全部 4 个 o，但是为了匹配"o+o"中的最后一个 o，会回溯到只匹配 3 个 o；而"o++o"，则不会匹配字符串"oooo"，因为贪婪模式，o++匹配了全部 4 个 o，不会回溯，所以"o++o"中最后一个 o 没找到匹配
.	点，匹配除"\r\n"之外的任何单个字符。要匹配包括"\r\n"在内的任何字符，请使用像"[\s\S]"的模式
x|y	匹配 x 或 y。例如，"z|food"能匹配"z"或"food"(注意，容易理解错误)。"(z|f)ood"则匹配"zood"或"food"

元 字 符	描 述
[xyz]	字符集合,匹配所包含的任意一个字符。例如,"[abc]"可以匹配"plain"中的"a"
[^xyz]	负值字符集合,匹配未包含的任意字符。例如,"[^abc]"可以匹配"plain"中的"plin"
[a-z]	字符范围,匹配指定范围内的任意字符。例如,"[a-z]"可以匹配"a"到"z"范围内的任意小写字母字符 注意:只有连字符在字符组内部时,并且出现在两个字符之间时,才能表示字符的范围;如果出字符组的开头,则只能表示连字符本身
[^a-z]	负值字符范围,匹配任何不在指定范围内的任意字符。例如,"[^a-z]"可以匹配任何不在"a"到"z"范围内的任意字符
\b	匹配一个单词边界,也就是指单词和空格间的位置(正则表达式的"匹配"有两种概念:一种是匹配字符;一种是匹配位置。这里的\b 就是匹配位置的)。例如,"er\b"可以匹配"never"中的"er",但不能匹配"verb"中的"er"
\B	匹配非单词边界。"er\B"能匹配"verb"中的"er",但不能匹配"never"中的"er"
\cx	匹配由 x 指明的控制字符。例如,\cM 匹配一个 Control-M 或回车符。x 的值必须为 A-Z 或 a-z 之一。否则,将 c 视为一个原义的"c"字符
\d	匹配一个数字字符,等价于[0-9]。grep 要加上-P, perl 正则支持
\D	匹配一个非数字字符,等价于[^0-9]。grep 要加上-P, perl 正则支持
\f	匹配一个换页符,等价于\x0c 和\cL
\n	匹配一个换行符,等价于\x0a 和\cJ
\r	匹配一个回车符,等价于\x0d 和\cM
\s	匹配任何不可见字符,包括空格、制表符、换页符等,等价于[\f\n\r\t\v]
\S	匹配任何可见字符,等价于[^ \f\n\r\t\v]
\t	匹配一个制表符,等价于\x09 和\cI
\v	匹配一个垂直制表符,等价于\x0b 和\cK
\w	匹配包括下划线的任何单词字符,类似但不等价于"[A-Za-z0-9_]",这里的单词字符使用 Unicode 字符集
\W	匹配任何非单词字符。等价于"[^A-Za-z0-9_]"
\xn	匹配 n,其中 n 为十六进制转义值。十六进制转义值必须为确定的两个数字长。例如,"\x41"匹配"A"。"\x041"则等价于"\x04&1"。正则表达式中可以使用 ASCII 编码

元 字 符	描 述
\n	标识一个八进制转义值或一个向后引用。如果\n 之前至少有 n 个捕获组的子表达式，则 n 为向后引用。否则，如果 n 为八进制数字(0-7)，则 n 为一个八进制转义值。如：\1，优先引用第 1 个捕获组，如果没有捕获组 1，则表示八进制转义值 01
\nm	标识一个八进制转义值或一个向后引用。如果\nm 之前至少有 nm 个获得子表达式，则 nm 为向后引用。如果\nm 之前至少有 n 个捕获组，则 n 为一个后跟文字 m 的向后引用。如果前面的条件都不满足，若 n 和 m 均为八进制数字(0-7)，则\nm 将匹配八进制转义值 nm。如：\23，优先引用第 2 个捕获组，如果没有捕获组 2，则表示八进制转义值 023
\nml	如果 n 为八进制数字(0-7)，且 m 和 l 均为八进制数字(0-7)，则匹配八进制转义值 nml。如：\345，优先引用第 3 个捕获组，如果没有捕获组 3，则表示八进制转义值 0345
\un	匹配n，其中n是一个用4个十六进制数字表示的Unicode字符。例如，\u00A9 匹配版权符号(©)
(pattern)	匹配 pattern 并捕获这一匹配。将(和)之间的表达式定义为"捕获组"(group)，并且将匹配这个表达式的字符保存到一个临时区域(一个正则表达式中最多可以保存 9 个)，它们可以用\1 到\9 的符号来引用
\1... \9	匹配捕获组，对捕获的引用，\1,\2...,\9。例如，"(.)-\1"匹配 "(.)-(.)"。
(?:pattern)	匹配 pattern 但不捕获匹配结果，也就是说这是一个非捕获匹配，不进行存储供以后使用。这在使用或字符"(|)"来组合一个模式的各个部分是很有用的。例如，"industr(?:y|ies)"就是一个比"industry|industries"更简略的表达式
(?=pattern)	正向肯定预查，在任何匹配 pattern 的字符串开始处匹配查找字符串。这是一个非捕获匹配，也就是说，该匹配不需要捕获供以后使用 例如，"Windows(?=95|98|NT|2000)" 能匹配 "Windows2000" 中的"Windows"，但不能匹配"Windows3.1"中的"Windows"。预查不消耗字符，也就是说，在一个匹配发生后，在最后一次匹配之后立即开始下一次匹配的搜索，而不是从包含预查的字符之后开始
(?!pattern)	正向否定预查，在任何不匹配 pattern 的字符串开始处匹配查找字符串。这是一个非捕获匹配，也就是说，该匹配不需要捕获供以后使用。例如"Windows(?!95|98|NT|2000)"能匹配"Windows3.1"中的"Windows"，但不能匹配"Windows2000"中的"Windows"。预查不消耗字符，也就是说，在一个匹配发生后，在最后一次匹配之后立即开始下一次匹配的搜索，而不是从包含预查的字符之后开始

元 字 符	描　　　述
(?<=pattern)	反向肯定预查，与正向肯定预查类似，只是方向相反。例如，"(?<=95|98|NT|2000)Windows"能匹配"2000Windows"中的"Windows"，但不能匹配"3.1Windows"中的"Windows"
(?<!pattern)	反向否定预查，与正向否定预查类似，只是方向相反。例"(?<!95|98|NT|2000)Windows"能匹配"3.1Windows"中的"Windows"，但不能匹配"2000Windows"中的"Windows"
< >	匹配词(word)的开始(<)和结束(>)。例如，正则表达式<the>能够匹配字符串"for the wise"中的"the"，但是不能匹配字符串"otherwise"中的"the"。注意：这个元字符不是所有的软件都支持的

2. 正则表达式的量词

当"?"和"+"字符紧跟在任何一个其他限制符(*,+,?，{n}，{n,}，{n,m})后面时，就变成一个量词。默认的是贪婪量词；"?"是惰性量词；"+"是支配量词。正则表达式的量词如表 10.2 所示。

表 10.2　正则表达式的量词

贪婪量词	惰性量词	支配量词	模式 X 出现的次数
X?	X??	X?+	X 出现 0 次或 1 次
X*	X*?	X*+	X 出现 0 次或多次
X+	X+?	X++	X 出现 1 次或多次
X{n}	X{n}?	X{n}+	X 恰好出现 n 次
X{n,}	X{n,}?	X{n,}+	X 至少出现 n 次
X{n,m}	X{n,m}?	X{n,m}+	X 至少出现 n 次，但不超过 m 次

- 贪婪量词：尽可能多地匹配，回溯，为默认的搜索方式。
- 惰性量词：尽可能少地匹配，回溯。
- 支配量词：尽可能多地匹配，不回溯。

3. 捕获组

使用小括号指定一个子表达式后，匹配这个子表达式的文本(也就是此分组捕获的内容)可以在表达式或其他程序中做进一步的处理。默认情况下，每个**捕获组**会自动拥有一个组号，规则是：从左向右，以分组的左括号为标志，第一个出现的分组的组号为 1，第二个为 2，以此类推。

回调, 后向引用用于重复搜索前面某个分组匹配的文本。例如, \1 代表捕获组 1 匹配的文本。

例如, 在正则表达式**((A)(B(C)))**中有下面 4 个捕获组:

((A)(B(C)))	(A)	(B(C))	(C)
回调: \1	\2	\3	\4

例如, 表达式(\d\d)定义了一个捕获组来匹配 2 个数字, 它可以通过在后面加上\1 回调。要匹配任何 2 位数字, 后跟相同的 2 位数字, 正则表达式应该使用(\d\d)\1。那么, 1212 匹配, 1213 不匹配。另外, \0 一般表示匹配的全文。

4. 常见正则表达式

- 中文汉字: [u4e00-u9fa5]
- 空白行: \n\s*\r
- 首尾空白字符: ^\s*|\s*$
- 网址 URL: [a-zA-z]+://[^\s]*
- Email 地址: \w+([-+.]\w+)*@\w+([-.]\w+)*\.\w+([-.]\w+)*
- 账号(字母开头, 允许 5~16 字节, 允许字母数字下划线): [a-zA-Z][a-zA-Z0-9_]{4,15}
- 国内电话号码: \d{3}-\d{8}|\d{4}-\d{7}
- IP 地址: \d+\.\d+\.\d+\.\d+

5. grep

grep(Globally search a Regular Expression(RE) and Print)是一种强大的文本搜索工具, 它能使用正则表达式搜索文本, 并把匹配的行打印出来。其中, RE(Regular Expression)表示正则表达式。

Unix 的 grep 家族包括 grep、egrep 和 fgrep。egrep 和 fgrep 的命令只跟 grep 有很小不同。egrep 是 grep 的扩展, 支持更多的 RE 元字符, fgrep 就是 fixed grep 或 fast grep, 它们把所有的字母都看作单词, 也就是说, 正则表达式中的元字符表示回其自身的字面意义, 不再特殊。Perl 语言的 RE 功能也很强大, 比 egrep 支持更多的元字符。Linux 使用 GNU 版本的 grep, 可以直接通过-E、-F 命令行选项来使用 egrep、fgrep 的功能; 也可以通过-P 支持 Perl 语法的 RE 功能。注意: -F、-E、-P 三者之间只能选择一个。

grep 以行为单位过滤文档内容, 将所有符合正则表达式的行输出; 支持其他命令的输出作为 grep 的输入是 grep 更常用的用法。grep 不是正则表达式的唯一使用命令, 而是嵌入到非常多的过滤器命令中, 很多新的 Linux 命令都支持正则表达式。

命令语法: grep 正则表达式

---

grep [选项]... PATTERN [FILE]...

说明: 在每个 FILE 或是标准输入中查找 PATTERN。默认的 PATTERN 是一个基本正则表达式。

常用正则表达式符号:

    ^: 行首。

$: 行尾。

.: 任意字符。

[]: 集合元素，集合中选一个。

[^]: 非集合元素，不能属于集合中的任意一个。

( ): 组合，扩展可用。

重复字符：

*: 重复 0~N 次前一字符或字符组合。

+: 重复 1~N 次前一字符或字符组合，扩展可用。

?: 重复 0~1 次前一字符或字符组合，扩展可用。

\{2,7\}: 重复 2~7 次前一字符或字符组合。

分支：

|: 分支选其一匹配，扩展可用。

选项：

-i: Ignore-case，忽略大小写。

-n: line-Number，显示行号。

-v: inVert-match，查找与条件不匹配的行，^ 和 v 都有不匹配的含义。

-F: Fixed，Fast，搜索固定模式的文本，不包含元字符，搜索速度快。

-E: 替代 egrep，扩展 grep。

-P: 使用 perl 语法的正则表达式，功能更强大更完整。

说明：-F、-E、-P 三者之间只能选择一个。

常规命令：

$ grep -P

$ grep -in 'jsj' /etc/passwd

$ grep -inv 'jsj' /etc/passwd

$ grep -F 'jsj' /etc/passwd

说明：'jsj'是最简单的模式匹配，等同于'.*jsj.*'。如果只是简单的模式匹配，带上-F，速度和性能会提高。

6. grep 复杂示例

命令操作：grep 复杂示例

$ grep 'root' /etc/passwd

说明：查找/etc/passwd 文件中匹配包含有'root'行。

$ grep '^root' /etc/passwd

说明: 查找/etc/passwd 文件中匹配以'root'开头的行。

$ grep 'root$' /etc/passwd

说明: 查找/etc/passwd 文件中匹配以'root'结束的行。

$ grep '[0-9]\{3,\}' /etc/passwd

说明: 查找/etc/passwd 文件中包含有三位数及以上的数字行。

提示: grep 正则中 "{}" 必须转义才能表示重复字符的概念,所以'{3,}'必须写成'\{3,\}'。如果是 Perl 语法规则,则不需要转义,仍然可以写成'{3,}'形式,如:

$ grep -P '[0-9]{3,}' /etc/passwd

说明: -P:Perl 语法,"()""{}"都不需要转义,可以直接使用。

grep -P '(\d+):\1' /etc/passwd

说明: 查找/etc/passwd 文件中匹配形如 "50:50" 连续两个数字相同的行。

提示: grep 正则中 "()" 不需要用转义字符转义,但是更多的场合,如 sed 命令中,必须转义,写成类似于 "\(\)" 形式。是否需要转义,各种场合不一样,比较容易混淆,记住更多场合是需要转义的,只有少数情况是不需要转义的,建议先加上转义字符,在提示错误的情况下,考虑减去转义字符。

7. grep 全文搜索

命令操作: grep 全文搜索

$ grep 'abc' aa bb cc

说明: 显示在 aa、bb、cc 文件中查找匹配'abc'的行。

$ grep -rl 'abc' /etc

说明: 递归遍历/etc 目录,包括子目录,查找匹配'abc'行的文件,并打印全部文件名。
-r: 递归,目录操作; -l: file List,只打印文件名,不打印匹配行文本。

$ grep -l 'abc' /etc/*.conf

说明: 查找/etc/目录下,在后缀为.conf 的文件中查找匹配'abc'行的文件,并打印全部文件名。

提示: grep 的控制参数是数据源文件,建议将数据源放在最后。数据源是路径,可以带路径匹配符。

提示：正则表达式的匹配符不同于路径的匹配符。正则表达式重复匹配必须是重复前一字符，路径匹配符则单独匹配。

8. 匹配符小结

常用的匹配符有很多种，很多情况下，容易同正则表达式混淆，下面列举常见的几种常用的匹配符。

- 路径匹配符：在地址路径中作为匹配符，"?"：匹配一个字符；"*"：匹配 0~N 个字符。
- 字符串匹配符：基本同路径匹配符。
- SQL like 匹配符："_"：匹配一个字符；"%"：匹配 0~N 个字符。
- 正则表达式匹配符："?"：匹配前一个字符或者单元，0~1 次；"+"：匹配前一个字符或者单元，1~N 次；"*"：匹配前一个字符或者单元，0~N 次。

10.3.2　选取特定模式开头的行 look*

作用：程序搜索以字母顺序排列的数据，并查找所有以特定模式开头的行。
注意：look 必须先 sort 才能再 look，还不能使用管道，严格来说已经不能算是过滤器。

命令语法: sort&look

---

look [-df] pattern file...

选项:
　　-d: 忽略标点符号和其他特殊字符。
　　-f: fold，同等，告诉 sort 忽略大小写。

常规命令:
$ sort -df file1.txt -o file1.txt
$ look -df 'abc' 1.txt
说明：在排序后的 file1.txt 查找'abc'开头的行。
提示：look 必须先 sort 才能再 look，还不能使用管道。

10.4　抽取和组合 cut & paste & join

前面介绍了简单的对行进行过滤，却没有考虑如何将行的内容进行拆分(抽取)再重新组合，实现更丰富的功能。

1. 抽取数据 cut

cut 可以从每行中抽取特定列，也可以从每行中抽取字区域(称为字段)。

命令语法: cut

cut [-d -f]... [文件]...

选项:
-d:是指定界定分割符，**必须指定，默认不为空白。**
-f:选择哪几个字段，如 1,3-5，即选择 1、3、4、5 字段。

常规命令:
$ cut -d ":" -f 1 /etc/passwd
注意：如果要用空白作为字段的分隔符的话，只能先使用 awk 切割。

2. 组合数据列 paste

paste 可将几个文件组成一个文件，横向连接，cat 是竖向连接。

命令语法: paste

paste [-d char...] [file...]

选项:
-d:指定分隔符的字符。

说明：默认情况下，paste 在每两列实体之间放一个制表符字符，而 Unix 假设制表符为每 8 个位置一个，且以位置 1 为起点，即位置 1、9、17、25 等。为使用非制表符作定界符，可使用-d 选项，后面一个括在单引号中的备选字符。如果指定不止一个定界符，paste 将轮流使用定界符。

提示：paste 属于无差别连接，而 join 是 SQL 式等式连接。

3. join，SQL 式的连接

join 像是数据库中的联合查询，当然，两个文件内容都需要有序；默认情况下，join 假定各个字段之间用空白符分隔，假定连接字段是每个文件的第一个字段，join 会找出它们的公共部分(类似于 inner join)。

命令语法: join

join [-i] [-a1|-v1] [-a2|-v2] [-1 field1] [-2 field2] file1 file2

left join、right join、full join 对应关系:

    join -a1 file1 file2: left join

    join -a2 file1 file2: right join

    join -a1 -a2 file1 file2: full join

    join   file1 file2: inner join

说明:

    -a: 表示 all,-a1 表示左边都显示,-a2 表示右边都显示。

    -v2: reVerse,相反,只输出第 2 个文件中的不匹配行。

    -i: 忽略大小写。

    -1 2: 指定第一个文件的连接字段为第 2 个字段。

    -2 3: 指定第二个文件的连接字段为第 3 个字段。

常规命令:

$ join -1 2 -2 3 file1 file2

说明: 以 file1 的第 2 个字段和 file2 的第 3 个字段做内连接。

注意: join 的结果与环境变量 LC_COLLATE 值有关。

10.5 替换 sed

    sed 本质上是一个编辑器,但是它是非交互式的,这点与 vim 不同;同时它又是面向字符流的,输入的字符流经过 sed 的处理后输出。这两个特性使得 sed 成为命令行下面非常有用的一个处理工具。同 awk 一样,是最重要的过滤器工具。

命令操作: sed

(1) 简单替换文本

$ sed 's/str1/str2/g' file > newfile

说明: 将单词 str1 替换为 str2,然后将输出重定向到 newfile 中。

注意: sed 命令中的 s 表示全文搜索,不同于 vi 编辑器中替换 s 仅限当前行搜索。

(2) 原文查找替换 s

$ sed -i 's/str1/str2/g' file

说明: 默认全文替换 str1 为 str2。-i: in-place,原地,重定向到输入的文件中,-i 选择只在 GNU 版本的 sed 中可用。str1 和 str 支持正则表达式和捕获组。g: global,可省略。

$ sed –i '3,6s/str1/str2/g' file

说明：替换第三至六行的 str1 为 str2。

$ sed –i '/OK/s/str1/str2/g' file

说明：替换含有 OK 字符串的行的 str1 为 str2。str1 和 str 也支持正则表达式和捕获组。/OK/属于最简单的模式匹配。

$ sed –i 's/^#\(OK.*\)/\1/g' file

$ sed –i "s/^#\(OK.*\)/\1/g" file

说明：以#OK 开头的行，取消#，即取消注释。正则表达式中的"()"是捕获组，\1 是使用第一个捕获组。

提示：脚本中推荐使用双引号作为界定符，这样就可以使用变量，如果出现特殊字符[&\().]都要转义。如果没有变量就推荐使用单引号作为界定符，由于支持正则表达式，如果出现特殊字符[\().]都要转义。

$ sed –i "s@/str1@/str2@g " file

说明：如果转换的字符中含有"/"，可以使用转义字符，但是不方便阅读，sed 支持 s 后跟任意特殊符号作为界定符，这里 s@表示使用@作为替换的界定符。替换所有的"/str1"为"/str2"，一般多用于替换路径中。

(3) 原文删除行 d

$ sed –i '2d' file

说明：删除 file 文件的第二行。

$ sed –i '2,$d' file

说明：删除 file 文件的第二行到末尾所有行。

$ sed –i '$d' file

说明：删除 file 文件的最后一行。

$ sed –i '/OK/d' file

说明：删除 file 文件所有包含 OK 的行。

(4) 原文追加行 a，插入行 i，替换行 c

$ sed –i '/OK/a *' file**

说明：在匹配 OK 的行后追加一行，内容为***。

提示：a 后有一个"空格"，为了防止歧义，可以使用"\"代替空格。

$ sed –i '/OK/a*' file**

说明：这样有一个好处，可以直接使用换行形式追加行，增强阅读性。如：

sed –i '/OK/a

*****' file**

说明：如果在后面插入多行，直接在插入文本中加入"\"续行。

$ sed –i '/OK/i\---' file

说明：在匹配 OK 的行前一行插入行，内容为---。
$ sed -i '1i\\#!/bin/bash' file
说明：在第一行前一行插入#!/bin/bash。

$ sed -i '/OK/c\ok' file
说明：替换匹配 OK 的行，**整行内容**替换为 ok。

(5) 多命令替换
**$ sed -i \\
　-e 's/mon/Monday/g' \\
　-e 's/tue/Tuesday/g' \\
　-e 's/wed/Wednesday/g' \\
file**
说明：将 file 文件中的 mon 替换为 Monday；tue 替换为 Tuesday……最后重定向到 calendar 本身；-e: editing command，编辑命令，指定任意多个 sed 命令。

(6) 打印特定行 p
$ sed -n '1,2p' file
说明：打印第 1~2 行。p:print；-n: silent，no，安静模式，取消输出修改后的全文。

10.6　awk 编程

10.6.1　awk 简介

awk 是一种编程语言，用于在 Linux/Unix 下对文本和数据进行处理。简单来说 awk 就是把文件逐行的读入，以空格为默认分隔符将每行切片，切开的部分再进行各种分析处理。awk 同 sed 很像，但是功能更强大，sed 只能简单替换文本，awk 还可以分割，编程替换。换句话说，awk 可以作为一门编程语言进行文本替换工作。

1. awk 工作流程
awk 工作流程是这样的：
✓　awk 读取一个文件，先执行 BEGIN，每个文件只执行一次。
✓　分行读取数据，每一行为一条记录。然后将记录按指定的字段分隔符划分为多个字段，$0 则表示所有字段，$1 表示第一个字段，$n 表示第 n 个字段；随后开始执行模式所对应的动作 action(指令块)。print 填充字段，重新组合成新的行存入文件。
　　接着开始读入第二条记录……
　　直到所有的记录都读完，每行分别执行一次。

✓ 最后执行 END 操作，每个文件只执行一次。

2. awk 内置变量

awk 有许多内置变量用来设置环境信息，这些变量可以被改变。

- **ARGC**: 命令行参数个数。
- **ARGV**: 命令行参数排列。
- **ENVIRON**: 支持队列中系统环境变量的使用。
- **FILENAME**: awk 浏览的文件名。
- **FNR**: 浏览文件的记录数。
- **FS**: 当前字段分隔符，等价于命令行 -F 选项。
- **NF**: 字段的总数，number field。
- **NR**: 当前是第几行，或者说是已经处理的记录数 number row。
- **OFS**: 输出字段分隔符。
- **ORS**: 输出记录分隔符。
- **RS**: 控制记录分隔符。

此外，还有刚刚介绍的变量：

- **$0**: 变量是指整条记录。
- **$1**: 当前行的第一个字段。
- **$2**: 当前行的第二个字段。

......

3. awk 语法

命令语法: awk 语法

---

awk　　-F 分隔符 '/模式/BEGIN {action} {action} END {action}' files

选项:

-F: 指定分隔符，默认空白是分隔符；"**-F:**"等价于"**-F ':'**"。

action: 可以是 C 语言的常规语句，常见的是 print、printf。

常规命令:

awk '{ sum += $1 }; END { print sum }' file

awk -F: '{ print $1 }' /etc/passwd

提示: awk 中脚本尽量使用单引号"**'**"作为界定符，不要使用双引号，这样可以方便兼容 C 语言的语法。

10.6.2　awk 应用

命令操作: awk

---

(1) 简单命令，'{action}'

$ last -n 3

jsj   pts/0   192.168.153.1   Sat May 14 07:12   still logged in

reboot   system boot   2.6.32-573.22.1. Sat May 14 07:12 - 13:16   (06:04)

jsj   pts/0   192.168.153.1   Thu May 12 10:02 - down   (00:53)

说明：取出前 2 行登录信息。

$ last -n 3 | awk   '{print $1}'

jsj

reboot

jsj

说明：只取第 1 列信息。

$ cat /etc/passwd |awk   -F ':' '{print $1"\t"$7}'

说明：取 passwd 文档的第 1 列字段和第 7 列字段，使用 ":" 作为分隔符。

(2) 复杂命令，'BEGIN {action} {action} END {action}'

$ cat /etc/passwd |awk   -F ':'   'BEGIN {print "name,shell"}   {print $1","$7} END {print "blue,/bin/nosh"}'

说明：列举两列字段加上标题 "name,shell"，并在最后增加一记录 "blue,/bin/nosh"。BEGIN 只在读取文档记录前进行一次；END 也只在文档记录全部读取后进行一次。

(3) 模式匹配，'/模式/BEGIN {action} {action} END {action}'

$ awk -F: '/root/' /etc/passwd

说明：搜索/etc/passwd 有 root 关键字的所有行，这种是 pattern 的使用示例，匹配了 pattern(这里是 root)的行才会执行 action，(没有指定 action，默认输出每行的内容)。

$ awk -F: '/root/{print $7}' /etc/passwd

说明：搜索/etc/passwd 有 root 关键字的所有行，并显示对应的 Shell，这里指定了 action{print $7}。

(4) print 和 printf

统计/etc/passwd:文件名，每行的行号，每行的列数，对应的完整行内容：

$ awk   -F ':'   '{print "filename:" FILENAME ",linenumber:" NR ",columns:" NF ",linecontent:"$0}' /etc/passwd

filename:/etc/passwd,linenumber:1,columns:7,linecontent:root:x:0:0:root:/root:/bin/bash

filename:/etc/passwd,linenumber:2,columns:7,linecontent:daemon:x:1:1:daemon:/usr/sbin:/bin/sh

说明：action 指令使用单引号作为定界符，这样 action 内部代码就可以使用双引号作为字符串的界定符，符合 C 语言习惯。awk 中同时提供了 print 和 printf 两种打印输出的函数，print 后参数只有一个(多个会自动合并成一个字符串)，print 后小括号可以省略。
$ awk -F ':'
'{printf("filename:%10s,linenumber:%s,columns:%s,linecontent:
%s\n",FILENAME,NR,NF,$0)}' /etc/passwd

说明：printf 的使用方式也完全符合 C 语言习惯。字符串必须用双引号引用，参数用逗号分隔。内部变量直接引用，外部变量必须使用双引号套单引号的"'$var'"方式。举例如下。
Flag=abcd
awk '{print "'$Flag'"}' 结果为 abcd
awk '{print "$Flag"}' 结果为$Flag
说明：'{print "'$Flag'"}'使用的是字符串连接技巧，实质是'{print "'+$Flag+'"}'。

(5) 变量和赋值
除了 awk 的内置变量，awk 还可以自定义变量。
$ awk '{count++;print $0;} END{print "user count is ", count}'
/etc/passwd
    root:x:0:0:root:/root:/bin/bash
    ......
    user count is   10
说明：统计/etc/passwd 的账户人数。以前讲解的 action{}里都只有一个 print 语句，实际上 action{}可以有多个语句，以分号隔开。count 是自定义变量，这里没有初始化count，虽然默认是 0，但是妥当的做法还是初始化为 0。

$ awk 'BEGIN {count=0;print "[start]user count is ", count}
{count=count+1;print $0;} END{print "[end]user count is ", count}'
/etc/passwd
    [start]user count is   0
    root:x:0:0:root:/root:/bin/bash
    ...
    [end]user count is   10

(6) 条件语句
awk 中的条件语句是从 C 语言中借鉴来的，见如下声明方式：
```
if (expression) {
    statement1;
} else {
    Statement2;
}
```

(7) 循环语句

awk 中的循环语句同样借鉴于 C 语言，支持 while、do/while、for、break、continue，这些关键字的语义和 C 语言中的语义完全相同。

本 章 小 结

过滤器主要的作用是将各种命令正确过渡到脚本化，主要功能是通过对文本的内容进行选择和编辑，从而组合成需要的文本。

本章主要介绍了几种常用的过滤器，最常见的过滤器是 cat、echo、grep、cut、sed、awk 等，它们是 Linux Shell 脚本的重要组成部分，是系统运维必须具备的技巧，需要多练习才能熟练掌握，才能写出实用的脚本，是整个 Linux 学习的重点和难点。

习 题

1. 练习 cat、echo，并比较其差异。
2. 通过 grep、sed 学习正则表达式，并记录笔记。
3. 通过 cut、awk 练习文本的分割和组合，并记录笔记。
4. 多练习 awk 编程的用法，并记录笔记。

第 11 章　网络与安全配置

【学习目标】

　　网络与安全配置是 Linux 运维的基础，不同的 Linux 发行版本维护也有所不同，总的来说，其主要包括网络、区域、系统安全等方面的运行和维护。本章选择以生产环境 CentOS 6 服务器为标准，将辅助介绍 CentOS 7、Debian 8 之间的联系和区别。利用脚本进行运维，也是生产环境中常见的工作方式，所以要在熟悉 Linux 命令和脚本的基础上，了解和掌握 Linux 系统安全性设置，要学会使用脚本继续维护和改进系统，在此基础上才可能更深入地学习如何优化系统。最后要了解 Linux 应用软件的安装方案，方便后期备份和维护。

11.1　Linux 运维

　　Linux 运维就是指 Linux 运行维护，其核心目标是将交付的业务软件和硬件基础设施高效合理地整合，转换为可持续提供高质量服务的产品，同时最大限度地降低服务运行的成本，保障服务运行的安全。

　　Linux 运维工程师必须掌握以下技能：

　　(1) Linux 系统基础，熟悉常用的 Linux 命令和操作。

　　(2) Shell 脚本和 Python 脚本语言。Shell 是运维人员必须具备的，自动化运维建议学 Python 会比较好。

　　(3) sed 和 awk 等过滤器工具。必须要掌握，在掌握这些工具的同时，还要掌握正则表达式，正则表达式结合到 sed 和 awk 中会很强大，在处理文本内容和过滤 Web 内容时十分有用，Shell 一般会经常使用这两个工具。

　　(4) 网络服务。服务有很多种，基础的服务如 FTP、DNS、SAMBA、邮件等需要简单掌握，熟练掌握的是 LNMP(Linux + Nginx+ MariaDB /MySQL + PHP)或 LAMP(Linux + Apache + MariaDB/MySQL + PHP)以及 Tomcat 等。这里最关键的是企业的应用服务器 Nginx、PHP、Tomcat。

　　(5) 数据库。这里主要是 MariaDB/MySQL 以及 PostgreSQL。

　　(6) 路由及防火墙配置。

　　(7) 集群、热备份、数据备份等常用工具。

　　限于篇幅和内容，我们只能选择部分内容进行讲解。本章主要讲解网络服务，以及简单的路由防火墙配置，其他高阶部分还需要进一步学习。系统运维主要使用 Shell 脚本，本书中介绍的脚本已经经过严格测试，可以直接使用。

11.2　CentOS 6 系统配置

本章节主张打造实际生产环境的企业级服务器。所以遵循最小化原则，一切从最小化安装开始。这里考虑生产环境的驱动问题，选择"最小化安装"或"基本服务器"安装。

最小化安装 CentOS 6.8 的 64 位系统，建议单独分区选择/home，/opt，/data。安装完成后，初始状态如下：

(1) 只有 root 用户开启，密码 123456，必须添加普通用户，限制 root 用户远程直接登录。

(2) 网卡没开启，无法连接网络，在安装初就设定好网络配置就不会出现该问题。

11.2.1　创建管理员账户和普通账户

默认只有 root 用户，这里手动创建管理员账号 jsj，加入 wheel 组；创建普通用户账号 zs001。

命令操作: 创建管理员账户和普通账户

```
# useradd -g wheel jsj
# passwd jsj

# useradd zs001
# passwd zs001
```
说明: 手动创建管理员账号 jsj，加入 wheel 组；普通用户 zs001；设置密码启用。

11.2.2　语言环境设置

程序运行所使用的一套语言，需要有字符集(数据)和字体(显示)，Locale 是根据计算机用户所使用的语言，所在国家或者地区，以及当地的文化传统所定义的一个软件运行时的语言环境。

在 Linux 中通过 locale 来查询程序运行的不同语言环境，locale 由 ANSI C 提供支持。locale 的命名规则为：

<语言>_<地区>.<字符集编码>

例如，"zh_CN.UTF-8"，其中，zh 代表中文，CN 代表大陆地区，UTF-8 表示字符集。

在 locale 环境中，有一组变量，代表国际化环境中的不同设置。

(1) LC_COLLATE: 定义该环境的排序和比较规则。

(2) LC_CTYPE: 用于字符分类和字符串处理, 控制所有字符的处理方式, 包括字符编码、字符是单字节还是多字节、如何打印等, 是最重要的一个环境变量。

(3) LC_MONETARY: 货币格式。

(4) LC_NUMERIC: 非货币的数字显示格式。

(5) LC_TIME: 时间和日期格式。

(6) LC_MESSAGES: 提示信息的语言。

(7) **LANGUAGE:** 提示信息的语言。它与 LC_MESSAGES 相似, 优先级最高, 如果设置了 LANGUANE 参数, LC_MESSAGES 参数就会失效, 一般用于终端显示语言设置。LANGUANE 参数可同时设置多种语言信息, 如 LANGUANE="zh_CN.GB18030: zh_CN.GB2312:zh_CN"。

(8) **LANG**: LC_* 的默认值, 是最低级别的设置, 如果 LC_* 没有设置, 则使用该值。LANG 参数通过配置文件**/etc/sysconfig/i18n**读取, 其他参数根据 LANG 生成, 或者随着后续命令或脚本改变。所以, LANG 参数是默认设定区域的主要参数, 修改后重启系统生效。

(9) **LC_ALL**: 它是一个宏, 如果该值设置了, 则该值会覆盖所有 LC_* 的设置值。注意, LANG 的值不受该宏影响。可以利用 **export LC_ALL=zh_CN.UTF-8**, 配合 LANG 立即生效; 也可以单独使用, 临时改变一下语言环境。

命令操作: CentOS 6 语言环境设置

(1) 查看现有语言环境

$ locale
LANG=zh_CN.UTF-8
LC_CTYPE="zh_CN.UTF-8"
LC_NUMERIC="zh_CN.UTF-8"
LC_TIME="zh_CN.UTF-8"
LC_COLLATE="zh_CN.UTF-8"
LC_MONETARY="zh_CN.UTF-8"
LC_MESSAGES="zh_CN.UTF-8"
LC_PAPER="zh_CN.UTF-8"
LC_NAME="zh_CN.UTF-8"
LC_ADDRESS="zh_CN.UTF-8"
LC_TELEPHONE="zh_CN.UTF-8"
LC_MEASUREMENT="zh_CN.UTF-8"
LC_IDENTIFICATION="zh_CN.UTF-8"
LC_ALL=zh_CN.UTF-8

$ locale -a
说明: 查询可用的语言环境。

(2) 语言环境配置文件

 # cat /etc/sysconfig/i18n

LANG="zh_CN.UTF-8"

说明：中文语言环境。

LANG="en_US.UTF-8"

说明：英文语言环境。

(3) 脚本方式永久修改语言环境

sed -i 's#LANG="zh_CN.*"#LANG="en_US.UTF-8"#' /etc/sysconfig/i18n

说明：替换成英文，修改后重启生效，也可以配合命令使其立即生效。

sed -i 's#LANG="en_US.*"#LANG="zh_CN.UTF-8"#' /etc/sysconfig/i18n

说明：替换成中文。

sed -i 's#LANG="zh_CN.*"#LANG="zh_CN.UTF-8"#' /etc/sysconfig/i18n

说明：替换成 UTF-8 中文。

提示：语言环境字符集尽量使用 UTF-8，使用中文语言环境还必须有相应的中文字体。

(4) 临时修改语言环境，立即生效

 # LANG=zh_CN.UTF-8

说明：LC_*等参数如果从未修改过，修改 LANG 会改变 LC_*的值。

 # export LC_ALL=zh_CN.UTF-8

说明：立即生效，修改 LC_ALL 之后，LANG 就立即失效了。因为 LC_ALL 优先级高于 LANG，并且修改过 LC_*之后，LANG 的修改已经不能影响 LC_*了。

(5) 终端语言环境配置

LANGUAGE=en_US.UTF-8

说明：终端为了不修改默认语言环境，可以启用 LANGUAGE 参数，优先级最高，虚拟终端或桌面环境就是使用这种方式，不过不推荐默认终端启用这个参数。

11.2.3　网络配置

在安装初就设定好网络，一般不需要再配置网络，但是安装的时候没有配置，就需要手动配置，而且最小化安装可能没有工具可以使用，所以可能还需要记忆一些配置文件的格式。

网卡 Linux 中习惯用 if(interface)简写表示，eth0 代表第一张网卡，eth1 代表第二张网卡，这里启用第一张网卡。CentOS 7 之后网卡名不再沿用 0、1、2…这样的编号，而是用 eno 加固定编号，如 eno16777736。

网络配置相关的配置文件:

- **/etc/sysconfig/network**：包含主机名(HostName)、全局默认网关(Gateway)等基本信息，用于系统启动。
- **/etc/sysconfig/network-scripts/ifcfg-eth0**：第1块网卡的配置信息，包含网卡地址、IP地址、网关等系统启动时初始化网络的一些信息。
- **/etc/resolv.conf**：域名服务客户端的配置文件，用于指定域名服务器的位置。
- **/etc/hosts**：本机自定义域名解析。
- /etc/udev/rules.d/70-persistent-net.rules：网卡地址对应的网卡名称规则，如第一块网卡为何命名为eth0；70-persistent-net.rules也可能是其他文件，一般不需要修改。
- /etc/NetworkManager/：图形界面下NetworkManager网络配置文件目录，包括VPN、移动宽带、PPPoE连接等。

命令操作: 设定IP自动获取

 # vi /etc/sysconfig/network-scripts/ifcfg-eth0
说明：修改以下几项配置，没有请手动添加。
ONBOOT=yes
NM_CONTROLLED=yes
BOOTPROTO=dhcp
说明：ONBOOT=yes：设置为自动连接。NM_CONTROLLED=yes：网卡纳入NetworkManger管理，即图形界面网络管理。

命令操作: 手动设定IP

(1) 设定自定义IP、网关、DNS
 # vi /etc/sysconfig/network-scripts/ifcfg-eth0
说明：修改以下几项配置，没有请手动添加。
BOOTPROTO=none
IPADDR=192.168.153.135
NETMASK=255.255.255.0
GATEWAY=192.168.153.2
DNS1=210.45.168.1
DEFROUTE=yes
IPV6INIT=no
NM_CONTROLLED=yes

ONBOOT=yes

说明：BOOTPROTO：设定 dhcp 为自动获取，static 为静态获取，none 为固定 IP；GATEWAY 为本网卡网关，多网卡还可以在/etc/sysconfig/network 设置默认网关。

(2) 修改 DNS 域名服务器

 # vi /etc/resolv.conf

domain localdomain

search localdomain centos6

nameserver 192.168.153.2

nameserver 210.45.168.1

说明：指定第一个 DNS 服务器地址，最多指定三个 DNS，超过无效。

提示：service network restart 重启网卡即可生效，不需要重启服务器。

(3) 多网卡设定默认网关路由

 # vi /etc/sysconfig/network

GATEWAY=192.168.153.2

注意：重启服务器后才能生效！

　　以上配置文件最好能背熟并默写出来。

11.2.4　setup 配置网络

　　setup 是一种简单的 TUI 界面，安装 setup 可以比较简单方便地配置网络，但是也可能会面临没有网络无法安装的情况。

　　TUI 是指文本用户界面(Text-based User Interface)，通过文本实现交互窗口展示内容，定位光标和鼠标实现用户交互。其本质还是字符界面，但是呈现图形化效果。

命令操作: 安装 setup

 # yum install setuptool system-config-network-tui -y

说明：setup 是一个工具包，还必须安装对应的网络工具才可以使用。

　　setup 配置网络比较简单好用，直接运行命令 setup 就会出现如图 11.1 所示的界面。选择网络配置(选择使用回车键)，进入设置(在开关项选择的时候使用空格选中或取消)。

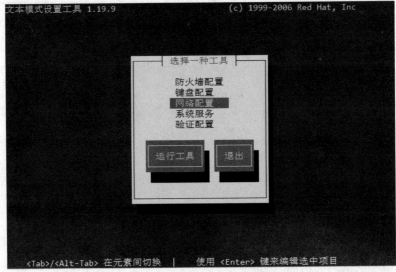

图 11.1 setup 运行界面

11.2.5 网络常用命令

Linux 网络维护常用的命令是系统管理员必须具备的技能，以下列举常见的几个命令。

命令操作: 网络常用命令

---

(1) 网卡重启操作
 # service network restart
 # ifdown eth0 && ifup eth0
说明: 使用 ifdown && ifup 效果好一些，只重启设定的网卡；service 将重启全部网卡。

(2) 查看 IP 等网络配置信息
 # ifconfig
 # ifconfig -a
说明: if: interface，网卡。ifconfig 还可以临时设定网卡 IP。

(3) 查看及设置本机的主机名
 # hostname

(4) ping 测试从本机到目标主机的网络连通性
 # ping -c5 210.45.168.1
PING 210.45.168.1 (210.45.168.1) 56(84) bytes of data.
64 bytes from 210.45.168.1: icmp_seq=1 ttl=128 time=9.27 ms
64 bytes from 210.45.168.1: icmp_seq=2 ttl=128 time=4.30 ms

64 bytes from 210.45.168.1: icmp_seq=3 ttl=128 time=3.52 ms

64 bytes from 210.45.168.1: icmp_seq=4 ttl=128 time=4.54 ms

64 bytes from 210.45.168.1: icmp_seq=5 ttl=128 time=4.71 ms

--- 210.45.168.1 ping statistics ---

5 packets transmitted, 5 received, 0% packet loss, time 4015ms

rtt min/avg/max/mdev = 3.523/5.271/9.273/2.043 ms

说明: -c5: 发送数据包 5 次, ping 是最常用的网络诊断工具。

(5) 跟踪路由

traceroute 163.com

说明: 跟踪从本机到目标主机的路由过程、各中间节点的地址和响应时间。能看到比 ping 更详细的信息, 可以诊断广域网的网络故障的节点, 也可以使用 **mtr** 命令跟踪路由。

(6) 查看及临时设置本机的路由表条目, 包括默认网关

route

说明: 查看路由配置信息。

route add default gw 192.168.153.2

说明: 临时添加默认网关, 重启服务后失效。

(7) 查看端口信息

netstat -tulnp

说明: 查看所有端口的信息, 包括监听端口。

lsof -i :80

说明: 查看 80 端口的信息。

lsof -i 4

说明: 查看使用 IPv4 端口的信息。

(8) arp 地址解析协议

arp

说明: 通过 IP 能够反向解析相邻主机的网卡地址。

(9) 查看防火墙信息和规则

service iptables status

cat /etc/sysconfig/iptables

11.2.6 CentOS 6 生产环境安全初始化配置脚本

安装新系统时，每次都要重复配置是件很辛苦且费时费力的工作，还容易出错，管理员可以将设置写成脚本直接使用，非常简单快捷，只要理解了系统设置的含义，就会更加高效安全，这里我们列出一个 Linux 安装后初始化设置的脚本清单供大家参考。

本书脚本，rpm 包统一放在 rpm 目录下，二进制包统一放在 bin 目录下，源代码统一放在 src 目录下。

注意：在 Windows 下编写 Linux 脚本，包含有中文，必须保存为 UTF-8 格式，换行选择 Unix 风格，否则在执行的时候将出现乱码，不能识别命令。

脚本清单: CentOS 生产环境系统安全初始化配置一键脚本

```
#!/bin/sh

# 关闭 SeLinux，修改后必须重启才生效
sed -i 's/^SELinux=.*$/SELinux=disabled/' /etc/seLinux/config

# 关闭防火墙，建议使用硬件防火墙
service iptables stop
chkconfig iptables off

# 限制 root 用户 ssh 登录
sed -i 's/.*PermitRootLogin yes.*/PermitRootLogin no/' /etc/ssh/sshd_config
/etc/rc.d/init.d/sshd reload

# 设置仅限 wheel 组可以使用 su 命令
sed -i 's/#\(.*required.*pam_wheel\.so.*\)/\1/' /etc/pam.d/su

# 启用 wheel 组 sudo 权限
sed -i 's/^#\(.*%wheel.*\)/\1/' /etc/sudoers
sed -i 's/^\(.*%wheel.*NOPASSWD.*\)/#\1/' /etc/sudoers

# 更新系统到最新
yum check-update
yum -y upgrade
```

```
# 安装必要基础包
#for Package in deltarpm gcc gcc-c++ make cmake autoconf libjpeg
libjpeg-devel libpng libpng-devel freetype freetype-devel libxml2
libxml2-devel zlib zlib-devel glibc glibc-devel glib2 glib2-devel bzip2
bzip2-devel ncurses ncurses-devel libaio readline-devel curl curl-devel
e2fsprogs e2fsprogs-devel krb5-devel libidn libidn-devel openssl
openssl-devel libxslt-devel libicu-devel libevent-devel libtool libtool-ltdl bison
gd-devel vim-enhanced pcre-devel zip unzip ntpdate sysstat patch bc expect
rsync git lsof lrzsz
do
    yum -y install $Package
done


# 安装 setup 管理网络
yum install setuptool system-config-network-tui -y


# 使用 gcc-4.4
if [ -n "`gcc --version | head -n1 | grep '4\.1\.'`" ];then
    yum -y install gcc44 gcc44-c++ libstdc++44-devel
    export CC="gcc44" CXX="g++44"
fi


### 使用企业版 Linux 附加软件包(EPEL)
# 使用说明: https://fedoraproject.org/wiki/EPEL/zh-cn
# 企业版 Linux 附加软件包(EPEL)是一个由特别兴趣小组创建、维护并管理的，针对
小红帽企业版 Linux(RHEL)及其衍生发行版(比如 CentOS、Scientific Linux、Oracle
Enterprise Linux)的一个高质量附加软件包项目。
# EPEL 的软件包通常不会与企业版 Linux 官方源中的软件包发生冲突，或者互相替换文
件。EPEL 项目与 Fedora 基本一致，包含完整的构建系统、升级管理器、镜像管理器等。
# yum -y install epel-release
# 安装 yum 加速插件
# yum -y install yum-axelget


# 关联 localhost 和 127.0.0.1
echo "127.0.0.1 `hostname` localhost localhost.localdomain" >/etc/hosts


# 升级重要的具有典型漏洞的软件包
yum -y update bash openssl glibc
```

```
# 设置时区
rm -rf /etc/localtime
ln -s /usr/share/zoneinfo/Asia/Shanghai /etc/localtime

# 修改命令历史记录数
sed -i 's/^HISTSIZE=.*$/HISTSIZE=100/' /etc/profile
# 记录所有用户的操作历史，保存到/tmp/目录下
[ -z "`cat ~/.bashrc | grep history-timestamp`" ] && echo "export
PROMPT_COMMAND='{ msg=\$(history 1 | { read x y; echo
\$y; });user=\$(whoami); echo \$(date
\"+%Y-%m-%d %H:%M:%S\"):\$user:\`pwd\`/:\$msg ---- \$(who am
i); } >> /tmp/\`hostname\`.\`whoami\`.history-timestamp'" >> ~/.bashrc

# 调整 Linux 系统文件描述符数量，提高并发度
# /etc/security/limits.conf
[ -e /etc/security/limits.d/*nproc.conf ] && rename nproc.conf nproc.conf_bk
/etc/security/limits.d/*nproc.conf
sed -i '/^# End of file/,$d' /etc/security/limits.conf
cat >> /etc/security/limits.conf <<EOF
# End of file
* soft nproc 65535
* hard nproc 65535
* soft nofile 65535
* hard nofile 65535
EOF
[ -z "`grep 'ulimit -SH 65535' /etc/rc.local`" ] && echo "ulimit -SH 65535" >>
/etc/rc.local

### 内核参数优化，提高并发度
# /etc/sysctl.conf，内核参数文件，提高阶段需要重点关注的配置文件
sed -i 's/net.ipv4.tcp_syncookies.*$/net.ipv4.tcp_syncookies = 1/g'
/etc/sysctl.conf
[ -z "`cat /etc/sysctl.conf | grep 'fs.file-max'`" ] && cat >> /etc/sysctl.conf <<
EOF
fs.file-max=65535
fs.inotify.max_user_instances = 8192
net.core.somaxconn = 65535
```

```
net.core.netdev_max_backlog = 262144
net.ipv4.ip_local_port_range = 1024 65000
net.ipv4.route.gc_timeout = 100
net.ipv4.tcp_fin_timeout = 30
net.ipv4.tcp_tw_reuse = 1
net.ipv4.tcp_tw_recycle = 1
net.ipv4.tcp_max_syn_backlog = 65536
net.ipv4.tcp_max_tw_buckets = 6000
net.ipv4.tcp_max_orphans = 262144
net.ipv4.tcp_syn_retries = 1
net.ipv4.tcp_synack_retries = 1
net.ipv4.tcp_timestamps = 0
EOF


# 防火墙优化，提高并发度，防火墙不开会提示，但可以忽略
[ -z "`grep net.netfilter.nf_conntrack_max /etc/sysctl.conf`" ] && cat >>
/etc/sysctl.conf << EOF
net.netfilter.nf_conntrack_max = 1048576
net.netfilter.nf_conntrack_tcp_timeout_established = 1200
EOF


# 让/etc/sysctl.conf 配置立即生效
sysctl -p


# 限制控制台 tty 只开启 2 个
sed -i 's@^ACTIVE_CONSOLES.*@ACTIVE_CONSOLES=/dev/tty[1-2]@'
/etc/sysconfig/init


# 禁止 Ctrl+Alt+Del 重启
sed -i 's@^start@#start@' /etc/init/control-alt-delete.conf


# 修改系统的区域语言
sed -i 's@LANG=.*$@LANG="zh_CN.UTF-8"@g' /etc/sysconfig/i18n


# 使用 ntpdate 校正 Linux 系统的时间，计划每天 1 点校正
# 时间服务器列表:
# pool.ntp.org
ntpdate pool.ntp.org
```

```
[ -z "`grep 'ntpdate' /var/spool/cron/root`" ] && { echo "0 1 * * * `which
ntpdate` pool.ntp.org > /dev/null 2>&1" >> /var/spool/cron/root;chmod
600 /var/spool/cron/root; }
service crond restart
```

```
# 配置后重启
shutdown -r +1 "Restarting the System..."
```

11.3　CentOS 7 系统配置*

　　CentOS 7 采用 SystemD 之后，同之前版本差异太大，但是其他的 Linux 发行版本纷纷都支持，反而基本统一了 Linux 平台。所以，这部分变化也需要学习和掌握。

11.3.1　语言环境设置

命令操作: CentOS 7 语言环境设置

(1) 查看现有语言环境
$ locale
说明：查看现有语言环境。同 CentOS 6 相同，未变化。
$ locale -a
说明：查询可用的语言环境。同 CentOS 6 相同，未变化。

(2) 永久修改，重启生效，语言环境配置文件
/etc/locale.conf
说明：配置文件发生改变。
CentOS 6: **/etc/sysconfig/i18n**

(3) 临时修改语言环境，立即生效
 # LANG=zh_CN.UTF-8
 # export LC_ALL=zh_CN.UTF-8
说明：临时修改语言环境，立即生效。同 CentOS 6 相同，未变化。

11.3.2　网络配置

CentOS 7 之后，网络配置变化是最大的，而且 CentOS 6 的网络工具默认都不再提供。所以建议在安装的时候就配置好网络，减少维护成本。

网卡 Linux 中习惯用 if(interface)简写表示，以前 eth0 代表第一张网卡，eth1 代表第二张网卡。现在网卡名不再沿用 0、1、2…这样的编号了，新规则为接口名称被自动基于固件、拓扑结构和位置信息来确定，如 eno16777736。现在，即使添加或移除网络设备，接口名称仍然保持固定，而无需重新枚举，同坏掉的硬件可以无缝替换。配置文件基本保持了同 CentOS 6 兼容。

网络配置相关的配置文件：

- **/etc/sysconfig/network**：CentOS 7 之后默认为空，原本包含主机名(HostName)、默认网关(Gateway)。主机名迁移到/etc/hostname。
- **/etc/sysconfig/network-scripts/ifcfg-eno16777736**：第 1 块网卡的配置信息，包含网卡地址、IP 地址、网关等信息。
- **/etc/resolv.conf**：DNS 域名解析信息。
- **/etc/hostname**：主机名。
- **/etc/hosts**：本机自定义域名解析。
- /etc/udev/rules.d/70-persistent-net.rules：CentOS 6 中网卡地址对应的网卡名称规则，CentOS 7 中被取消；如果不以内核方式命名，需要控制设备名，可以重新建立该规则文件，不过不建议修改，应该使用新规则。
- /etc/NetworkManager/：图形界面下网络配置文件夹，包括 VPN、移动宽带、PPPoE 连接等。

Linux 的 ip 命令和 ifconfig 类似，但前者功能更强大，并旨在取代后者。使用 ip 命令，只需一个命令，就能很轻松地执行一些网络管理任务。ifconfig 是 net-tools 中已被废弃使用的一个命令，许多年前就已经没有维护了。iproute2 套件里提供了许多增强功能的命令，ip 命令即是其中之一。

命令操作：网络常用命令

---

(1) 启用旧版网络命令工具

 # yum install net-tools

说明：CentOS 7 之后，ifconfig 等命令最小化安装默认不能使用。

(2) 网卡重启操作

 # service network restart

(3) 查看网络设备接口信息

 # ip l

---

ip link
ip link show
说明：同 ifconfig -a。

(4) 查看 IP 等网络配置信息
ip a
ip addr
ip addr show
说明：同 ifconfig。

(5) 查看及设置本机的主机名
hostname

(6) ping 测试从本机到目标主机的网络连通性
ping -c5 210.45.168.1
说明：-c5：发送数据包 5 次，ping 是最常用的网络诊断工具。

(7) 跟踪路由
traceroute 163.com
说明：跟踪从本机到目标主机的路由过程、各中间节点的地址和响应时间。能看到比 ping 更详细的信息，可以诊断广域网的网络故障的节点。也可以使用 **mtr** 命令跟踪路由。
tracepath 163.com
说明：基本同 traceroute，但输出更为详细。

(8) 查看及临时设置本机的路由表条目(包括默认网关)
ip r
ip route
说明：查看路由配置信息，同 route。
ip route add default gw 192.168.153.2
说明：临时添加默认网关，重启服务后失效。

(9) 查看端口信息
ss -tulnp
说明：查看所有端口的信息，包括监听端口，同 netstat -tulnp。
lsof -i :80
说明：查看 80 端口的信息。
lsof -i 4
说明：查看使用 IPv4 端口的信息。

(10) 查看 ARP 表
ip n
ip neigh
说明：查看 ARP 表，同 arp。

在 CentOS 7 的网络配置，如果网卡的配置文件中设置了 NM_CONTROLLED=yes，则可以将该网络交由 NetworkManager 托管。NetworkManager 同 network 是两种不同的网络管理机制，NetworkManager 一般用于图形界面中，由 NetworkManager 服务控制网络；主要的两个命令是 nmcli 和 nmtui。

命令操作: NetworkManager 网络管理命令

nmcli device
nmcli d
说明：查看设备信息，同 ip link。nmcli: NetworkManager 字符界面命令(CLI)。

nmcli connection
nmcli c
说明：查看网络连接情况，同 ip addr。

nmtui
说明：NetworkManager 文本用户界面(TUI)，用于取代 setup 命令。

service NetworkManager restart
说明：NetworkManager 服务重启。

11.4　Debian 8 系统配置*

Debian 8 系统保持了风格上的一贯性，操作上同以前版本并没有做多大的改变。最新又支持了 SystemD，很大程度上对 Red Hat 系做了兼容，是一个非常不错的发行版本。

11.4.1　语言环境设置

Debian 8 语言配置文件为**/etc/locale.gen**。

Debian 系列在 **etc/default/locale** 配置文件中启用了 **LANGUAGE** 参数,建议删除该配置文件中的 LANGUAGE 参数,该参数导致许多命令不兼容。删除后设置基本同 Red Hat 系列。

命令操作: 删除不兼容的 LANGUAGE 设定

 # sed -i '/LANGUAGE=/d' /etc/default/locale
说明: 删除 LANGUAGE 参数。
 # export LANGUAGE=en_US.UTF-8
说明: 立即生效。本次只能指定 LANGUAGE 参数,重启之后 LANG、LC_ALL 参数同样有效。

11.4.2 网络配置

网卡 Linux 中习惯用 if(interface)简写表示,eth0 代表第一张网卡,eth1 代表第二张网卡。Debian 8 沿用这种命名方式。
网络配置相关的配置文件:
- **/etc/network/interfaces**: 全部网卡的配置信息,包括 IP、网关、DNS 等相关信息。
- /etc/network/interfaces.d/: 扫描配置文件。
- **/etc/resolv.conf**: DNS 域名解析信息。
- **/etc/hostname**: 本机主机名(HostName)。
- **/etc/hosts**: 本机自定义域名解析。

命令操作: 设定 IP 自动获取

 # vi /etc/network/interfaces
说明: 修改以下几项配置,没有请手动添加。
auto eth0	**# 开机自动激活**
allow-hotplug eth0	**# 热插拔网卡**
iface eth0 inte dhcp	**# dhcp 为自动获取 IP**

命令操作: 手动设定 IP

---

(1) 设定自定义 IP、网关、DNS
 # vi /etc/network/interfaces
说明: 修改以下几项配置,没有请手动添加。
auto eth0	**#开机自动激活**
iface eth0 inte static	**#静态 IP**

---

address 192.168.153.135 ＃本机 IP
netmask 255.255.255.0 ＃子网掩码
gateway 192.168.153.2 ＃路由网关
说明：iface：设定 dhcp 为自动获取，static 为静态获取，none 为固定 IP；gateway 为默认网关路由。

(2) 修改 DNS 域名服务器
 # vi /etc/resolv.conf
domain localdomain
search localdomain
nameserver 192.168.153.2
nameserver 210.45.168.1
说明：指定第一个 DNS 服务器地址，最多指定三个 DNS，超过无效。
提示：service networking restart 重启网卡即可生效，不需要重启服务器。

11.4.3　无线网络配置

Debian 系列同 Red Hat 系列的网络命令几乎通用，这里补充介绍无线网络知识，无线网络命令几乎也是通用的。

Linux 网络有两种管理模式：
- networking：字符模式。
- network-manager：图形模式。

在/etc/network/interfaces 中注册的网络，由 networking 服务主动接管，该网络一般都是在字符模式中使用；图形化界面之后，networking 功能有限，就引入了 network-manager 服务。networking 不处理的网络设备接口就属于漫游状态，network-manager 接管漫游状态的网络。

命令操作：无线网络操作

(1) 网卡重启操作
 # service networking restart
说明：networking 服务重启，Red Hat 系服务名为 network。
 # service network-manager restart
说明：network-manager 服务重启，两个服务中，建议只启动一个。Red Hat 系服务名为 NetworkManager。

(2) 查看网络设备端口
 # iwconfig
 # ip addr

说明：一般第一个有线网卡命名为 eth0；第一个无线网卡命名为 wlan0。

(3) 启用网络设备端口
ifup wlan0
ip link set wlan0 up
说明：开启状态下，可以先关闭再启动，ifdown wlan0 && ifup wlan0。

(4) 查看无线 Wi-Fi 列表
iwlist wlan0 scan
iwlist wlan0 scan | grep ESSID
说明：Wi-Fi 列表内容比较多，过滤只看 ESSID 的行。

(5) 生成连接配置文件
wpa_passphrase ChinaNet-Cfrose mima1234 > wifi.conf
说明：wpa_passphrase 路由器 ssid 路由器密码写入 wifi.conf，利用无线加密算法生成密钥，生成配置文件内容如下：

```
network={
  ssid="ChinaNet-Cfrose"
  #psk="mima1234"
  psk=fcc62b0829764a505059bdf5876e0df1c6deb1f3fd9230f99ee381afc95
  72eee
}
```

(6) 连接
wpa_supplicant -B -i wlan0 -c wifi.conf
说明：利用上述生成的配置文件连接无线 Wi-Fi。

(7) 获取 IP
dhcpcd
dhclient
说明：无线网络的联网过程比较复杂，连接 Wi-Fi 和获取 IP 是两个动作，以上两个命令都可以。建议写入配置文件自动连接网络。

提示：iwconfig、iwlist、wpa_passphrase 等命令位于 wireless-tools、wpasupplicant 两个包中，在没有安装的情况下，可以使用 apt install wireless-tools wpasupplicant 安装。

(8) 配置字符模式无线网络

 # vi /etc/network/interfaces

说明：编辑配置文件启用 network，否则处于漫游状态，字符模式不能接管。内容修改如下：

auto lo
iface lo inet loopback
auto wlan0
iface wlan0 inet dhcp
wpa-driver wext
wpa-key-mgmt WPA-PSK
wpa-proto WPA
wpa-ssid ChinaNet-Cfrose
wpa-psk
fcc62b0829764a505059bdf5876e0df1c6deb1f3fd9230f99ee381afc9572eee

说明：wpa-ssid：无线网络的 ESSID 号；wpa-psk：无线网络连接密码，可以是明文，也可以是密文。

说明：配置文件生成后，service networking restart 自动连接网络，不需要再输入连接命令。

(9) 配置图形模式无线网络

 # vi /etc/network/interfaces

说明：进入图形界面之后，建议启动 network-manager 接管无线网络。编辑配置文件，删除需要接管的 eth0、wlan0 等信息，进入漫游状态。内容修改如下：

auto lo
iface lo inet loopback

11.5　Linux 应用软件安装方案

Linux 应用软件的安装方式，可以有以下几种：

(1) yum 安装：部分应用软件在默认 yum 源中没有提供安装包，可以考虑使用官方提供的 yum 源直接使用，但是部分应用软件一般都比较大，下载特别耗时，不推荐这种方法。自己架设 yum 服务器也是一种折中方式，可以考虑，但是难度和成本也相应地增大。不推荐使用非官方的第三方源安装。

(2) rpm/yum 本地安装：一般软件都会提供 rpm 安装包供下载，我们推荐这种方式，复杂的地方在于依赖包缺失问题比较严重，必须全部都提前配置好才可以，所以编写 Shell 脚本进行安装是非常有必要的。

(3) 二进制安装：编译好的可以适合各种 Linux 平台，但是也要额外配置一些环境，同时安装卸载不受 rpm 或者 yum 控制，必须专业人员才可以维护。

(4) 源代码安装：源代码安装基本同本地安装，而且重新编译特别消耗时间，唯一的优点就是可以做到兼容各个 Linux 平台，我们不推荐这种方式，但是在没有官方安装包的情况下，我们才考虑这种方式。

(5) run 安装格式：可以说是二进制安装方式的改进，除了编译好源代码之外，还提供了安装脚本，是 Shell 脚本＋安装包文件格式，可以适合各个 Linux 平台，但是规范不严格，如果加以规范，基本等同 rpm 安装方式。

这些安装包都是如何安装到系统中的呢？我们先分析一下。

一个软件包，我们拆分一下，可以是一份安装/卸载脚本，加上多个安装文件。安装文件一般都有严格的命名规范，大致如下(假定安装包名 package1)：

- bin：存放二进制文件，超级权限才能执行命名为 sbin。
- lib：存放 bin 文件运行依赖的库文件，64 位的命名为 lib64。
- etc/confg：存放配置文件和扫描配置文件目录。
- data：存放数据文件。
- logs：或者 var/logs，存放日志文件，也可以视为是一种数据文件。
- share：存放帮助文档等信息。
- src：存放源代码。
- 其他目录。

我们要将这些文件或者目录分发(即安装)到系统的各个目录中，可以有很多种方案，这里列举几种常见的安装方案加以讨论。

(1) 方案一：系统内部基础包方式

按照系统内部基础包的方式，将安装文件分发到系统根目录之下，但是这些都是系统内部命令使用的目录，我们放弃这种安装方式。

- /bin：单用户模式都可用的必要命令。
- /lib：/bin 和/sbin 中二进制文件必要的库(library)文件。
- /etc：系统范围内的配置文件。
- /var/log/package1：日志。
- /usr/share/ package1：体系结构无关(共享)数据，系统共用数据，帮助文档等。

(2) 方案二：基础应用软件包方式

按照系统应用软件的安装方式，将安装文件分发到/usr 目录下，这是系统外部命令和基础软件包的安装目录，我们也放弃这种安装方式。

- /usr/bin；
- /usr/lib；
- /usr/etc；
- /var/log/package1；
- /usr/share/package1。

(3) 方案三：第三方应用软件包方式

yum 或者 rpm 安装第三方软件包，都将安装文件分发到/usr/local 目录下。我们自己安装的软件也属于 Linux 第三方软件包，所以非常适合按照这种方式进行安装。部分文件分发，其他文件都在/var/local/package1 集中。

- /usr/local/bin；
- /usr/local/lib；
- /usr/local/package1/etc；
- /usr/local/package1/logs；
- /usr/local/package1/share；
- /usr/local/package1/其他文件。

这种安装方式有很多优点，不会同系统文件冲突，而且也不需要额外的配置，/bin、/usr/bin、/usr/local/bin、/lib、/usr/lib、/usr/local/lib 都是系统可以直接调用的目录。自定义安装的软件，我们推荐尽量使用这种方式进行安装。

(4) 方案四：自己维护/opt/方式

方案三是我们主推的安装方式，但是缺点是自己维护的软件同 yum/rpm 维护的软件区分不开，都安装在/usr/local 目录下，所以官方推荐自定义安装的软件放置在/opt 目录，为了同方案三兼容，建立/opt 到/usr/local 的软链接，软链接在路径上 Linux 认为是等同的，系统也会认为软件是安装在/usr/local 下，为了进一步统一，安装包不分发到/usr/local/bin、/usr/ local/lib 中，全部都安装在/opt/package1 下，这样好处非常明显，所有的安装数据都在/opt 目录下，非常适合数据备份，所以一般都建议/opt 目录单独分区。缺点是 bin 和 lib 必须到系统路径注册才能被系统搜索到。

- /opt/package1：实际安装地址；
- /usr/local/package1：链接安装地址。

这种安装方式可以说是实际生产环境最理想的安装方式了，实用又简单。

(5) 方案五：自己维护分散/opt、/data 方式

在方案四的基础上，将数据(包括日志)进行分发，即：

- /opt/package1：实际安装地址；
- /usr/local/package1：链接安装地址；
- /data/package1data：数据地址；
- /data/package1log：日志地址。

这种安装方式优点非常明显，缺点有点过度分散，但是在本书自定义安装软件包都按照本方案进行，原因很简单，作为教学介绍这种安装方式比较全面，还能了解 data 和 log 的安装位置，如果不想分发，只要注释掉分发部分即可。所以读者可以自行选择合适的方案，建议在方案四和方案五中选择一个。如果选择方案五就需要将/opt、/data 单独进行分区。

本 章 小 结

本章主要以 CentOS 6 为标准,详细介绍了生产环境的服务器如何进行网络和安全配置。还介绍了 CentOS 7 以及 Debian 8 与 CentOS 6 在网络与安全配置的联系和区别。通过比较的方式,才能更好地理解网络与安全配置的原理。

脚本方式是系统运维管理人员最常见的工作方式,这也是生产环境中常见的工作方式,所以要在熟悉 Linux 命令和脚本的基础上,了解和掌握 Linux 系统安全性设置。本章介绍的 CentOS 6 生产环境系统安全初始化配置一键脚本,可以方便后期进一步维护和改进系统,在此基础上才可能更深入地学习如何优化系统。

采用 Shell 进行运维,要学会使用脚本继续维护和改进系统,在此基础上才可能更深入学习如何优化系统。

最后,介绍了 Linux 应用软件的安装方案,选择正确的安装方案可以简化后期备份和维护。

习 题

1. 选择以“最小化安装”或者“基本服务器安装”的方式重新安装 CentOS 6。
2. 对照课本进行生产环境的网络配置以及安全设置。
3. 以脚本的方式一键配置生产环境安全初始化。提示:为了以后可以重复使用,可以将配置好的系统备份,不需要再重复进行安装和配置。

第 12 章　数据库服务器运维

【学习目标】

数据库，尤其是大型数据库的安装和配置，是一个比较复杂的过程，稍微错一步可能导致整个安装过程失败。本章以脚本的方式在生产环境安装数据库服务器，让重复的过程可以复用。所以要在熟悉 Linux 命令和脚本的基础上，了解和掌握常用数据库 MariaDB/MySQL 的安装和运维，以及数据库的简单使用。如果熟悉 SQL 语句，学习本章后基本能保证非常熟练地使用 MariaDB/MySQL 数据库。

Linux 常用的数据库有 MariaDB、MySQL、PostgreSQL，其中 MariaDB 是 MySQL 的一个分支，在新的 Linux 发行版本中几乎都用 MariaDB 替代 MySQL。MariaDB、MySQL 主要定位中小型企业数据库，PostgreSQL 定位大型企业数据库。

12.1　MariaDB 10.1 安装配置

MariaDB 的官方主页：

https://mariadb.org/

MariaDB 最新稳定版本是 10.1，兼容 MySQL 5.6 & 5.7。官方提供 rpm 包安装，这里使用 rpm 安装方式，其他 Linux 版本可以考虑使用二进制安装。

安装帮助文档在下载链接的下方"**Instructions**"。

RPM 安装帮助文档地址：

https://mariadb.com/kb/en/mariadb/rpm/

二进制帮助文档地址：

https://mariadb.com/kb/en/mariadb/installing-mariadb-binary-tarballs/

首先下载好相应的 rpm 包和依赖包到本地，统一放在 rpm 目录下，源代码统一放在 src 目录。这里下载的 rpm 包统一放在 ./rpm 目录中，包含：

MariaDB-10.1.13-centos6-x86_64-server.rpm

MariaDB-10.1.13-centos6-x86_64-client.rpm

MariaDB-10.1.13-centos6-x86_64-common.rpm

MariaDB-10.1.13-centos6-x86_64-compat.rpm

galera-25.3.15-1.rhel6.el6.x86_64.rpm

jemalloc-3.6.0-1.el6.x86_64.rpm

jemalloc-devel-3.6.0-1.el6.x86_64.rpm

二进制版本有普通版和 glibc_2.14 版，glibc_2.14 是在新版本 glibc 中编译的，需要单独安装 glibc 新版，建议使用普通版 mariadb-10.1.13-Linux-x86_64.tar.gz。

1. MariaDB 安装前准备

脚本清单: MariaDB 安装前准备

(1) 设定数据库 root 密码

read -p "请预先设定数据库 root 密码:" dbrootpwd 2>&1

说明: 使用变量 dbrootpwd 记录下需要设定的数据库 root 的密码，方便后面设定，安装的时候就不需要等到需要密码的时候才输入，可以实现全自动化安装。

(2) 新建 mysql 用户及用户组

useradd -M -s /sbin/nologin mysql

说明: 新建 mysql 用户和 mysql 组供数据库服务进程使用。

(3) 建立数据库数据和日志存放路径，并授权

mariadb_data_dir=/data/mysql

mariadb_log_dir=/data/mysqllog

说明: 定义变量存放数据库的数据文件和日志目录，数据文件建议单独存放在一个分区。

mkdir -p $mariadb_data_dir

chown mysql.mysql -R $mariadb_data_dir

mkdir -p $mariadb_log_dir

chown mysql.mysql -R $mariadb_log_dir

说明: 建立存放数据库的数据文件和日志文件目录，并授权。

(4) 安装基础依赖软件包

说明: 联网的状态下，使用 yum localinstall 自动解决安装依赖问题，故可跳过。

(5) 卸载 mysql

yum -y remove mysql*

说明: MariaDB 会与已经安装的 MySQL 冲突，必须卸载 MySQL。

2. 手动安装 MariaDB 及依赖包

官方将 MariaDB 的部分依赖包也打包成 rpm 格式提供下载，极大减少 MariaDB 安装难度。

脚本清单: 手动安装 MariaDB 及依赖包

---

(1) 安装依赖软件包 jemalloc
jemalloc_rpm=jemalloc-3.6.0-1.el6.x86_64.rpm
jemalloc_devel_rpm=jemalloc-devel-3.6.0-1.el6.x86_64.rpm
yum -y localinstall rpm/${jemalloc_rpm}
yum -y localinstall rpm/${jemalloc_devel_rpm}
说明: 确保安装包在脚本的 rpm 目录下。

(2) 安装依赖软件包 galera
galera_rpm=galera-25.3.15-1.rhel6.el6.x86_64.rpm
yum -y localinstall rpm/${galera_rpm}

(3) 安装依赖软件包 MariaDB-common、MariaDB_compat
MariaDB_common_rpm=MariaDB-10.1.13-centos6-x86_64-common.rpm
MariaDB_compat_rpm=MariaDB-10.1.13-centos6-x86_64-compat.rpm
yum -y localinstall rpm/${MariaDB_common_rpm}
rpm/${MariaDB_compat_rpm}
说明: 强制一起安装，解决相互依赖的问题。

(4) 正式安装依赖 MariaDB 包
MariaDB_client_rpm=MariaDB-10.1.13-centos6-x86_64-client.rpm
MariaDB_server_rpm=MariaDB-10.1.13-centos6-x86_64-server.rpm
yum -y localinstall rpm/${MariaDB_client_rpm}
yum -y localinstall rpm/${MariaDB_server_rpm}
PLEASE REMEMBER TO SET A PASSWORD FOR THE MariaDB root USER !
To do so, start the server, then issue the following commands:

'/usr/bin/mysqladmin' -u root password 'new-password'
'/usr/bin/mysqladmin' -u root -h jsj.centos6 password 'new-password'

Alternatively you can run:
'/usr/bin/mysql_secure_installation'
说明: 安装完成，提示还需要修改 root 密码或者进行初始化配置。

---

3. MariaDB 安装后配置
安装后状态如下:
- 已经注册服务: mysql。
- mysql 路径: /usr/bin/mysql。

- mysqld_safe 配置路径: /usr/bin/mysqld_safe。
- my.cnf 配置路径: /etc/my.cnf，以及/etc/my.cnf.d，内容为空。

MariaDB 安装后还要进行相应的配置和优化才可以使用。性能优化可以在提高阶段学习，重点在/etc/my.cnf 配置文件。

脚本清单: MariaDB 安装后配置

---

(1) 启用 jemalloc 内存管理

sed -i 's@executing mysqld_safe@executing mysqld_safe\nexport LD_PRELOAD=/usr/lib64/libjemalloc.so@' /usr/bin/mysqld_safe

说明: jemalloc 是更好的内存管理，代替 malloc。

(2) 设置为自启动服务，迁移/etc/init.d/mysql 中的数据位置

sed -i "s@^datadir=.*@datadir=${mariadb_data_dir}@" /etc/init.d/mysql

说明: rpm 版自动安装为服务 mysql，故可跳过，而源代码和二进制版必须设置。数据库的数据位置建议迁移。

(3) 配置/etc/my.cnf

说明: my.cnf 初始内容为空，需要进行配置优化。

提示: support-files 下有 my.cnf 的各种配置样例，注释非常详细，可算作官方的一份文档，值得学习。my.cnf 的配置是一个优秀 DBA 必须掌握的知识，需要花时间研究学习，在我们附带的维护脚本里推荐一种生产环境下的配置供大家参考。限于篇幅，这里我们只截取一小部分与设置有关、与优化无关的内容。

```
# my.cnf
mv /etc/my.cnf{,_bk}
cat > /etc/my.cnf << EOF
[client]
port = 3306
socket = /var/lib/mysql/mysql.sock
default-character-set = utf8

[mysqld]
port = 3306
socket = /var/lib/mysql/mysql.sock

# 说明: 将数据存放位置迁移到自定义位置
datadir = $mariadb_data_dir
```

```
pid-file = $mariadb_data_dir/mysql.pid
user = mysql
bind-address = 0.0.0.0
server-id = 1


# 说明：将日志存放位置迁移到自定义位置
log_error = $mariadb_log_dir/mysql-error.log
slow_query_log = 1
long_query_time = 1
slow_query_log_file = $mariadb_log_dir/mysql-slow.log
```

(4) 初始化安装数据库

mysql_install_db --user=mysql --datadir=$mariadb_data_dir

(5) 配置数据库，设置 root 密码等配置

 # mysqld_safe &

 # mysql_secure_installation

说明：交互命令方式配置数据库，需要数据库的 root 密码，初次为空。手动设置时推荐使用命令设置密码；脚本设置密码代码如下：

mysql -e "grant all privileges on *.* to root@'127.0.0.1' identified by \\"$dbrootpwd\\" with grant option;"

mysql -e "grant all privileges on *.* to root@'localhost' identified by \\"$dbrootpwd\\" with grant option;"

mysql -uroot -p$dbrootpwd -e "reset master;"

说明：不建议开启数据库远程 root 登录，应限制只能使用本地登录。

(6) 日志轮转

```
cat > /etc/logrotate.d/mysql << EOF
$mysql_log_dir/*.log{
    daily
    rotate 15
    missingok
    dateext
    compress
    delaycompress
    notifempty
    copytruncate
}
```

EOF

(7) 安装成功提示

echo "Mysql install successfully! "

mysql -V

说明：安装成功后，提示版本信息。

优化后的状态：

- 服务：mysql；
- 端口：3306；
- 登录：root 账户本地登录，远程登录禁止；
- mysql 路径：/usr/bin/mysql；
- mysqld_safe 配置路径：/usr/bin/mysqld_safe；
- my.cnf 配置路径：/etc/my.cnf；
- 扫描配置目录：/etc/my.cnf.d；
- 数据文件位置：/data/mysql；
- 日志文件位置：/data/mysqllog。

4. MariaDB 数据库常见操作

命令操作：MariaDB 数据库常见操作

(1) MariaDB 服务操作

 # service mysql start

 # service mysql stop

 # service mysql restart

 # service mysql status

(2) mysqld_safe &启动方式

 # mysqld_safe &

说明：mysqld_safe 脚本会在启动 MariaDB/MySQL 服务器后继续监控其运行情况，并在其死机时重新启动。用 mysqld_safe 脚本来启动 MariaDB/MySQL 服务器的做法在 BSD 风格的 Unix 系统上很常见，非 BSD 风格的 Unix 系统中的 mysql.server 脚本其实也是调用 mysqld_safe 脚本去启动 MariaDB/MySQL 服务器的。

(3) 修改 root 密码，须提供原密码

 # mysqladmin -u root password

(4) 连接数据库

$ mysql -u root -p

MariaDB [(none)]>

说明：输入密码登录后>命令提示符可以输入 SQL 语句或者命令，以 "；" 结束执行。

(5) 简单 SQL 命令操作

MariaDB [(none)]> **select version();**

说明：显示数据库版本。

MariaDB [(none)]> **create database jxgl;**

说明：创建数据库 jxgl。

MariaDB [(none)]> **grant all on jxgl.* to 'user1' identified by '123';**

说明：创建用户：user1；密码：123；是数据库 jxgl 的 DBA。

MariaDB [(none)]> **show databases;**

说明：显示所有数据库。

MariaDB [(none)]> **use mysql;**

说明：切换到 mysql 数据库。

MariaDB [(none)]> **show tables;**

说明：显示当前数据库包含的表信息。

(6) 重新强行修改 root 密码方法，无需原密码，仅限单机登录

 # service mysql stop

 # mysqld_safe --skip-grant-tables &

说明：设置为单机维护模式，无需密码登录。

 # mysql

MariaDB [(none)]>**use mysql**

MariaDB [(none)]>**update user set password=password("123456") where user="root";**

MariaDB [(none)]>**flush privileges;**

说明：设置生效，平滑过渡，无须重启 mysql 服务。

MariaDB [(none)]>**exit↵**

(7) 开启远程登录

 # mysql -u root -p

说明：登录，须输入密码。

MariaDB [(none)]>**use mysql;**

MariaDB [(none)]>**grant all privileges on *.* to 'root' @'%' identified by '123456';**

MariaDB [(none)]>**flush privileges;**

MariaDB [(none)]>**exit↵**

说明：还可以设定指定的用户在指定的 IP 才可以远程登录，举例如下。

grant all privileges on *.* to 'user1' @'192.168.1.100' identified by '123';
指定用户 user1 只能从 192.168.1.100 远程登录,密码: 123。Shell 脚本如下:
mysql -uroot -p$dbrootpwd -e "grant all privileges on "$newdb".* to
"$newuser"@'"$loginip"' identified by \"$newpasswd\";"

其他的 SQL 命令或语句要查看相关 MySQL 教材,不在本书介绍范围。

12.2 MySQL 5.7 安装配置

MySQL 的安装基本同 MariaDB,最新常用版有 5.5、5.6、5.7。MariaDB 是 MySQL 的一个分支,由社区维护,更多的 Linux 发行版本开始放弃 MySQL 而转用 MariaDB。MySQL 安装方式几乎同 MariaDB 一样,所以这里不做详细讲述。

下载地址:

http://dev.mysql.com/downloads/mysql/

安装可以参考官方的安装手册:

http://dev.mysql.com/doc/refman/5.7/en/installing.html

本 章 小 结

Linux 常用的数据库有 MariaDB、MySQL、PostgreSQL,其中 MariaDB 是 MySQL 的一个分支,在新的 Linux 发行版本中几乎都用 MariaDB 替代 MySQL。MariaDB、MySQL 主要定位中小型企业数据库,PostgreSQL 定位大型企业数据库。

本章介绍了生产环境的数据库 MariaDB/MySQL 的安装,全程使用脚本,方便大家修改或直接使用。本章还介绍了 MySQL 的简单入门,掌握一定的 SQL 知识便可直接熟练使用 MariaDB/MySQL 数据库。

习 题

1. 选择第 11 章安装和配置好的 CentOS 6 系统,手动安装 MariaDB 数据库。
2. 以脚本的方式一键安装 MariaDB 数据库。提示:可以适当修改脚本。
3. 自行编写脚本,一键安装 MySQL 数据库。
4. 自行编写脚本,一键安装 PostgreSQL 数据库。

第13章　PHP服务器运维

【学习目标】

　　Nginx+PHP 组合是目前最流行的 PHP 应用服务器。官方源中提供的下载版本都是比较陈旧的版本，生产环境可能需要比较新的稳定版本。本章将介绍如何利用 yum 安装 Nginx 最新稳定版，利用源代码安装 PHP 最新稳定版，其他版本都可以基于该脚本进行简单修改直接使用。

13.1　Nginx 简介

　　Nginx 是俄罗斯人编写的十分轻量级的 HTTP 服务器，Nginx 的发音为"engine X"，是一个高性能的 HTTP 和反向代理服务器，同时也是一个 IMAP/POP3/SMTP 代理服务器，使用基于 BSD 许可。

　　在高并发连接的情况下，Nginx 是 Apache 服务器不错的替代品。Nginx 同时也可以作为负载均衡服务器来使用。Nginx+PHP(PHP-FPM)可以承受 10 万以上的并发连接数。

　　现在国内基本都开始使用 Nginx 代替 Apache 作为应用服务器。Nginx 是一个安装非常简单、配置文件十分简洁、Bug 极少的服务器。Nginx 启动特别容易，并且几乎可以做到 7*24 不间断运行，即使运行数个月也不需要重新启动。还能够在不间断服务的情况下进行软件版本的升级。

13.2　PHP 简介

　　PHP 是一种通用开源脚本语言，主要适用于 Web 开发领域，它可以比 CGI 或者 Perl 更快速地执行动态网页。与其他的编程语言相比，用 PHP 做出的动态页面是将程序嵌入到 HTML 文档中去执行，执行效率比完全生成 HTML 标记的 CGI 要高许多；PHP 还可以执行编译后的代码，编译可以达到加密和优化代码运行的效果，使代码运行更快。

　　我们先了解一下应用服务器运行的几个概念。

CGI 全称为"公共网关接口"(Common Gateway Interface),是 HTTP 服务器与服务器上的程序进行"交谈"的一种工具,其程序须运行在网络服务器上。CGI 可以用任何一种语言编写,只要这种语言具有标准输入、输出和环境变量,如 PHP、Perl 等。

FastCGI 像是一个常驻型的 CGI,它可以一直执行着,只要激活后,不会每次都要花费时间去 fork 一次(这是 CGI 最为人诟病的 fork-and-execute 模式)。它还支持分布式的运算,即 FastCGI 程序可以在网站服务器以外的主机上执行并且接受来自其他网站服务器发来的请求。FastCGI 是语言无关的、可伸缩架构的 CGI 开放扩展,其主要行为是将 CGI 解释器进程保持在内存中并因此获得较高的性能。众所周知,CGI 解释器的反复加载是 CGI 性能低下的主要原因,如果 CGI 解释器保持在内存中并接受 FastCGI 进程管理器的调度,则可以提供良好的性能、伸缩性、Fail- Over 特性等。

PHP-CGI 是 PHP 自带的 FastCGI 管理器。

PHP-FPM 是一个 PHP FastCGI 管理器,是只用于 PHP 的。PHP-FPM 其实是 PHP 源代码的一个补丁,旨在将 FastCGI 进程管理整合进 PHP 包中。新版本 PHP 都已经直接整合了 PHP-FPM。PHP-FPM 提供了更好的 PHP 进程管理方式,可以有效控制内存和进程,可以平滑重载 PHP 配置,比 spawn-fcgi 具有更多优点,所以被 PHP 官方收录了。

PHP 必须依赖应用服务器才能解释执行,常见的组合是 Nginx+PHP(PHP-FPM)或者 Apache+PHP。 Nginx+PHP(PHP-FPM)中的 PHP-FPM 以服务的形式运行,提供对外端口 9000,可以是分布在不同的服务器上提供 PHP 的解析工作。Apache+PHP 中的 PHP 作为 Apache 的一个模块被调用进行 PHP 的解析工作。

13.3 Nginx 安装

Nginx 官方提供了源代码,以及官方自定义 yum 源安装,Nginx 很小,所以推荐用 yum 安装方式。Nginx 安装帮助文档:

http://nginx.org/en/Linux_packages.html

https://www.nginx.com/resources/wiki/start/topics/tutorials/install/

脚本清单: Nginx yum 安装

```sh
#!/bin/sh

# 官方自定义 yum 源安装方式
# Nginx 官方 stable 版
# 确保关闭 SELinux

# 自动创建运行账号,跳过
# run_user=nginx
```

```
# 设置迁移日志文件路径，并创建
nginx_log_dir=/data/nginxlog
# 创建目录
mkdir -p $nginx_log_dir


# 安装依赖包 pcre
# pcre 实现 rewrite 功能，yum 安装自动解决依赖问题，跳过


# 官方提供了自定义的 yum 源
cat > /etc/yum.repos.d/nginx.repo <<EOF
[nginx]
name=nginx repo
baseurl=http://nginx.org/packages/centos/\$releasever/\$basearch/
gpgcheck=0
enabled=1
EOF


# 检查更新本地缓存，并安装
yum check-update
yum -y install nginx


# Nginx 修改配置文件，并迁移日志文件
# /etc/nginx/nginx.conf
# 备份
mv /etc/nginx/nginx.conf{,_bk} -n
mv /etc/nginx/conf.d/default.conf{,_bk} -n
```
说明：其他优化和迁移内容篇幅过大，建议参看本书提供的脚本。

```
# 日志轮转
# 日志默认在/var/log/nginx/，日志轮转中日志地址迁移
sed -i "s@/var/log/nginx/\*\.log@$nginx_log_dir/\*\.log@"
/etc/logrotate.d/nginx
```
说明：yum 方式安装 nginx 已经提供了日志轮转脚本，但是默认路径没有修改，必须在
/etc/logrotate.d/nginx 中修改。

```
service nginx start
echo "Nginx install successfully! "
```

```
nginx -v
```
说明：安装完成提示，并查看安装版本。

```
# 开启 80 端口，修改防火墙规则
[ -z "`grep ^'-A INPUT.*--dport 80.*ACCEPT.*' /etc/sysconfig/iptables`" ]
&& sed -i "s@^\(\(-A INPUT.*--dport\) 22\(.*ACCEPT.*\)\)@\1\n\2 80\3@"
/etc/sysconfig/iptables
```
说明：防火墙通过规则建议写在 22 端口的后面。如：

```
-A INPUT -m state --state NEW -m tcp -p tcp --dport 22 -j ACCEPT
-A INPUT -m state --state NEW -m tcp -p tcp --dport 80 -j ACCEPT
```

安装完成后的状态如下：
- 服务：nginx。
- 端口：80，如果开启防火墙还必须开启 80 端口。
- 运行账户：nginx。
  重要配置文件如下。
- /etc/nginx/nginx.conf，主配置文件。
- /etc/nginx/conf.d/default.conf，从 nginx.conf 分离出来关于站点的配置。
- /etc/nginx/conf.d/，扫描配置目录，自定义配置文件，都会被加载。
- Html 根目录文件位置：/usr/share/nginx/html，一般需要修改到自定义位置，不过如果 Nginx 不作为应用服务器，只做反向代理就不需要修改。
- 日志文件位置：/var/log/nginx/。

安装后测试，打开浏览器，输入：http://192.168.153.135/ 显示图 13.1 所示信息，说明安装成功。

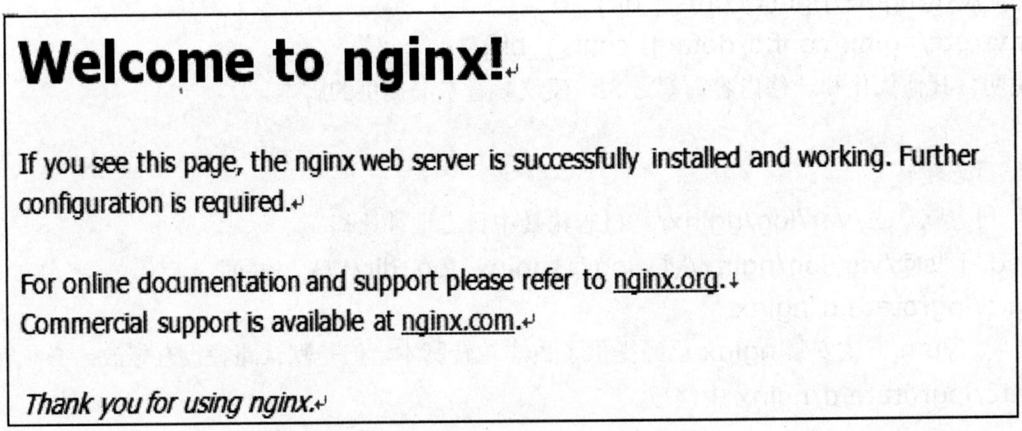

Welcome to nginx!

If you see this page, the nginx web server is successfully installed and working. Further configuration is required.

For online documentation and support please refer to nginx.org.
Commercial support is available at nginx.com.

Thank you for using nginx.

图 13.1　安装成功提示信息

13.4　PHP（PHP-FPM）安装

目前流行的 PHP 版本有 5.5、5.6、7.0，这里我们介绍 PHP 5.6 的 5.6.21，最新的 PHP7 很多代码不兼容，故本书不做讨论，但是在附带的脚本中，同时提供两种版本的安装，它们之间的差异非常小，几乎可以通用。PHP 在 Linux 下没有提供二进制版本，只能采用源代码编译的方式安装，这里下载 gzip 格式的源代码。

1. PHP(PHP-FPM)安装前准备

脚本清单: PHP(PHP-FPM)安装前准备

```
(1) 安装相关信息
php_version=5.6.21
#  说明: php 请下载 tar.gz 版源代码


#  PHP 安装位置/opt/php6，链接到/usr/local/php6
php_install_dir=/usr/local/php6
php_install_dir_real=/opt/php6
#  php 和 php-fpm 日志位置，相对路径指的是安装目录 var/，建议以下设置
php_log_dir=/data/phplog
php_log=${php_log_dir}/php_errors.log
php_fpm_log=${php_log_dir}/php-fpm.log
#  站点根目录及访问日志
php_web_dir=/data/phpwebroot/default
php_weblog_dir=/data/phpweblog


(2) 创建运行账号，并创建相关目录
#  PHP-FPM 进程运行账号，如果 Nginx、Apache 作为服务器，可以考虑统一
run_user=php
useradd -M -s /sbin/nologin $run_user


#  创建 PHP 目录
mkdir -p $php_install_dir_real
ln -s $php_install_dir_real $php_install_dir
mkdir -p $php_log_dir
mkdir -p $nginx_log_dir
mkdir -p $php_web_dir
```

```
mkdir -p $php_weblog_dir
```

(3) 安装依赖软件库

说明: 在系统配置时已经全部更新升级，故可跳过。

2. PHP(PHP-FPM)源代码安装依赖库

部分依赖库因为版权问题，官方 yum 源没有提供下载，只能编译源代码安装。

- libiconv 为需要做转换的应用提供了一个 iconv()的函数，以实现一个字符编码到另一个字符编码的转换。
- libmcrypt 是加密算法扩展库。支持 DES、3DES、RIJNDAEL、Twofish、IDEA、GOST、CAST-256、ARCFOUR、SERPENT、SAFER+等算法。
- mhash 是基于离散数学原理的不可逆向的 PHP 加密方式扩展库，mhash 可以用于创建校验数值、消息摘要、消息认证码，以及无需原文的关键信息保存(如密码)等。
- mcrypt 是 PHP 里面重要的加密扩展库。

脚本清单: PHP(PHP-FPM) 源代码安装依赖库

(1) libiconv 字符编码转换
```
libiconv_version=1.14
tar xzf src/libiconv-$libiconv_version.tar.gz
patch -d libiconv-$libiconv_version -p0 < src/libiconv-glibc-2.16.patch
cd libiconv-$libiconv_version
./configure --prefix=/usr/local
make && make install
cd ..
rm -rf libiconv-$libiconv_version
```

(2) libmcrypt 加密算法扩展库
```
libmcrypt_version=2.5.8
tar xzf src/libmcrypt-$libmcrypt_version.tar.gz
cd libmcrypt-$libmcrypt_version
./configure
make && make install
ldconfig
cd libltdl
./configure --enable-ltdl-install
make && make install
cd ../../
rm -rf libmcrypt-$libmcrypt_version
```

(3) mhash 不可逆的 PHP 加密方式扩展库

```
mhash_version=0.9.9.9
tar xzf src/mhash-$mhash_version.tar.gz
cd mhash-$mhash_version
./configure
make && make install
cd ..
rm -rf mhash-$mhash_version
```

```
# lib 全局可认
echo '/usr/local/lib' > /etc/ld.so.conf.d/local.conf
ldconfig
ln -s /usr/local/bin/libmcrypt-config /usr/bin/libmcrypt-config
ln -s /lib64/libpcre.so.0.0.1 /lib64/libpcre.so.1
```

(4) mcrypt 是 PHP 加密扩展库

```
mcrypt_version=2.6.8
tar xzf src/mcrypt-$mcrypt_version.tar.gz
cd mcrypt-$mcrypt_version
ldconfig
./configure
make && make install
cd ..
rm -rf mcrypt-$mcrypt_version
```

3. PHP(PHP-FPM)正式安装

脚本清单: PHP(PHP-FPM)正式安装

(1) 正式安装 PHP

```
tar zxf src/php-$php_version.tar.gz
cd php-$php_version
make clean
./buildconf
PHP_cache_tmp='--enable-opcache'

./configure \
--prefix=$php_install_dir \
```

```
--with-config-file-path=$php_install_dir/etc \
--with-config-file-scan-dir=$php_install_dir/etc/php.d \
--with-fpm-user=$run_user \
--with-fpm-group=$run_user \
--enable-fpm $PHP_cache_tmp \
--disable-fileinfo \
--enable-mysqlnd \
--with-mysqli=mysqlnd \
--with-pdo-mysql=mysqlnd \
--with-iconv-dir=/usr/local \
--with-freetype-dir \
--with-jpeg-dir \
--with-png-dir \
--with-zlib \
--with-libxml-dir=/usr \
--enable-xml \
--disable-rpath \
--enable-bcmath \
--enable-shmop \
--enable-exif \
--enable-sysvsem \
--enable-inline-optimization \
--with-curl \
--enable-mbregex \
--enable-inline-optimization \
--enable-mbstring \
--with-mcrypt \
--with-gd \
--enable-gd-native-ttf \
--with-openssl \
--with-mhash \
--enable-pcntl \
--enable-sockets \
--with-xmlrpc \
--enable-ftp \
--enable-intl \
--with-xsl \
--with-gettext \
```

```
--enable-zip \
--enable-soap \
--disable-ipv6 \
--disable-debug

make ZEND_EXTRA_LIBS='-liconv'
make install

if [ -e "$php_install_dir/bin/phpize" ];then
    echo "PHP install successfully!"
else
    rm -rf $php_install_dir
    echo "PHP install failed, Please Contact the author! "
    kill -9 $$
fi
```

(2) 配置 PHP 环境变量

```
[ -z "`grep ^'export PATH=' /etc/profile`" ] && echo "export
PATH=$php_install_dir/bin:\$PATH" >> /etc/profile
[ -n "`grep ^'export PATH=' /etc/profile`" -a -z "`grep $php_install_dir
/etc/profile`" ] && sed -i "s@^export PATH=\(.*\)@export
PATH=$php_install_dir/bin:\1@" /etc/profile
. /etc/profile
```

(3) 生成 php.ini 文件

```
[ ! -e "$php_install_dir/etc/php.d" ] && mkdir -p $php_install_dir/etc/php.d
cp php.ini-production $php_install_dir/etc/php.ini
```
说明: php.ini-development 适合开发测试,如本地测试环境, php.ini-production 拥有较高的安全性设定, 适合服务器上线运营

```
[ -z "`grep '^error_log.*' $php_install_dir/etc/php.ini`"] &&
sed -i "s@^\(;error_log.*php_errors.log.*\)@\1\nerror_log =
${php_log}/@" $php_install_dir/etc/php.ini || sed -i
"s@^error_log.*@error_log = ${php_log}/@" $php_install_dir/etc/php.ini
```
说明: 迁移日志路径

(4) 生成 php-fpm.conf 文件

```
cp php-fpm.conf.default php-fpm.conf
```

说明：PHP 的优化主要在 php.ini 和 php-fpm.conf 两个文件。

(5) 启动 php-fpm 服务
Unix Socket 通信速度比 TCP 端口通信快，/dev/shm 是个 tmpfs，速度比磁盘快得多，不过不能在网络上传播，分布式要启用下面的脚本
Nginx 也要启用#fastcgi_pass remote_php_ip:9000;
sed -i "s@^listen =.*@listen = 127.0.0.1:9000@"
$php_install_dir/etc/php-fpm.conf

```
# 编译软件后建议加载一下
ldconfig
service php-fpm start
echo "php-$php_version install successfully! "
php -version


cd ..
[ -e "$php_install_dir/bin/phpize" ] && rm -rf php-$php_version
```

(6) 日志轮转
```
cat > /etc/logrotate.d/php6 << EOF
$php_log_dir/*.log $php_weblog_dir/*.log{
    daily
    rotate 15
    missingok
    dateext
    compress
    delaycompress
    notifempty
    copytruncate
}
EOF
```

　　安装完成后的状态如下：
- fastcgi 服务：php-fpm。
- 通信端口：9000，或者使用 socket 通信。
- 运行账户：php。
- PHP 安装路径：/opt/php6，链接到/usr/local/php6。
　　重要配置文件如下：

- /usr/local/php6/etc/php.ini，PHP 的配置文件。
- /usr/local/php6/etc/php-fpm.conf，php-fpm 服务的配置文件。
- /usr/local/php6/etc/conf.d/，扫描配置目录，自定义配置文件，都会被加载。
  日志文件位置：默认的日志文件都是相对 PHP 的安装目录 var/ 下，已经调整到 /data/phplog:
- php_log=/data/phplog/php_errors.log。
- php_fpm_log=/data/phplog/php-fpm.log。
  根目录的位置：默认的根目录位置为/usr/share/nginx/html，已经调整到：
- php_web_dir=/data/phpwebroot/default。

4. Nginx 启用对 PHP(PHP-FPM)的支持，并测试

PHP 安装完成可以通过 php -v 命令查看 PHP 版本信息。PHP 的测试必须借助于应用服务器 Nginx 或者 Apache，这里以 Nginx 为例。首先要启动 Nginx 对 PHP 的支持。

脚本清单: Nginx 启用对 PHP(PHP-FPM)的支持

```
# Nginx 中启用 PHP
# 备份
mv /etc/nginx/nginx.conf{,_bk} -n
mv /etc/nginx/conf.d/default.conf{,_bk} -n

cat > /etc/nginx/conf.d/default.conf << EOF
    # default #
    server {
    listen 80;
    server_name localhost;
    #access_log $php_weblog_dir/access_nginx.log combined;

    root $php_web_dir;
    index index.html index.htm index.php;

    #error_page   404              /404.html;
    error_page    500 502 503 504  /50x.html;
    location = /50x.html {
        root   /usr/share/nginx/html;
    }

    location ~ \.php$ {
        #fastcgi_pass remote_php_ip:9000;
        fastcgi_pass Unix:/dev/shm/php-cgi.sock;
        fastcgi_index index.php;
    fastcgi_param   SCRIPT_FILENAME
```

```
\$document_root\$fastcgi_script_name;
        include fastcgi_params;
        }
    location ~ .*\.(gif|jpg|jpeg|png|bmp|swf|flv|ico)$ {
        expires 30d;
        access_log off;
        }
    location ~ .*\.(js|css)?$ {
        expires 7d;
        access_log off;
        }
    }
}
EOF

service nginx restart

# 创建测试页面
echo "<?php phpinfo(); ?>" > $php_web_dir/index.php

# 命令行测试
curl http://192.168.153.135/
```

设置好之后，就可以进行测试了。打开浏览器，输入 http://192.168.153.135/ ，显示如图 13.2 所示，说明正确安装完成。测试完成后，记得删除根目录下的 index.php，否则容易泄露服务器信息。

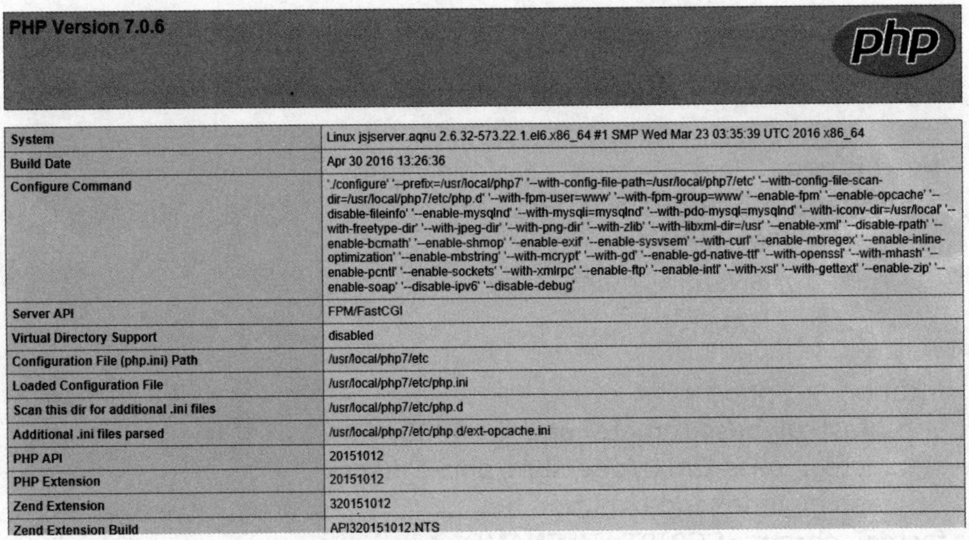

PHP Version 7.0.6

System	Linux jsjserver.aqnu 2.6.32-573.22.1.el6.x86_64 #1 SMP Wed Mar 23 03:35:39 UTC 2016 x86_64
Build Date	Apr 30 2016 13:26:36
Configure Command	'./configure' '--prefix=/usr/local/php7' '--with-config-file-path=/usr/local/php7/etc' '--with-config-file-scan-dir=/usr/local/php7/etc/php.d' '--with-fpm-user=www' '--with-fpm-group=www' '--enable-fpm' '--enable-opcache' '--disable-fileinfo' '--enable-mysqlnd' '--with-mysqli=mysqlnd' '--with-pdo-mysql=mysqlnd' '--with-iconv-dir=/usr/local' '--with-freetype-dir' '--with-jpeg-dir' '--with-png-dir' '--with-zlib' '--with-libxml-dir=/usr' '--enable-xml' '--disable-rpath' '--enable-bcmath' '--enable-shmop' '--enable-exif' '--enable-sysvsem' '--with-curl' '--enable-mbregex' '--enable-inline-optimization' '--enable-mbstring' '--with-mcrypt' '--with-gd' '--enable-gd-native-ttf' '--with-openssl' '--with-mhash' '--enable-pcntl' '--enable-sockets' '--with-xmlrpc' '--enable-ftp' '--enable-intl' '--with-xsl' '--with-gettext' '--enable-zip' '--enable-soap' '--disable-ipv6' '--disable-debug'
Server API	FPM/FastCGI
Virtual Directory Support	disabled
Configuration File (php.ini) Path	/usr/local/php7/etc
Loaded Configuration File	/usr/local/php7/etc/php.ini
Scan this dir for additional .ini files	/usr/local/php7/etc/php.d
Additional .ini files parsed	/usr/local/php7/etc/php.d/ext-opcache.ini
PHP API	20151012
PHP Extension	20151012
Zend Extension	320151012
Zend Extension Build	API320151012.NTS

图 13.2 php info 测试结果

5. PHP(PHP-FPM)的优化

PHP 的优化暂不在本书讨论范围。读者可以参阅 PHP 相关的书籍。

本 章 小 结

Nginx 是一个十分轻量级的 HTTP 服务器，PHP 是目前最流行的一种通用开源脚本语言，Nginx+PHP 组合就构成了目前最流行的 PHP 应用服务器。本章主要介绍了如何利用 yum 安装 Nginx 最新稳定版；如何利用源代码安装 PHP 最新稳定版，其他版本都可以基于该脚本进行简单修改而直接使用。

习　　题

1. 选择第 11 章安装和配置好的 CentOS 6 系统，使用脚本一键安装 Nginx 服务器。
2. 使用脚本一键安装 PHP(PHP-FPM)服务器。
3. 安装 PHP 应用 phpMyAdmin，并测试。

第 14 章　Tomcat 服务器运维

【学习目标】

　　Tomcat 服务器是一个免费的开源的 Java Web 应用服务器，是 Apache 软件基金会的 Jakarta 项目中的一个核心项目。本章将介绍生产环境 Tomcat 8 服务器的安装，并介绍如何开启 APR 启动方式，从操作系统层面解决 IO 阻塞问题，提高 Tomcat 8 的性能。最后介绍如何利用 Nginx 反向代理 Tomcat。

14.1　Java 应用服务器简介

　　应用服务器主要为应用程序提供运行环境，为组件提供服务。Java 的应用服务器很多，从功能上分为两大类：JSP 服务器和 Java EE 服务器。相对来说 Java EE 服务器的功能更加强大。

　　JSP 服务器有 Tomcat、Bejy Tiger、Geronimo、Jetty、Jonas、Jrun、Orion、Resin。

　　Java EE 服务器有 TongWeb、BES Application Server、Apusic Application Server、IBM Websphere、Sun Application Server、Oracle 的 Oracle AS、Sun Java System Application Server、WebLogic、JBoss、开源 GlassFish。

　　Java EE 服务器的典型代表是 WebLogic；JSP 服务器的典型代表是 Tomcat。

　　WebLogic 是美国 BEA 公司出品的一个 Application Server，确切地说是一个基于 JavaEE 架构的中间件，纯 Java 开发的，最新版本 WebLogic Server 是迄今为止发布的最卓越的应用服务器。WebLogic 是用于开发、集成、部署和管理大型分布式 Web 应用、网络应用和数据库应用的 Java 应用服务器。将 Java 的动态功能和 Java Enterprise 标准的安全性引入大型网络应用的开发、集成、部署和管理之中，完全遵循 J2EE 1.4 规范。WebLogic 后被 Oracle 公司收购。

　　Tomcat 服务器是一个免费的开源的 Web 应用服务器，是 Apache 软件基金会的 Jakarta 项目中的一个核心项目，由 Apache、Sun 和其他一些公司及个人共同开发而成。因为 Tomcat 技术先进、性能稳定，运行时占用的系统资源小，扩展性好，支持负载平衡与邮件服务等开发应用系统常用的功能；而且很重要的是它免费，因而深受 Java 爱好者的喜爱并得到了部分软件开发商的认可，成为目前比较流行的 Web 应用服务器。而且由于开源，它还在不断地改进和完善中，任何一个感兴趣的程序员都可以更改它或在其中加入新的功能。

WebLogic 应该是 Java EE Container，实现了 Web Container + EJB Container 等众多规范。

Tomcat 只能算 Web Container，是官方指定的 JSP&Servlet 容器，只实现了 JSP/Servlet 的相关规范，不支持 EJB。不过 Tomcat 配合 Jboss 和 Apache 可以实现 Java EE 应用服务器的功能。

这里详细介绍 Linux+Nginx+Tomcat 安装配置方式，一般 Tomcat 配合 Apache 比较多。

14.2　Tomcat 安装

Tomcat 官方提供编译好的二进制版本，这里下载最新的稳定版：8.0.33，下载文件：apache-tomcat-8.0.33.tar.gz。

本书附带的脚本提供 Tomcat 7 和 8 两个版本，脚本化安装差异很小。

安装帮助文档见官网或者下载 Full documentation 本地查看：

http://tomcat.apache.org/tomcat-8.0-doc/setup.html

1．安装与配置官方 JDK 环境

Tomcat 运行必须依赖 JDK 才能对 JSP 页面进行解析，安装 JDK 后还要进行环境变量的设置，在这里用脚本实现。

脚本清单：安装与配置官方 JDK 环境

```
#!/bin/sh

# rpm 安装方式

### rpm/src 包名，请根据实际情况修改
Jdk_rpm=jdk-8u92-Linux-x64.rpm
Jdk_name=jdk1.8.0_92

# 卸载 openjdk
rpm -e java-1.6.0-openjdk
rpm -e java-1.7.0-openjdk

# 正式安装 JDK
yum -y localinstall rpm/$Jdk_rpm

### 配置系统环境
```

```
#在/etc/profile 底部加入如下内容:

# export JAVA_HOME=/usr/java/jdk1.8.0_92
# export CLASSPATH=.:$JAVA_HOME/lib/dt.jar:$JAVA_HOME/lib/tools.jar
# export PATH=$JAVA_HOME/bin:$PATH

# 注意: JAVA_HOME 的地址一定要填写正确的安装路径

# 备份/etc/profile
cp /etc/profile{,_bk} -n
# /etc/profile
# 写入: export JAVA_HOME=/usr/java/jdk1.8.0_92
[ ! -z "`grep ^'export JAVA_HOME=' /etc/profile`" ] && sed -i "s@^export
JAVA_HOME.*@export JAVA_HOME=/usr/java/${Jdk_name}@" /etc/profile
|| echo "export JAVA_HOME=/usr/java/${Jdk_name}" >> /etc/profile
# 写入: export
CLASSPATH=$CLASSPATH:$JAVA_HOME/lib/dt.jar:$JAVA_HOME/lib/tools.jar
[ ! -z "`grep ^'export CLASSPATH=' /etc/profile `" -a -z "`grep ^'export
CLASSPATH=.*$JAVA_HOME/lib.*' /etc/profile `" ] && echo 'export
CLASSPATH=$CLASSPATH:$JAVA_HOME/lib/dt.jar:$JAVA_HOME/lib/tools.jar
' >> /etc/profile
# 写入: export
CLASSPATH=.:$JAVA_HOME/lib/dt.jar:$JAVA_HOME/lib/tools.jar
[ -z "`grep ^'export CLASSPATH=' /etc/profile `" ] && echo 'export
CLASSPATH=.:$JAVA_HOME/lib/dt.jar:$JAVA_HOME/lib/tools.jar' >>
/etc/profile
# 写入: export PATH=$JAVA_HOME/bin:$PATH
[ -z "`grep ^'export PATH=' /etc/profile | grep '$JAVA_HOME/bin'`" ] && echo
'export PATH=$JAVA_HOME/bin:$PATH' >> /etc/profile

. /etc/profile

echo "$Jdk_name install successfully! "
java -version
```

2. Tomcat 安装前准备

解压安装 Tomcat 之前还要对安装环境进行设置, 建立安装目录、日志转移目录等。

脚本清单: Tomcat 安装前准备

```sh
#!/bin/sh

# 二进制安装
# Tomcat8 官方稳定版
# 确保关闭 SELinux

### bin 包名，请根据实际情况修改
tomcat_name=apache-tomcat-8.0.33

### 可自定义信息，但是不建议修改
# Tomcat 安装位置/opt/tomcat8，链接到/usr/local/tomcat8
tomcat_install_dir=/usr/local/tomcat8
tomcat_install_dir_real=/opt/tomcat8
# 运行用户
run_user=tomcat
# 站点根目录
tomcat_web_dir=/data/tomcatwebroot/default
# Tomcat 运行日志位置
tomcat_log_dir=/data/tomcatlog
# Tomcat Host 网站访问日志位置
tomcat_weblog_dir=/data/tomcatweblog

# 创建用户
useradd -M -s /bin/bash $run_user
# 创建相关目录，并授权
mkdir -p $tomcat_install_dir_real $tomcat_web_dir $tomcat_log_dir
$tomcat_weblog_dir
chown  -R  $run_user.$run_user  $tomcat_install_dir_real  $tomcat_web_dir
$tomcat_log_dir $tomcat_weblog_dir
# 链接安装目录
ln -s $tomcat_install_dir_real $tomcat_install_dir
```

3. Tomcat 解压安装到指定路径

Tomcat 官方提供的是已经编译好的二进制版本，只要解压到指定位置就可以了。

脚本清单: Tomcat 解压安装到指定路径

```
# 将 Tomcat 二进制包解压到指定路径
tar xzf bin/$tomcat_name.tar.gz
cp -rf $tomcat_name/* $tomcat_install_dir
rm -rf $tomcat_name

# server.xml: Tomcat 配置文件
# 备份 server.xml，记录 Tomcat 安装路径
cp $tomcat_install_dir/conf/server.xml{,_bk} -n
### 使用 config/server.xml 提供的模板
# 修改默认编码为 UTF-8
# 配置默认虚拟主机分离
cp -f config/server.xml $tomcat_install_dir/conf
```

4．运行日志转移及设置虚拟主机

虚拟主机(Host)，也叫"网站空间"，虚拟主机技术是互联网服务器采用的节省服务器硬件成本的技术，虚拟主机技术主要应用于 HTTP 服务，将一台服务器的某项或者全部服务内容逻辑划分为多个服务单位，对外表现为多个服务器。

我们这里只设置一个默认虚拟主机，配置如下：

```
<Host name="localhost"  appBase="webapps"
          unpackWARs="true" autoDeploy="true">
<Context  path=""  docBase="/data/tomcatwebroot/default"  debug="0"
reloadable="false" crossContext="true"/>
      <Valve className="org.apache.catalina.valves.AccessLogValve"
directory="/data/tomcatweblog"
      prefix="localhost_access_log" suffix=".txt"
      pattern="%h %l %u %t &quot;%r&quot; %s %b" />
</Host>
```

其中：

- Host name="localhost"，可以通过域名来区分同一个 IP 的虚拟主机。
- Context docBase="/data/tomcatwebroot/default"，指定根目录路径，可以不同于 appBase="webapps"指定的根目录，以 Context docBase 为准。
- Context path=""，一般要求为空，如果二级域名的路径同根目录中的路径名不同，才考虑使用 path。

我们还可以考虑将 Tomcat 的虚拟主机单独以一个配置文件的形式保存，可以单独进行维护，如 localhost.xml。Tomcat 可以一个目录为一个虚拟主机，一个虚拟主机里面的目录层次等配置自己维护，这点不同于其他应用服务器。

　　Tomcat 每次启动时，都会自动在安装目录 logs 目录下产生两类日志文件：一是记录运行情况的日志，尤其是一些异常错误日志信息；二是访问日志信息，它记录访问时间、IP、访问资料等相关信息。建议修改到/data 目录下。

脚本清单: 运行日志转移及设置虚拟主机

```
# 配置默认虚拟主机，访问日志
[ ! -d "$tomcat_install_dir/conf/vhost" ] && mkdir
$tomcat_install_dir/conf/vhost
cat > $tomcat_install_dir/conf/vhost/localhost.xml << EOF
<Host name="localhost" appBase="webapps" unpackWARs="true"
autoDeploy="true">
  <Context path="" docBase="$tomcat_web_dir" debug="0"
reloadable="false" crossContext="true"/>
  <Valve className="org.apache.catalina.valves.AccessLogValve"
directory="$tomcat_weblog_dir"
        prefix="localhost_access_log." suffix=".txt" pattern="%h %l %u %t
&quot;%r&quot; %s %b" />
</Host>
EOF
# 修改虚拟主机 vhost 路径
sed -i "s@/usr/local/tomcat@$tomcat_install_dir@g"
$tomcat_install_dir/conf/server.xml

# 访问日志迁移
sed -i "s@directory=\"logs\"@directory=\"$tomcat_weblog_dir\"@g"
$tomcat_install_dir/conf/server.xml

# 运行日志和管理日志迁移
cp $tomcat_install_dir/bin/catalina.sh{,_bk} -n
sed                                                                    -i
"s@\"\$CATALINA_BASE\"/logs/catalina.out@$tomcat_log_dir/catalina.out
@" $tomcat_install_dir/bin/catalina.sh
cp $tomcat_install_dir/conf/logging.properties{,_bk} -n
sed -i "s@\${catalina.base}/logs@$tomcat_log_dir@"
$tomcat_install_dir/conf/logging.properties
```

5. 设定 APR 运行模式
Tomcat Connector 有三种不同的运行模式。

(1) BIO

一个线程处理一个请求。

缺点：并发度高时，线程数较多，浪费资源。

Tomcat7 或 7 以下，在 Linux 系统中默认使用这种方式。

(2) NIO

利用 Java 的异步 IO 处理，可以通过少量的线程处理大量的请求。

Tomcat8 在 Linux 系统中默认使用这种方式。

Tomcat7 必须修改 Connector 配置来启动。

(3) APR

即 Apache Portable Runtime，从操作系统层面解决 IO 阻塞问题。

Linux 如果安装了 apr 和 native，Tomcat 7 或 8 都直接支持启动 apr。

这里我们安装 APR 方式，安装相对比较复杂，还需要依赖安装 tomcat-native 以及 apr、apr-devel、apr-util。Tomcat 7 支持在线 yum 安装这些依赖库，但是 Tomcat 8 不支持，因为 yum 安装的版本太低，必须源代码编译安装。

脚本清单: 设定 apr 运行模式

```
### Tomcat 7 安装依赖库
# yum -y install apr apr-devel apr-util openssl-devel


### Tomcat 7 & 8 源代码编译安装依赖库


# 源码安装 apr
apr_version=1.5.2
tar xzf src/apr-$apr_version.tar.gz
cd apr-$apr_version
./configure
make && make install
cd ..
rm -rf apr-$apr_version


# 源码安装 apr_util
apr_util_version=1.5.4
tar xzf src/apr-util-$apr_util_version.tar.gz
cd apr-util-$apr_util_version
./configure \
--with-apr=/usr/local/apr/bin/apr-1-config
make && make install
```

```
cd ..
rm -rf apr-util-$apr_util_version

# 源码安装 openssl
# 默认安装到/usr/local/ssl
openssl_version=1.0.2h
tar xzf src/openssl-$openssl_version.tar.gz
cd openssl-$openssl_version
export CFLAGS="-fPIC"
./config shared no-ssl2 no-ssl3 --openssldir=/usr/local/ssl
make depend
make all
make install
cd ..
rm -rf openssl-$openssl_version

# 源码编译安装 tomcat-native
# 安装帮助文档: http://tomcat.apache.org/native-doc/
# 注意: Tomcat 7 和 8 编译文件深度不一样
tar xzf $tomcat_install_dir/bin/tomcat-native.tar.gz
cd tomcat-native-*-src/native/
./configure \
--with-apr=/usr/local/apr/bin/apr-1-config \
--with-ssl=/usr/local/ssl
make && make install
cd ../..
rm -rf tomcat-native-*-src

### 优化 Tomcat，并启用 apr 模式
# 以上几个 apr 相关的 lib 文件全部安装到了/usr/local/apr/lib
# 创建环境变量，Tomcat 启动程序自动调用 setenv.sh
Mem=`free -m | awk '/Mem:/{print $2}'`
[ $Mem -le 768 ] && Xms_Mem=`expr $Mem / 3` || Xms_Mem=256
cat > $tomcat_install_dir/bin/setenv.sh << EOF
JAVA_OPTS='-Djava.security.egd=file:/dev/./urandom -server
-Xms${Xms_Mem}m -Xmx`expr $Mem / 2`m'
CATALINA_OPTS="-Djava.library.path=/usr/local/apr/lib"
EOF
```

6．开机自启动服务

默认设置的开机自启动服务是以 root 身份运行的，这将导致 Tomcat 权限过大。jsvc 方式可以让 Tomcat 使用自定义身份运行，jsvc 默认未安装，必须手动进行源代码编译，代码位于 Tomcat 安装目录 bin/commons-daemon-native.tar.gz。

脚本清单: 设定为开机自启动服务

```
# 源码编译安装 commons-daemon，生成 jsvc
# 让 Tomcat 服务以$run_user 身份运行，否则是以 root 身份运行
tar zxf $tomcat_install_dir/bin/commons-daemon-native.tar.gz
cd commons-daemon-*-native-src/unix/
./configure
make
cp jsvc $tomcat_install_dir/bin -f
cd ../..
rm -rf commons-daemon-*-native-src

# 自启动服务设置
cp -f init.d/tomcat-init /etc/init.d/tomcat
sed -i "s@^CATALINA_HOME=.*@CATALINA_HOME=$tomcat_install_dir@" /etc/init.d/tomcat
sed -i "s@^TOMCAT_USER=.*@TOMCAT_USER=$run_user@" /etc/init.d/tomcat
chmod +x /etc/init.d/tomcat
chkconfig --add tomcat
chkconfig tomcat on

# 日志轮转
# Tomcat 自己维护日志系统，跳过

# 修正配置文件修改后无法读取的 Bug
chown -R $run_user.$run_user $tomcat_install_dir_real $tomcat_web_dir $tomcat_log_dir $tomcat_weblog_dir
# 说明: Tomcat 权限设置非常严格，修改配置文件后，非 root 身份运行脚本无法读取配置文件

# 编译软件后建议加载一次
ldconfig
service tomcat start
```

```
echo "Tomcat install successfully! "
$tomcat_install_dir/bin/version.sh
```

7. Tomcat 测试

Tomcat 本身就是应用服务器，安装完成后就可以提供服务，打开浏览器主页，输入
http://192.168.153.135:8080/，默认情况下显示如图 14.1 所示页面，说明安装成功。

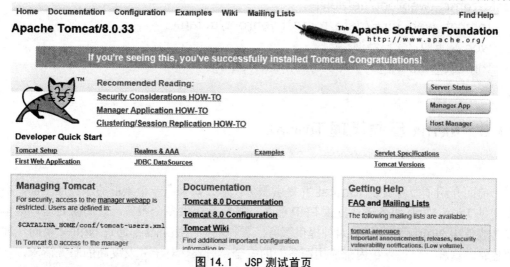

图 14.1　JSP 测试首页

这里我们安装的时候修改了默认根目录地址，必须自己编写测试页面，如下所示。

脚本清单: 测试页面

```
# 创建测试页面
echo "This is my JSP page." > $tomcat_web_dir/index.jsp
```

如果正确显示如下内容，表示配置成功。

命令操作: 测试页面

```
# 测试页面
$ curl http://192.168.153.135:8080/
This is my JSP page.
```

Tomcat 安装后的状态如下:
- 服务: tomcat。
- 端口: 8080。
- 运行账户: tomcat。
- Tomcat 安装路径: /opt/tomcat8，链接到/usr/local/tomcat8。

重要配置文件如下：

- /usr/local/tomcat8/config/server.xml。

日志文件：默认的日志文件都是相对 Tomcat 的安装目录 var/logs 下，已经调整到 /data/tomcatlog：

- tomcat_log_dir=/data/tomcatlog。

根目录的位置：默认的根目录位置为 Tomcat 的安装目录 webapps/下，已经调整到 /data/tomcatwebroot/default：

- tomcat_web_dir=/data/tomcatwebroot/default。

web 站点的日志已经调整到：

- tomcat_weblog_dir=/data/tomcatweblog。

14.3　Nginx 反向代理 Tomcat

前面介绍了如何安装 Tomcat 并提供服务，那么如果在一个集群的服务器里面，不仅要提供 Java Web 服务还要提供 PHP 服务，甚至是提供多个服务，该如何处理？这里可以考虑使用 Nginx 作为门户对外提供服务，其他的应用服务器都通过 Nginx 反向代理获取连接，这样，可以保护内部应用服务器的安全。另外，对于并发度高的服务请求，一般服务器没有能力处理，可以使用 Nginx 进行负载均衡。

反向代理(Reverse Proxy)方式是指以代理服务器来接受广域网上的连接请求，然后将请求转发给内部网络上的服务器，并将从服务器上得到的结果返回给广域网上请求连接的客户端，此时代理服务器对外就表现为一个服务器。

反向代理的作用：

(1) 保护网站安全：任何来自 Internet 的请求都必须先经过代理服务器。

(2) 通过配置缓存功能加速 Web 请求：可以缓存真实 Web 服务器上的某些静态资源，减轻真实 Web 服务器的负载压力。

(3) 实现负载均衡：充当负载均衡服务器均衡地分发请求，平衡集群中各个服务器的负载压力。

Nginx 反向代理和负载均衡都通过配置文件/etc/nginx/conf.d/default.conf 和扫描配置目录/etc/nginx/conf.d/来设置。

反向代理的路由策略是通过编写 location 规则的，下面详细介绍其语法规则。

脚本语法: location 配置的语法规则

---

location [=|~|~*|^~] /uri/ {...}
说明：分成四段，注意每段之间必须有空格分隔。

[=|~|~*|^~]:

= ：精确匹配，不支持正则。

^~：表示 uri 以某个常规字符串开头，不支持正则，理解为匹配 uri 路径。

~ ：区分大小写的正则匹配。

~*：不区分大小写的正则匹配。

!~ ：区分大小写不匹配。

!~*：不区分大小写不匹配。

/ ：通用匹配，任何请求都会匹配，通常没有其他匹配项时最后匹配。

匹配优先级：

(1)优先尝试全匹配(=)；

(2)尝试路径匹配(^~)；

(3)尝试正则匹配(~* 或~)；

(4)最后字符串匹配(/ 或者 /subweb/)。

说明：字符串匹配/subweb/同^~ subweb 路径匹配结果一致，但是考虑安全性，建议尽量不要使用字符串匹配/subweb/。

注意：匹配路由的路径

proxy_pass http://localhost;

proxy_pass http://localhost/;

这两者是有区别的，最后带上/，表示不带上匹配路径，直接匹配到 localhost 根目录；最后不带上/，匹配时带上匹配路径。要根据实际情况，考虑是否应该带上/。

Tomcat 服务器，如果想通过 Nginx 反向代理，对外提供服务，还必须在 Nginx 进行设置，简单地以路径区分各个站点配置如下。

脚本清单: 开启 Tomcat 的反向代理

```
# /etc/nginx/nginx.conf

# default #
server {
listen 80;
server_name localhost;

root /data/phpwebroot/default;
index index.php index.jsp index.html index.htm;
#设置默认主页，首先检查根目录下有没有 index.php 文件，如果没有，就查找路由规
则，进行匹配；没有匹配规则，则继续检查 index.jsp 文件，再继续检查路由规则……
```

```
location ~ .*\.(jsp){
    proxy_pass http://localhost:8080;
}
```

说明：后缀为.jsp，如果文件没有被找到，就选择该路由。后缀匹配一般都是将辅助路径匹配作为默认路由的。

```
location ^~ /bbs/ {
    index index.jsp index.html;
    proxy_pass http://localhost:8080;
}
```

说明：这里我们 bbs 是使用 Tomcat 提供服务的，所以必须路由到 Tomcat 服务器，通过路径/bbs/区分不同虚拟主机，路径名不能重复。另外，路径匹配优先级高于正则匹配，所以该 location 要比上一个 location 提前匹配到。这是最常见的多服务器的匹配方式。

```
location ~ .*\.(php|php5)$ {
    #fastcgi_pass remote_php_ip:9000;
    fastcgi_pass Unix:/dev/shm/php-cgi.sock;
    fastcgi_index index.php;
    fastcgi_param   SCRIPT_FILENAME
$document_root$fastcgi_script_name;
    include fastcgi_params;
}
```

说明：后缀为.php，如果文件没有被找到，就选择该路由。

Nginx 配置文件修改后，强烈建议测试一下配置文件是否正确，然后重启 Nginx 服务生效。

命令操作: Nginx 常用的命令操作

nginx -t
nginx: the configuration file /etc/nginx/nginx.conf syntax is ok
nginx: configuration file /etc/nginx/nginx.conf test is successful
说明：提示测试成功。

service nginx reload
重新载入 nginx: [确定]
说明：reload 相当于 restart，是一种平滑过渡的重启操作，建议尽量使用 reload。

　　配置后测试如下，这里已经不再需要设置 8080 端口，而是直接使用 80 端口，所以即使防火墙开启，限制 8080 端口，仍然可以访问。

命令操作: 测试页面

```
# 测试页面
$ curl http://192.168.153.135/
This is my JSP page.
```

本 章 小 结

　　Tomcat 服务器是一个免费的开源的 Java Web 应用服务器，是 Apache 软件基金会的 Jakarta 项目中的一个核心项目。本章介绍了生产环境的 Tomcat 8 服务器的安装，并采用 APR 启动方式，从操作系统层面解决了 IO 阻塞问题，提高了 Tomcat 8 的性能。

　　最后，Nginx 还可以进行负载均衡以及 rewrite 重写，能够定制更丰富的功能，作为一个合格的服务器运维工程师，必须熟练掌握 Nginx 配置文件的设置，建议感兴趣的读者可以再深入学习，限于篇幅和内容，本书不再详细介绍。

习　　题

1. 选择第 11 章安装和配置好的 CentOS 6 系统。使用脚本一键安装 Tomcat 8 服务器。
2. 配置 Nginx，反向代理 Tomcat。
3. 修改脚本一键安装 Tomcat 7 服务器。

第 15 章　Linux 桌面体验*

【学习目标】

　　Linux 虽然可以完全抛弃图形化界面，但是桌面体验也越来越好，Linux 的桌面也能提供 Windows 呈现的丰富图形功能，经过简单打造，使用起来非常令人愉悦，甚至是一种享受。所以 Linux 作为桌面操作系统虽然小众，但是越来越多的用户愿意使用 Linux 作为自己的主要使用操作系统。

　　本章主要以 Windows 为目标，基于 Debian 系统打造个人桌面系统，使 Linux 接近 Windows 式桌面体验。使用 U 盘安装 Linux，实现 Linux、Windows 双重启动，不使用虚拟机安装 Linux。当然出于安全考虑，用户也可以在虚拟机安装 Linux 桌面系统。

　　安装完成后，提供 Windows 常用软件对应 Linux 中的替代方案，如：输入法、office 办公软件、浏览器、图形图像处理、播放器，等等。

15.1　桌面 Linux 的选择

　　桌面型 Linux 发行版本也有很多，常见的是 Red Hat 系的 Fedora，Debian 系的 Ubuntu，还有 OpenSUSE，等等，都非常值得尝试，甚至可以考虑发行自己打造的个人桌面系统。由于 Windows 平台表现越来越好，所以本章主要以 Windows 为目标，基于 Debian 系统打造个人桌面系统，使 Linux 接近 Windows 式的桌面体验。但是，一般初学者不推荐这么做。

　　为什么一般不推荐直接使用服务型操作系统作为桌面系统？

　　因为服务型操作系统主要目的是提供服务，不需要同用户交互，主要保证系统平台的性能和稳定性，所使用软件必须精准且经过大量的测试，关于图形图像等多媒体编码库没有必要集成到服务型操作系统中，必须单独分支成新的发行版。所以桌面系统也承载了很多测试和尝试的功能。

　　RHEL、CentOS、Debian、FreeBSD 就是典型的服务型操作系统；Fedora、Ubuntu 就是典型的桌面型操作系统。本章直接基于 Debian 打造桌面系统，难度较大，但是可以完成。典型的桌面系统 Ubuntu 就是基于 Debian 再发行的桌面操作系统。发行量第一的桌面系统 LinuxMint 就是基于 Ubuntu 的再发行版；LinuxMint 的另一个分支 LMDE，就是直接基于 Debian 的再发行版。LinuxMint/LMDE 系列同样都是以 Windows 为目标，使用的主题精美，推荐的软件性能卓越，非常值得我们借鉴。所以本章的桌面系统可以有两种选择。

（1）基于最小安装的 Debian 最新稳定版，再以脚本的形式安装图形界面和常用软件。这种安装方式让我们可以随时了解系统的发展动态，对整个系统架构可以有一个整体的认识，属于试探性研究，难度较大，但是非常值得尝试。

（2）直接使用 LMDE 或 LinuxMint 安装桌面系统，然后卸载部分软件，重新安装适合我们使用的软件。这种安装方式比较简单，比较适合初学者。

为什么没有选择 Red Hat 系 Fedora 桌面系统？

Fedora 源自 RHEL，由商业公司推动，交由社区维护，冲劲十足，有非常大的潜力，目前桌面表现也非常不错。本章为什么没有选择 Fedora，主要是因为 Fedora 属于公司商业测试性版本，内核升级频繁，稳定性不足；而 Debian 性能稳定，桌面环境也已经由原来基于测试版发布改为基于稳定版发布。所以有非常多的再发行版基于 Debian 系，并且直接使用 Debian 作为桌面系统也慢慢普及，直接使用 Debian 作为桌面系统是目前最稳定、占用资源最少、兼容性也最好的 Linux 桌面系统。

Linux 桌面可以选择不同的桌面环境，比较经典的是 GNOME、KDE、MATE；桌面环境还可以安装不同的主题风格美化桌面。本章桌面环境选择 Mint 主题风格的 MATE 环境，界面美观，对系统性能要求比较低。MATE 主题可以安装在各种不同的 Linux 发行版本中，可以参考在线安装帮助：

http://wiki.mate-desktop.org/download

15.2　物理机使用 U 盘安装 Linux

U 盘已经成为常见的和廉价的存储设备。大多数现代计算机系统允许从 U 盘引导 Linux 系统安装。大多数现代的计算机系统，特别是上网本和轻薄便携机，根本就不配备 CD/DVD-ROM 驱动器，所以从 U 盘引导安装已经是安装操作系统的标准方法。

15.2.1　制作 U 盘安装盘

Windows 下制作 U 盘安装盘必须借助于工具，推荐 PowerISO。PowerISO 是一款强大的 CD/DVD 映像文件处理工具，它可以建立、编辑、解压、转换、压缩、加密和分割 ISO/BIN 映像文件。利用 PowerISO 的"制作可启动 U 盘"工具，将下载的 Linux 安装 ISO 文件，写入 U 盘。如图 15.1 所示，写入 U 盘时，镜像文件选择 Debian 系统的最新稳定版"debian-8.5.0-amd64-DVD-1.iso"（初学者，建议直接使用 LMDE 或 LinuxMint 的 ISO 镜像，LMDE 最新版 lmde-2-201503-mate-64bit.iso)，选择"USB-HDD"写入方式，"FAT32"文件系统。

这种方式也可以制作 Windows 等其他系统安装盘，但是这种方式制作的 Windows 安装 U 盘功能单一，只能安装某一种 Windows 版本，所以一般都是选择安装 WinPE 系统，WinPE 可以启动任何 Windows 的 ISO 安装文件，并且附带很多维护工具，比较遗憾的是，Linux 系列目前还没有这种统一的引导安装方式。

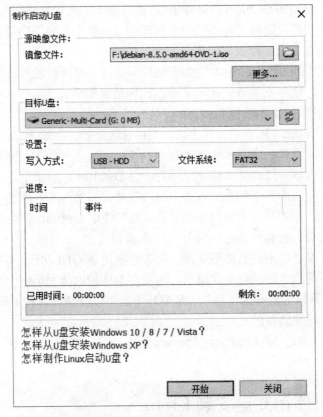

图 15.1　制作可启动 U 盘

　　注意，在执行"开始"之前，备份好 U 盘数据，"开始"之后，U 盘将被格式化。制作可启动 U 盘的软件较多，部分软件兼容性不够，需要慎重选择。

　　在 Linux 下制作 U 盘安装盘建议使用图形界面的"U 盘镜像写入工具"，方法基本同 PowerISO，如图 15.2 所示，直接利用工具，将下载的 Linux 安装 ISO 文件，写入 U 盘。

图 15.2　U 盘镜像写入工具

　　Linux 字符界面使用命令写入 U 盘，格式如下：

命令操作: dd 命令制作可启动 U 盘

---

dd if=/debian-8.5.0-amd64-DVD-1.iso　of=/dev/sdb

注意: /dev/sdb 必须是 U 盘的所在位置，可以使用 fdisk -l 查看。另注意是/dev/sdb，
不能是/dev/sdb1，否则出错。

15.2.2　安装 Debian 8 系统

(1) 首先，最好准备一块空白硬盘，未格式化；或者在硬盘留出一个空白空间(空白
空间不是指空白分区)，未格式化。这样出错率较低。

(2) 插入制作好的 U 盘，重启系统，进入 BIOS，启动顺序设置优先以 U 盘方式启动。
重启，进入安装界面。

(3) 安装过程开始会扫描安装文件中的驱动文件，一般都会提示缺少必要的固件(如
有线/无线网卡驱动)，因为 Debian 是完全 GNU 操作系统，所有打包发行的软件都必须
是 GNU 软件，其他非 GNU 软件，系统默认都不会提供，其中包括硬件驱动，都需要从
服务器下载。如图 15.3 所示，必须按照提示从网络先下载对应的驱动程序放至 U 盘
firmware 目录，重新安装。

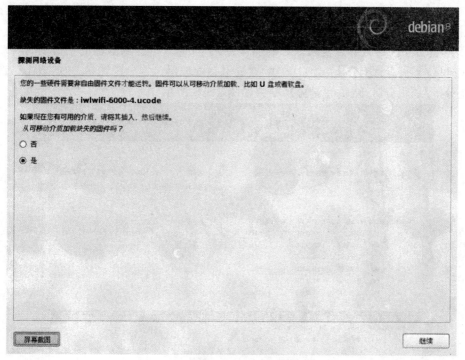

图 15.3　提示缺少固件

提示: 如果该步初学者无法完成，建议直接安装 LMDE/LinuxMint 系统。

(4) 重新启动安装,检验固件通过后,其他步骤按照提示操作,一般比较简单,需要注意的地方是,磁盘分区的分区方法,如图 **15.4** 所示,必须选择"手动",避免已安装的 Windows 等信息丢失。

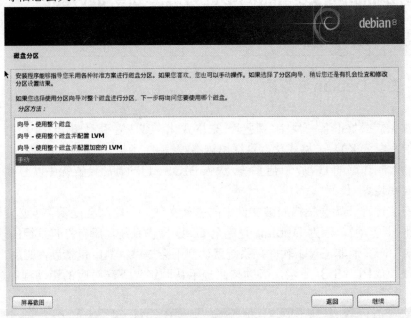

图 15.4　分区方法

(5) 手动分区稍微有点复杂,总的操作方式是:① 选择未分配的空白空间,双击,划分主分区/扩展分区/逻辑卷组;② 配置逻辑卷管理器,划分逻辑卷;③ 双击,选择性挂载主分区/逻辑分区/逻辑卷。分区结果如图 **15.5** 所示。

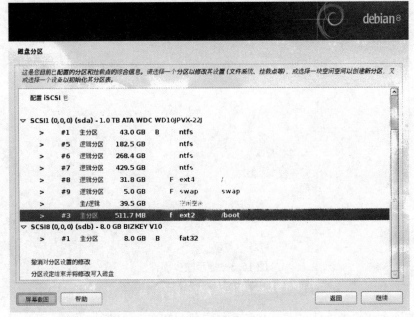

图 15.5　手动分区

分区注意事项：

- **/boot 分区必须是主分区**，一般是在磁盘的最前面，占用磁盘 256 MB 或 512 MB。记下分区号，以后安装 Grub 或 Grub2 可以安装到/boot 分区，不需要安装到主引导区 (MBR)。本次安装分区号从图 15.5 可知为"/dev/sda3"。**/boot 分区文件格式目前不能使用太高的版本，只能使用 ext2 或 ext3 格式，否则无法安装引导程序至/boot 分区。**

- 其他分区建议使用 LVM 逻辑卷组，每个逻辑卷都有自己的标签，再次重装系统时，逻辑卷与标签仍然存在，不会出现失误而擦除重要数据的情况。"扩展分区"再分"逻辑分区"，占用的都是数字编号；"逻辑卷组"再分"逻辑卷"，不占用数字编号，而是使用标签编号。

- 交换分区 swap 一般设为内存的 2 倍。

(6) 软件选择，如图 15.6 所示，桌面系统仅选择"MATE"桌面环境。

有三种方案可以选择：

- 最小安装，不选择任何项，最小安装安装速度快，选择其他桌面项，安装程序可能会主动连接到国外默认服务器进行下载，速度特别慢。

- 服务器安装，建议选择安装最基本的 SSH Server，也可以选择最小安装。

- 桌面系统安装，可以任意选择自己喜欢的桌面环境，推荐选择 MATE 主题。

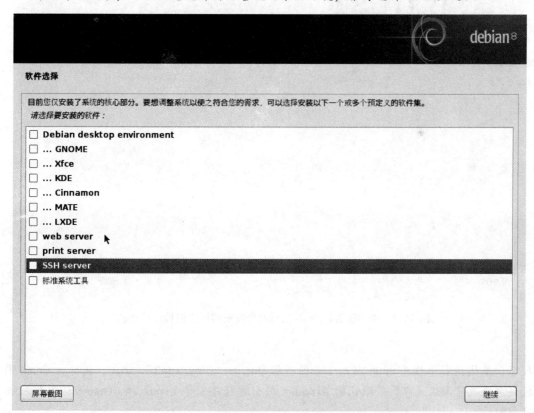

图 15.6　软件选择

(7) 安装完成的最后一步，如图 15.7 所示，提示是否将 Grub 启动引导器安装到主引导记录(MBR)上。选择"否" → "手动输入设备"。在图 15.8 中，手动输入记录的/boot 分区编号 "/dev/sda3"。

注意：输入分区号必须按照规定输入，否则系统将无法启动；输入 "/dev/sda" 等价于将 Grub 启动引导器安装到 MBR 上。

为什么不推荐将 Grub 启动引导器安装到默认的 MBR 呢？

如果安装到 MBR 意味着全部操作系统都由 Grub 负责引导，但是如果重装某一个操作系统，就可能再次破坏 MBR，导致部分操作系统无法启动。所以最理想的方式就是各个操作系统都安装在各自分区的卷引导记录 VBR 里，相互之间不干扰。MBR 使用 EasyBCD 等工具独立维护所有操作系统的启动工作。

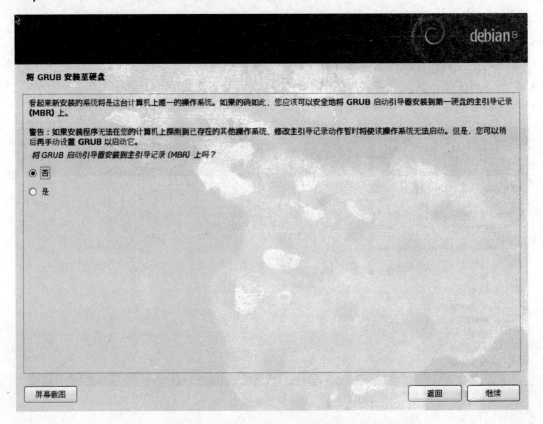

图 15.7　询问是否将 Grub 启动引导器安装到主引导记录(MBR)

提示：虽然将引导程序 Grub 写入了分区卷引导记录 "/dev/sda3"，但是，实际上 Grub 可能还会修改了 MBR，取代了默认的 Windows 的引导程序引导 Linux 和 Windows；否则无法直接引导 Linux。

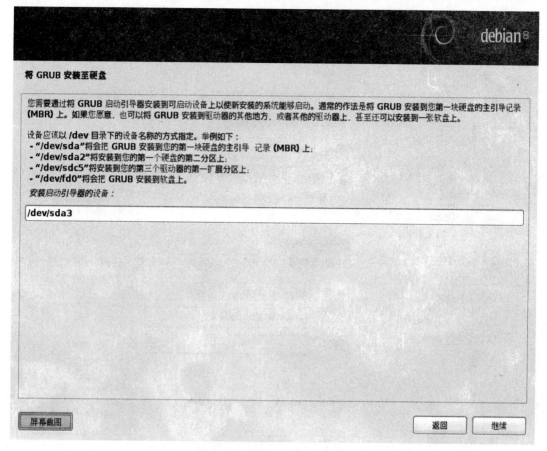

图 15.8 手动输入引导设备名

15.2.3　EasyBCD 修复 MBR 引导

　　如果不习惯 Grub 引导操作系统，还可以借助工具修复 MBR，使用 Windows 引导程序。EasyBCD 就是非常不错的修复工具，默认的 Windows 引导程序无法识别 Grub，EasyBCD 可以通过简单设置引导 Grub 或 LILO。

　　EasyBCD 是一款免费软件，能够极好地支持多种操作系统如 Windows、Linux、Mac OS X、BSD 等。任何在安装 Windows 前能够正常启动的系统，通过 EasyBCD，均可保证在安装 Windows 后同样能够启动。同时，在设置方面极为简单，完全摆脱 BCDEdit 的烦琐冗长命令，用户只需选择相应的平台与启动方式即可完成。

　　如图 15.9 所示，选择"添加新条目"。如果默认的 Windows 引导程序被修改，只要添加 Windows 条目；Linux 系统，只要添加 Grub 所在的分区。

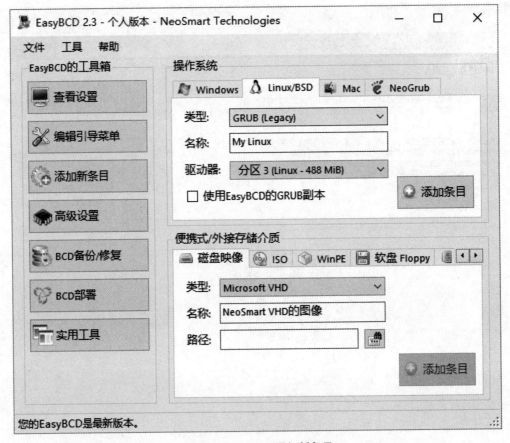

图 15.9　EasyBCD 添加新条目

提示：如果 MBR 已经被破坏，建议使用 Windows 修复引导区程序 NTBootAutofix 修复，然后再使用 EasyBCD 添加 Linux 系统的引导。

15.2.4　脚本安装 Mint 风格的 MATE 主题及常用软件

为了防止造成学习的困惑，脚本的详细内容介绍放在本章 15.5 节：基于 Debian 8 打造个人桌面系统脚本。脚本安装难度较大，初学者可以考虑直接安装 LinuxMint 或 LMDE 系统，安装后可以直接使用，无须运行脚本。

15.3　Linux 桌面操作

安装 MATE 桌面后的 Linux 的操作，几乎都类似于 Windows 桌面操作。本章不重复这部分图形界面操作知识，只介绍需要一定背景知识才能操作的内容。

15.3.1　设置网络

网络是安装系统后必须要解决的问题，一般安装 Linux 桌面版后都不会存在问题，Debian 系统的网络管理同其他 Linux 发行版本有差异，Debian 网络有两种管理模式：

- networking ：字符模式。
- network-manager ：图形模式。

在/etc/network/interfaces 中注册的网络，由 networking 服务主动接管，该网络一般都是在字符模式中使用；图形化界面之后，networking 功能有限，就引入了 network-manager 服务。networking 不处理的网络设备接口，就属于漫游状态，network-manager 接管漫游状态的网络。

图形界面启用 network-manager 管理网络的方法：

打开"开始菜单" → "全部程序" → "系统管理" → "网络"，弹出如图 15.10 所示，一般系统管理需要超级权限，必须提供 root 密码，验证正确后才会弹出管理窗口。对于 Ubuntu 系统，限制 root 用户登录，这里验证的密码是具有 sudo 权限的管理员用户的登录密码。

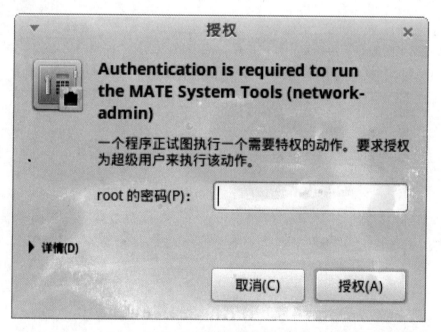

图 15.10　超级权限授权界面

验证正确后，弹出如图 15.11 所示的网络设置，一般都已经启用漫游模式，如果没有启用，点选待启用的连接，选择"属性"，启用漫游。

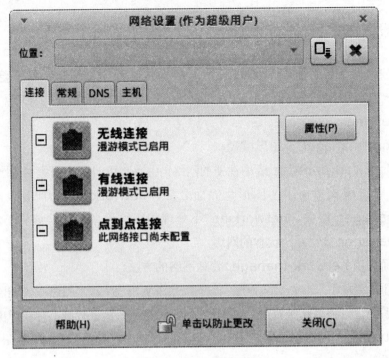

图 15.11　网络设置

启用漫游后，就可以在"开始菜单"→"全部程序"→"首选项"→"网络连接"，或者在桌面的右下角托盘中的网络图标点右键，选择"编辑网络连接"，弹出如图 15.12 所示的网络连接，选择"编辑"，弹出如图 15.13 所示的详细配置。

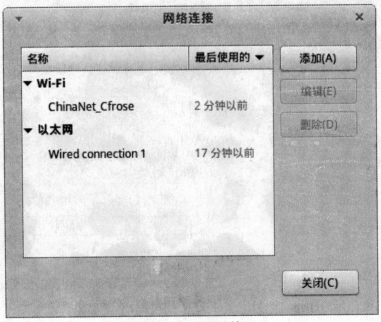

图 15.12　网络连接

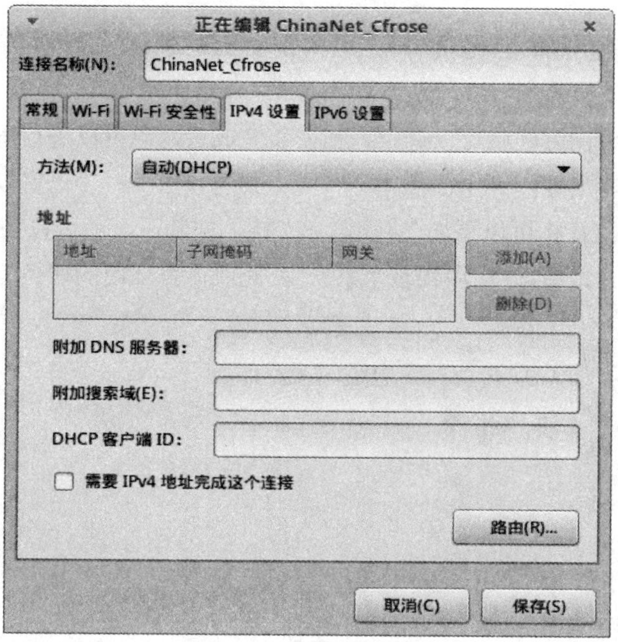

图 15.13　编辑网络连接

配置完成后，就可以左键桌面右下角托盘中的网络图标"左键"，在弹出的图 15.14 中，选择有线或无线网络 Wi-Fi 进行连接。

图 15.14　连接网络

15.3.2 设置语言地区与输入法

语言地区在安装的时候就可以选定，在安装完成后，也可以进行重新设定。

打开"开始菜单" → "全部程序" → "首选项" → "语言"，弹出如图 15.15
所示窗口，在语言支持栏可以添加/移除语言支持，安装后，就可以在语言、地区栏选用
已安装的语言支持，最后，"应用到整个系统"，完成语言环境的切换。

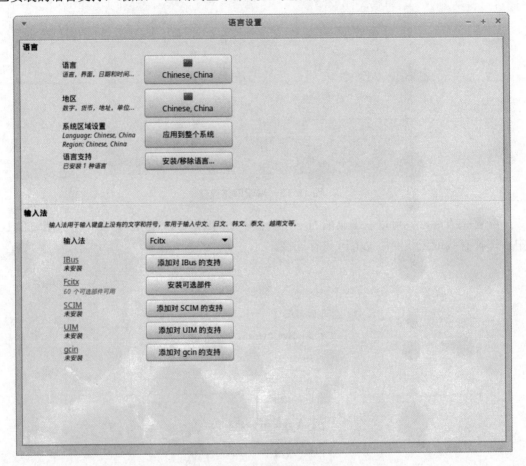

图 15.15　语言设置及输入法

Linux 下输入法有输入法平台的概念，输入法平台是输入法运行的基础。输入法必须
对应相应的平台才能起作用，输入法不能脱离输入法平台独立安装。

常用的中文输入有三个常用的输入法平台， IBus、Fcitx、SCIM。图 15.15 中已经
列出了常见的输入法平台，通过点选的方式就可以安装。其中：

* Fcitx 平台是中文特有的输入法平台，对中文支持比较好，常见的中文输入法有: Sun
　输入法(fcitx-sunpinyin)、Google 输入法(fcitx-googlepinyin)、五笔输入法
　(fcitx-table-wubi)、搜狗输入法等。

- IBus 平台是国际通用输入法平台，支持全世界各种语言的输入法，常见的中文输入法有：Sun 输入法(ibus-sunpinyin)等。IBus 对比 Fcitx 平台，由于支持多语言，相对比较臃肿，中文输入建议选择 Fcitx 平台；如果需要支持多语言，可以考虑选择 IBus 平台。
- SCIM 平台性能目前弱于前面二者。

中文输入法比较好的有 Sun 输入法、Google 输入法，以及搜狗输入法。

输入法平台建议只安装一个，输入法可以安装多个。输入法平台及输入法的切换，可通过"首选项" → "输入法"设置。

15.3.3　软件管理器

软件管理器是软件包管理的前端图形化界面，一般都会提供两个：软件管理器、软件包管理器(新立得包管理器)。它们都完全对应字符命令 apt(apt-get)，主要目的是提供分类检索、安装使用。

通过关键字查找软件包同 apt search 查找结果一致。

软件管理器最大的特性是提供了依据软件功能进行分类检索，可以实现在不知道软件名的情况下，快速高效检索需要的软件，这一点是 apt search 无法实现的。

软件包管理器如图 15.16 所示，功能相对简单，已经逐渐被软件管理器取代；软件管理器如图 15.17 所示，其不仅提供了分类检索功能，还提供了用户评价系统，回馈软件使用情况，方便我们查找时评估。

建议只使用软件管理器的检索功能，不要直接使用图形安装，而是使用字符命令 apt 安装。

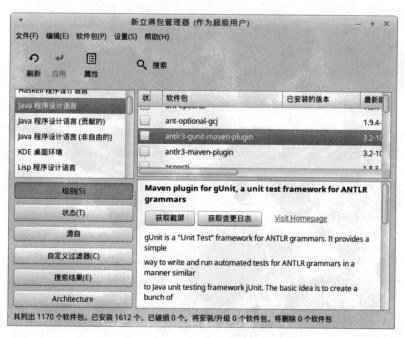

图 15.16　软件包管理器

图 15.17 软件管理器

软件管理器的检索都是基于设定的软件源，也可以通过软件源管理器重新设定软件源。软件源管理如图 **15.18** 所示。

图 15.18 软件源

其中：

- 基础软件源(Base)镜像，是指 Debian 系统的基础软件源，通过点选选择框，会列举各种基础软件源，还提供速度检验功能，可以根据自己地区选择速度最快的软件源，也可以选择自己喜好的特定软件源。
- 主要软件源(Main)镜像，是指 Linuxmint 团队提供的软件源。
- 不稳定包(romeo)可选组件，是指 Backports 和 unstable 软件源中尚处于测试阶段的软件包，桌面环境可以考虑开启。在 apt upgrade 中默认不会选择该源，但是在 apt install 中会使用该源，是桌面环境比较不错的候选源。
- 额外的仓库，是指个人添加的软件源。
- PPA，Ubuntu 中的 PPA(Personal Package Archive，个人软件包存档)也是一种个人软件源仓库，是 Ubuntu Launchpad 网站提供的一项服务，允许个人用户上传软件源代码，通过 Launchpad 进行编译并发布为二进制软件包，作为 apt/新立得源供其他用户下载和更新。在 Launchpad 网站上的每一个用户和团队都可以拥有一个或多个 PPA。
- 认证密钥，个人软件源必须安装该软件源的认证密钥才可以使用。
- 更新缓存，等于执行 apt update，更新本地缓存。

本地 dpkg 包，可以直接使用命令安装，也可以通过双击本地 dpkg 包，打开 "gdebi 安装器"，如图 15.19 所示，再点击 "安装软件包"，直接安装。

本操作等价于：

dpkg -i *software*

apt-get -f install

不仅安装好本地 dpkg 包，并且修复安装了该软件的依赖包。在安装前，其实还提供在线查找功能，如果官方软件库中已经存在该软件包，会建议使用 apt 在线安装。

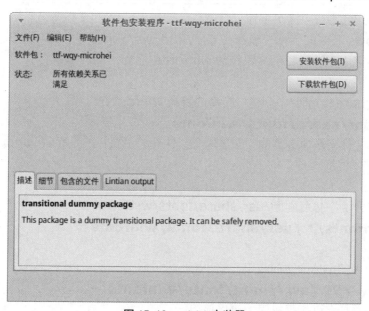

图 15.19　gdebi 安装器

15.3.4 驱动管理器

Mint 驱动程序管理器(mintdrivers)是由 Linux Mint 团队开发的一款系统工具软件,使得用户在 Linux 系统中可容易安装专有驱动,通过一个直观的界面。由于 Mint 驱动程序管理器具有独立性,它支持所有的桌面环境: Unity、KDE、GNOME、Xfce 等。目前仅支持 Ubuntu 系统, Debian 系统尚不能完美兼容。

Device Driver Manager 是由 schoelje 开发的驱动管理器,这个工具也可以帮助用户安装第三方硬件驱动程序。目前可以安装的驱动有: NVIDIA、英特尔、ATI。

显卡驱动还可以使用 smxi 第三方提供的功能性脚本进行安装。smxi 功能比较多,主要是利用脚本实现系统升级、内核升级、自动安装显卡驱动、安装额外软件、删除特定软件、清理系统以及调整系统等功能。smxi 只支持 Debian 及其衍生版,不支持 Ubuntu 系列。

smxi 官方主页:

http://smxi.org/

15.3.5 字体管理

Linux 中 GNU 字体比较缺乏,而 Windows 中的字体比较细腻,可以考虑将 Windows 字体安装到 Linux 中。Windows 字体不能直接在 Linux 中使用,必须安装生成字体信息才可以。需要注意的是,很多 Windows 字体都有版权,不能直接商用。

脚本清单: Linux 使用 Windows 字体

(1) 从 Windows 系统中拷贝字体
说明: Windows 系统的字体一般都在 C:/Windows/Fonts 中,可以选择喜欢的字体。为了方便,将字体存放到 Linux 系统的 winfonts 目录。

(2) 在/usr/share/fonts/中创建一个新的目录 winfonts
 # mkdir /usr/share/fonts/winfonts
说明: 创建该文件夹是非必需的,创建这个文件夹的主要目的是存放 windows 字体,避免同 Linux 字体混淆。

(3) 将 Windows 字体复制到/usr/share/fonts/winfonts 中
 # cp -f winfonts/* /usr/share/fonts/winfonts

(4) 修改新植入的字体的访问权限
 # chmod -R 755 /usr/share/fonts/winfonts
说明: 字体必须具有可执行权限才可以使用。

(5) 生成核心字体信息

 # mkfontscale

 # mkfontdir

说明：分别生成 fonts.scale 和 fonts.dir 两个文件，使 GTK 程序可以使用这些字体。非必需过程，可跳过。

 # fc-cache -fv

说明：生成全部字体的缓存信息。使其他程序可以找到安装的字体。

 # fc-cache -fv /usr/share/fonts/winfonts

说明：生成特定字体的缓存信息。

在图形界面可以利用"字体查看器"安装字体，只需要双击字体打开如图 15.20 所示的字体查看器，再点击"安装字体"即可安装并生成字体信息。

该过程等价于命令：

cp *font* ~/.fonts

chmod 755 /.fonts/*font*

所以命令查看器安装的字体只能当前用户使用。

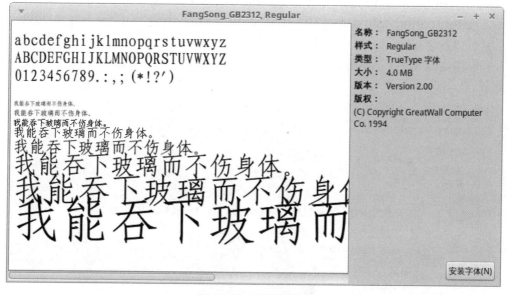

图 15.20　字体查看器

15.3.6　字体渲染

字体安装之后，还需要设置文字显示效果(渲染)。不渲染的字体显示有点模糊发虚，尤其是长期阅读或者面对电脑工作，渲染后才能实现更清晰锐利的视觉效果，阅读起来更加舒服。

　　FreeType 库是一个完全免费开源的、高质量的且可移植的字体引擎，它提供统一的接口来访问多种字体格式文件，包括 TrueType、OpenType、Type1、CID、CFF、Windows FON/FNT、X11 PCF 等。支持单色位图、反走样位图的渲染。FreeType 库是高度模块化的程序库，虽然它使用 ANSI C 开发，但是采用面向对象的思想。因此，FreeType 的用户可以灵活地对它进行裁剪。

　　FreeType 库 libfreetype6 一般默认已安装，未安装可以自行安装：

apt install libfreetype6 -y

　　Infinality 提供了 FreeType 的补丁，目的是提供最好的字体渲染效果，目前还没有加入官方版本中。Infinality 渲染是来自 Fedora 的一个补丁包，Debian 系列也提供了从 Fedora 到 Debian 的转换，这一过程是由中国人完成的，目前提供了完整的 Ubuntu 版本，也兼容 Debian 系统。

源代码地址：

https://github.com/Infinality/fontconfig-infinality

rpm 转 deb 地址：

https://github.com/chenxiaolong/Debian-Packages.git

deb 包下载地址：

http://ppa.launchpad.net/no1wantdthisname/ppa/ubuntu/pool/main/f/

　　下载 fontconfig-infinality_20130104-0ubuntu0ppa1_all.deb 后直接安装，注销，就可以开启渲染。

　　开启渲染的方法：在桌面右键，选择"更改桌面背景" → "主题" → "字体" → "细节..."，打开字体渲染细节，如图 15.21 所示，"微调"选择"完全"。

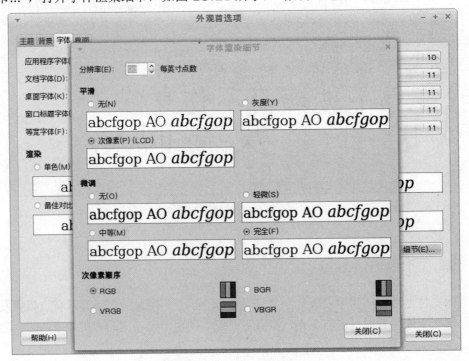

图 15.21　开启字体渲染

渲染后，可同之前进行对比，渲染后字体清晰锐利不模糊。

15.3.7　安装桌面主题

MATE 以及 Mint 风格 MATE 都自带很多种主题供用户选择使用，默认的主题如果不满意，还可以自定义，甚至可以改造成同 Windows 或 Mac OS X 系统桌面非常相似的主题桌面。

做得比较好的主题网站有：

http://b00merang.weebly.com/

https://github.com/Elbullazul

主题采用自动安装方式非常简单，在桌面右键，选择"更改桌面背景"→"主题"→"安装"，直接选择下载的桌面主题即可完成安装，安装后就可以选择该主题。

主题也可以选择手动安装，自主设置。

1．图标、指针主题手动安装

将下载的图标、指针主题解压，将整个目录复制或移动到以下路径中。

- ~/.icons；
- ~/.local/share/icons；
- /usr/share/icons。

复制或移动到以上三个路径中的任意一个即可，其中/usr/share/icons 路径可以被所有用户使用。在桌面右键，选择"更改桌面背景"，在图 **15.22** 的"主题"中选择"自定义"，在"图标"或"指针"子选项卡中就能找到安装的主题项。

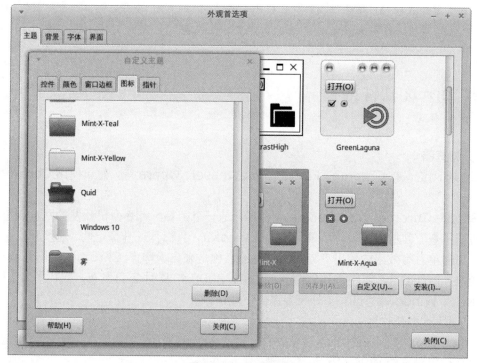

图 15.22　外观首选项

2. GTK 主题手动安装

将下载的 GTK 主题解压，将整个目录复制或移动到以下路径中。

- ~/.themes；
- ~/.local/share/themes；
- /usr/share/themes。

复制或移动到以上三个路径中的任意一个即可，其中/usr/share/themes 路径可以被所有用户使用。在桌面右键，选择"更改桌面背景"，在图 15.22 的"主题"中就能找到安装的主题，或者"自定义"的子选项卡"控件""窗口边框"中就能找到安装的主题项。

需要注意的是，安装的桌面环境不同，安装桌面主题的路径可能有细微差别，但方法基本相同。

什么是 GTK？

在 Linux 下有很多图形界面系统 GUI 开发库，如 Qt、GTK+、Motif、Openwin 等。

GTK+(GIMP Toolkit)是一套源码，以 LGPL 许可协议分发、跨平台的图形工具包。最初是为 GIMP 写的，现已成为一个功能强大、设计灵活的通用图形库，是 GNU/Linux 下开发图形界面的应用程序的主流开发工具之一。并且，GTK+也有 Windows 版本和 Mac OS X 版本。

Qt 是 1991 年由 Trolltech(奇趣科技)开发的一个跨平台 C++图形用户界面应用程序开发框架。它既可以开发 GUI 程序，也可用于开发非 GUI 程序。2008 年，Trolltech 被 Nokia 公司收购，Qt 也因此成为 Nokia 旗下的编程语言工具。2012 年，Qt 被 Digia 收购。2014 年 4 月，跨平台集成开发环境 Qt Creator 3.1.0 正式发布，实现了对于 iOS 的完全支持，新增 WinRT、Beautifier 等插件,废弃了无 Python 接口的 GDB 调试支持,集成了基于 Clang 的 C/C++代码模块，并对 Android 支持做出调整，至此实现了全面支持 iOS、Android、WP。

15.4 Linux 软件推荐

1. 浏览器

Linux 浏览器有 Chrome、Firefox、IceWeasel、Opera 等，建议使用 Chrome 浏览器。

Google Chrome，又称 Google 浏览器，是一个由 Google 公司开发的网页浏览器。该浏览器是基于其他开源软件所撰写，包括 WebKit，目标是提升稳定性、速度和安全性，并创造出简单且有效率的使用者界面。软件的名称是来自于称作 Chrome 的网络浏览器图形用户界面(GUI)。软件的 beta 测试版本在 2008 年 9 月 2 日发布，提供了 50 种语言版本，有 Windows、Linux 等版本提供下载。

2. Office 办公软件

Office 办公软件，Linux 下常见的有开源的 LibreOffice，国产的有 WPS Office，这里推荐使用国产的 WPS Office。

WPS Office 是由金山软件股份有限公司自主研发的一款办公软件套装，可以实现办公软件最常用的文字、表格、演示等多种功能。具有内存占用低、运行速度快、体积小巧、强大插件平台支持、免费提供海量在线存储空间及文档模板、支持阅读和输出 PDF 文件、全面兼容微软 Office97~2010 格式的独特优势。覆盖 Windows、Linux、Android、iOS 等多个平台。

3. Windows 环境 Wine

如果实在需要运行的 Windows 程序，但是又没有提供 Linux 版本，可以考虑使用 Wine 模拟打开使用。

Wine(Wine Is Not an Emulator，即 Wine 不是一个模拟器)是一个在 Linux 和 UNIX 之上的 Windows 3.x 和 Windows APIs 的实现。注意，Wine 不是 Windows 模拟器，而是运用 API 转换技术在 Linux 上做的运行 Windows 应用的兼容层，映射 Linux 到 Windows 相对应的 API 函数来调用 DLL，使其可以运行 Windows 程序。Wine 可以工作在绝大多数的 POSIX UNIX 版本下，包括 Linux、FreeBSD 和 Solaris，另外，也有适用于 Mac OS X 的 Wine 程序。Wine 不需要 Microsoft Windows，因为它是一个完全由百分之百的免费代码组成的。Wine 的发布是完全公开源代码的，并且是基于 LGPL 免费发行的。

关于 Wine 的真正含义，有人对 "Wine Is Not an Emulator" 的说法表示质疑，认为 "非模拟器" 的解释不过是一种娱乐性的说法，Wine 的真实意思应当是 Windows Environment 的缩写，即 WinE。

4. 下载工具

Windows 平台下载工具比较多，Linux 平台优秀的下载工具比较少，uGet 本身是一个小巧实用的多线程下载工具，uGet 启用 aria2 插件，下载速度能明显提高。安装完成后，在 uGet 设置中启用 aria2 插件，并添加参数 "--enable-rpc=true"。

5. 图像编辑软件

GIMP 是 GNU 图像处理程序(GNU Image Manipulation Program)的缩写。包括几乎所有图像处理所需的功能，号称 Linux 下的 PhotoShop。GIMP 在 Linux 系统推出时就获得了许多绘图爱好者的喜爱，它的接口相当轻巧，但其功能却不输于专业的绘图软件；它提供了各种影像处理工具、滤镜，还有许多的组件模块。对于要制作一个又酷又炫的网页按钮或网站 Logo 来说，GIMP 是一个非常方便好用的绘图软件，因为它也提供了许多的组件模块，只要稍微修改一下，便可制作出一个网页按钮或网站 Logo。

6. Markdown 编辑器

Markdown 是一种用来写作的轻量级 "标记语言"，它用简洁的语法代替排版，而不像一般我们用的字处理软件 Word 或 Pages 有大量的排版、字体设置。它使我们专心于码字，用 "标记" 语法来代替常见的排版格式。从内容到格式，甚至插图，都可以使用文本定义。目前来看，支持 Markdown 语法的编辑器有很多，包括很多网站也支持了 Markdown 的文字录入。Markdown 从写作到完成，导出格式随心所欲，你可以导出 HTM 格式的文件用来网站发布，也可以十分方便地导出 PDF 格式。除此之外，我们还可以使用 RStudio 快速将 Markdown 转化为演讲 PPT、Word 产品文档、LaTex 论文，甚至是用非常少量的代码完成最小可用原型。在数据科学领域，Markdown 已经被确立为科学研究规范，极大地推进了动态可重复性研究的历史进程。

Markdown 的语法十分简单。常用的标记符号也不超过十个，相对于更为复杂的 HTML 标记语言来说，Markdown 可谓是十分轻量的，学习成本也不需要太多，且一旦熟悉这种语法规则，会有一劳永逸的效果。最为主要的是 Markdown 语法标记是非常不错的笔记格式，在学习中使用这种标记，可以更便捷更高效地记录思想，整理知识和学习笔记。

目前，支持 Markdown 的文本编辑器非常多，推荐 Cmd Markdown 及有道云笔记。

Cmd Markdown 是在线 Markdown 编辑器，同时也是一个阅读工具。它支持实时同步预览；区分写作和阅读模式；支持在线存储；分享文稿网址；Vim/Emacs 支持等。最重要的是 Windows/Mac/Linux/浏览器全平台支持，并且同多数 Markdown 编辑器一样，直接提供了一份介绍 Markdown 语法的文档供初学者学习参考。

15.5   基于 Debian 8 打造个人桌面系统脚本

本节内容主要介绍如何从最小安装的 Debian 8 系统打造成 Mint 风格的个人桌面系统。

15.5.1   连接无线 Wi-Fi 脚本

最小化安装的 Debian 系统，默认是不能连接网络，没有网络就无法安装后续内容。有线网卡连接网络比较简单，便携式笔记本一般都是无线网卡，无线网卡在字符界面连接网络比较复杂，编写的脚本 1.wifi.sh，提供简单快速的连接 Wi-Fi 方式。注意，已经安装了 MATE 等桌面主题的 Debian 系统不需要运行该脚本，图形界面默认已经配置好网络。

脚本清单: 1.wifi.sh

```
#!/bin/sh

printf "
-------------------------------------------------------
Hint:
    Auto connect Wi-Fi with networking Shell
    networking 模式自动连接 Wi-Fi 脚本
-------------------------------------------------------
      [Enter] continue, ${CYELLOW}[Ctrl]+c${CEND} cancel
"
read -p ':'
```

```
ip link set wlan0 up
iwlist wlan0 scan | grep ESSID |awk -F '[:"]' '{print $3}'> wifis
echo ----------------------------------------------------
nl wifis
echo ----------------------------------------------------
read -p 'please select the Wi-Fi index :' wifiindex
read -p 'please input the Wi-Fi passwd :' wifipasswd

wpa_passphrase `sed -n ${wifiindex}p wifis` $wifipasswd > wifi.conf
sed -i '/#psk/d' wifi.conf

wifisid=`sed -n ${wifiindex}p wifis`
wifipwd=`awk -F= '/psk/{print $2}' wifi.conf`

cat >/etc/network/interfaces<<EOF
source /etc/network/interfaces.d/*
auto lo
iface lo inet loopback
auto wlan0
iface wlan0 inet dhcp
wpa-driver wext
wpa-key-mgmt WPA-PSK
wpa-proto WPA
EOF
echo wpa-ssid $wifisid >>/etc/network/interfaces
echo wpa-psk $wifipwd >>/etc/network/interfaces

/etc/init.d/network-manager stop
/etc/init.d/networking restart
rm -f wifis
rm -f wifi.conf

printf "
----------------------------------------------------
  Wlan0 config Success,try ping!
----------------------------------------------------
"
```

可以直接运行该脚本，连接无线 Wi-Fi。

脚本执行: 1.wifi.sh

```
# . 1.wifi.sh

------------------------------------------------
Hint:
    Auto connect Wi-Fi with networking Shell
    networking 模式自动连接 Wi-Fi 脚本
------------------------------------------------
    [Enter] continue, [Ctrl]+c cancel
: ↵
------------------------------------------------
    1   ChinaNet_Cfrose
    2   MERCURY_88888
    3   MERCURY_1800
    4   TP-LINK_502
------------------------------------------------
please select the Wi-Fi index :1↵
please input the Wi-Fi passwd :mima1234↵
Stopping network-manager (via systemctl): network-manager.service.
Restarting networking (via systemctl): networking.service.

------------------------------------------------
    Wlan0 config Success,try ping!
------------------------------------------------
```

运行成功后，可以使用 ping 测试网络是否连接成功。

15.5.2   设置 DVD 文件本地源

脚本 2.dvd.sh 将 Debian 的 ISO 文件挂载到/media/cdrom/，并设定为文件本地源，加快安装速度，否则所有文件都要从网络下载。已经安装好 MATE 等桌面，可以跳过脚本 2.dvd.sh 的执行。

脚本清单: 2.dvd.sh

```
#!/bin/sh
```

```
# 挂载 DVD 文件源
# 最小化安装 Debian8 使用 DVD 文件源能提高安装速度
# 如果已经安装 MATE 桌面，可跳过

### 使用 DVD 文件本地源
sed -i '/deb cdrom/d' /etc/apt/sources.list
cat >/etc/apt/sources.list.d/cdrom.list<<EOF
deb file:///media/cdrom/ jessie main contrib
EOF

printf "
-----------------------------------------------------
Hint:
${CYELLOW}
  mount -t iso9660 -o loop /mnt/debian.iso /media/cdrom/
${CEND}
-----------------------------------------------------
"
```

ISO 文件必须挂载到/media/cdrom 目录，可能需要手动挂载，防止输入错误，脚本最后输出挂载命令样本，方便对照输入，需要将/mnt/debian.iso 修改到 ISO 文件的实际路径。

15.5.3　正式安装 Mint 风格的 MATE 桌面环境

Mint MATE 不完全同于 MATE，还包括了一些 Mint 特性的主题。安装脚本 3.mint-mate-desktop.sh 后基本等同于 LMDE/LinuxMint，但是通过脚本，可以非常清楚地了解系统安装的组件，并且可以自由定制需要的特性。

脚本清单: 3.mint-mate-desktop.sh

```
#!/bin/sh

### Debian 的版本信息
# 8 Jessie
# 7 wheezy
# 6 squeeze
```

```
# 卸载不需要的 App，提高安装速度
apt remove libreoffice* -y
apt remove pidgin -y
apt remove firefox* -y

# 删除光驱源
sed -i '/deb cdrom/d' /etc/apt/sources.list

### 使用[163][中科大]源
cat >/etc/apt/sources.list.d/official-package-repositories.list<<EOF
deb http://mirrors.ustc.edu.cn/Linuxmint betsy main upstream import

deb http://mirrors.163.com/debian/ jessie main non-free contrib
deb http://mirrors.163.com/debian/ jessie-updates main non-free contrib
deb http://mirrors.163.com/debian/ jessie-backports main non-free contrib
deb http://mirrors.163.com/debian-security/ jessie/updates main non-free
contrib

deb http://www.deb-multimedia.org jessie main non-free

deb http://extra.Linuxmint.com betsy main
EOF

### 安装 Linuxmint 密钥
# 原理：通过密钥序号的最后 8 位数字导入密钥文件
# gpg --keyserver subkeys.pgp.net --recv 0FF405B2
# gpg --export --armor 0FF405B2 | apt-key add -
# --force-yes，表示在没有密钥的情况下，强制安装
# 163 源为什么不用安装密钥？
# 说明：163 源是官方源的镜像，官方源密钥默认已经安装

# 更新缓存，否则无法安装密钥
apt update
# 安装 Linuxmint 密钥
apt install Linuxmint-keyring -y --force-yes
# 安装 deb-multimedia 密钥
apt install deb-multimedia-keyring -y --force-yes
# 重新更新缓存，使密钥生效
```

```
apt update -y
```

修正 vim 方向键变字母问题
```
apt install vim -y
```

更新系统
```
apt upgrade -y
```

安装 Linux mint mate 桌面
mate 安装帮助: http://wiki.mate-desktop.org/download
注意: mint mate 不完全同于 mate，还需要安装 mint 特性的一些主题
mate 基本桌面
```
apt install mate-desktop-environment-core -y
```
mint-mate 主题依赖软件包，安装完之后可以卸载
```
apt install thunderbird -y
```
mint-mate 主题
```
apt install mint-meta-debian-mate -y
```
登录管理器 mdm 及主题
```
apt remove lightdm -y
apt install mdm -y
apt install mint-mdm-themes -y
```

安装 mint 特性后自动添加 add-apt-repository 命令

设置未安装命令安装提示，否则只是报错
```
update-command-not-found
```

系统管理
mate-system-tools，包括:
* Users and groups，用户和组，添加或删除用户和组
* Date and time ，时间和日期，更改系统时间、日期和时区
* Network options ，网络，配置网络设备和连接
* Services ，服务
* Shares (NFS and Samba)，共享的文件夹
```
apt install mate-system-tools -y
```
printers，打印机
```
apt install system-config-printer -y
```
mintupload，上传管理器

apt install mintupload -y
mintnanny，域名拦截器
apt install mintnanny -y
mintbackup，备份工具
apt install mintbackup -y
synaptic-pkexec，新立得软件包管理器，apt 图形化界面，基本被"软件管理器"取代
gksu mintinstall，软件管理器，对 apt 提供更丰富的检索功能
software-sources，软件源，软件源配置界面
gksu /usr/sbin/mdmsetup，登录窗口，登录窗口的配置界面
driver-manager，驱动管理器，目前不兼容
apt install mintdrivers -y

首选项配置
启动应用程序
mate-session-manager
辅助技术、网络代理、窗口、显示器设置、
默认应用程序、键盘、键盘快捷键、鼠标、字体查看器
mate-control-center
弹出通知
mate-notification-daemon
桌面设置
mintdesktop
文件管理
caja
输入法
im-config
gnome-disks，磁盘，管理驱动器及媒体
apt install gnome-disk-utility -y
电源管理，配置电源管理
apt install mate-power-manager -y
屏幕保护程序
apt install mate-screensaver -y
蓝牙
apt install blueberry -y
网络连接
apt install network-manager-gnome -y
gufw，防火墙配置，配置防火墙的简单图形化方法，目前不兼容

```
apt install gufw -y

# 任务管理器，系统监视器
apt remove mate-system-monitor -y
apt install gnome-system-monitor -y

# 语言设置
apt install mintlocale -y

### 中文输入法
# 建议只选择一个输入法平台

# fcitx 输入法平台: sun 输入法
apt install fcitx-sunpinyin -y
# fcitx 输入法平台：谷歌输入法
# apt install fcitx-googlepinyin -y
# fcitx 输入法平台：五笔输入法
# apt install fcitx-table-wubi -y

# IBus 输入法平台: sun 输入法
# 安装 IBus 框架
# apt install ibus ibus-clutter ibus-gtk ibus-gtk3 ibus-qt4 -y
# 安装 ibus-sun 输入法
# apt install ibus-sunpinyin -y

# 输入法平台切换，安装后注销生效
# im-config，手动切换

### 附件
# mate-utils，包括:
# * mate-disk-usage-analyzer，MATE 磁盘用量分析器
# * mate-dictionary，MATE 字典
# * mate-search-tool，MATE 搜索工具
# * mate-system-log，系统日志查看器
# * mate-screenshot，抓图，屏幕截图
apt install mate-utils -y
# 计算器
apt remove galculator -y
```

```
apt install gnome-calculator -y
# 记事本
apt remove pluma -y
apt install xed -y
# pdf 阅读器
apt remove atril -y
apt install xreader -y
# 播放器
apt remove vlc -y
apt install xplayer -y
# 图像查看器
apt remove eom -y
apt install xviewer -y
# 图像编辑器
apt install gimp -y
# 便签
# apt install tomboy -y
# 归档管理器，engrampa，能解压多数压缩文档
apt install engrampa -y
# 字符命令归档
apt install zip unzip -y
apt install rar unrar -y
# deb 安装器，gdebi

### 注册插件
# 目录右键添加并“以管理员身份打开(Open as administrator)”选项
apt install caja-gksu

# 修正依赖
apt-get -f install -y

# 网络漫游托管
cat >/etc/network/interfaces<<EOF
source /etc/network/interfaces.d/*
auto lo
iface lo inet loopback
EOF
```

```
# 恢复初始化安装，删除个人 Home 目录的配置文件
rm -rf /home/*/.*

printf "
-------------------------------------------------------
${CSUCCESS}
安装完成，建议重启
${CEND}
-------------------------------------------------------
[Enter] reboot, ${CYELLOW}[Ctrl]+c${CEND} cancel
"
read -p ':'
shutdown -r now
```

安装后重启，系统基本达到 LMDE/LinuxMint 效果，已经是一个非常适合中国本地化的桌面系统，功能丰富，界面美观，操作简单。

15.5.4　安装自定义软件

脚本 4.app.sh 推荐安装了很多比较优秀的办公软件，可以直接在任何一个 Debian 系列桌面环境中运行，也可以根据自己的喜好添加各种软件。

脚本清单: 4.app.sh

```
#!/bin/sh

clear
printf "
-------------------------------------------------------
功能:
  Debian8 桌面系统，安装非自由软件
建议:
  建议在图形界面运行
-------------------------------------------------------
  [Enter] continue, ${CYELLOW}[Ctrl]+c${CEND} cancel
"
read -p ':'

# 卸载不需要的 app
```

```
# apt remove libreoffice* -y
# 修正，mint-meta-mate 依赖部分 libreoffice 库
# apt install mint-meta-mate -y
apt remove thunderbird -y
apt remove pidgin -y
apt remove firefox* -y
apt remove blueberry -y
apt remove mintupdate -y

# 更新系统
apt upgrade -y

# Wine 模拟器
# https://www.winehq.org/download
# https://wiki.winehq.org/Debian
# apt 支持 https
apt install apt-transport-https -y
dpkg --add-architecture i386
wget https://dl.winehq.org/wine-builds/Release.key
apt-key add Release.key
rm Release.key -f
cat >/etc/apt/sources.list.d/wine.list<<EOF
deb https://dl.winehq.org/wine-builds/debian/ jessie main
EOF
apt update
apt install winehq-staging -y
# apt install winehq-devel -y

# 搜狗输入法
# dpkg -i app/sogoupinyin*deb
# 修正依赖
# apt-get -f install -y

# chrom 浏览器
# 下载地址: http://www.google.cn/chrome/browser/desktop/index.html
# dpkg -i app/google-chrome*.deb
# wget -q -O - https://dl-ssl.google.com/Linux/Linux_signing_key.pub |
apt-key add -
```

```
apt-key add app/linux_signing_key.pub
cat >/etc/apt/sources.list.d/google-chrome.list<<EOF
deb http://dl.google.com/Linux/chrome/deb/ stable main
EOF
apt update
apt install google-chrome-stable -y --force-yes
# apt install google-chrome-beta -y --force-yes

# 下载工具
apt install uget aria2 -y

# WPS Office
dpkg -i app/wps-office_*deb
dpkg -i app/wps-office-fonts_*deb
dpkg -i app/symbol-fonts_*deb
# 修正依赖
# apt-get -f install -y

# 植入 Windows 字体
mkdir /usr/share/fonts/truetype/winfonts
cp -f winfonts/* /usr/share/fonts/truetype/winfonts
# 字体必须具有可执行权限才可以使用
chmod -R 755 /usr/share/fonts/truetype/winfonts
fc-cache -fv /usr/share/fonts/truetype/winfonts

# 植入 Mac/IOS 字体
mkdir /usr/share/fonts/truetype/macfonts
cp -f winfonts/* /usr/share/fonts/truetype/macfonts
# 字体必须具有可执行权限才可以使用
chmod -R 755 /usr/share/fonts/truetype/macfonts
fc-cache -fv /usr/share/fonts/truetype/macfonts

### 字体渲染
# FreeType 库 libfreetype6 一般默认已安装
apt install libfreetype6 -y
# infinality 渲染
dpkg -i app/fontconfig-infinality_*.deb
```

```
# Beyond Compare，文本比较工具
dpkg -i app/bcompare*.deb

# Sublime Text 3，文本编辑器
dpkg -i app/sublime-text*.deb

# Wine QQ 国际版
dpkg -i app/fonts-wqy-microhei_*.deb
dpkg -i app/ttf-wqy-microhei_*.deb
dpkg -i app/wine-qqintl_*.deb
# 修正依赖
# apt-get -f install -y

# 有道词典，版本不能太高，高版本只支持 Ubuntu 的 deb 格式
apt install python3-xlib -y
dpkg -i app/youdao-dict_*.deb

# 网易云播放器，版本不能太高，高版本只支持 Ubuntu 的 deb 格式
dpkg -i app/netease-cloud-music_*.deb

### cmd_markdown 解压安装
CMD_MARK_DIR=/opt/cmd_markdown_Linux64
rm -rf $CMD_MARK_DIR
tar zxf app/cmd_markdown_Linux64.tar.gz
mv cmd_markdown_Linux64 $CMD_MARK_DIR
# 处理不规则文件名
mv $CMD_MARK_DIR/Cmd\Markdown $CMD_MARK_DIR/Cmd_Markdown
chmod 755 $CMD_MARK_DIR/Cmd_Markdown
# 安装到开始菜单，必须以.desktop 后缀命名
cat>>/usr/share/applications/Cmd_Markdown.desktop<<EOF
[Desktop Entry]
Comment=Cmd Markdown.
Comment[zh_CN]=使用 Cmd Markdown 整理笔记，记录文档
Exec=$CMD_MARK_DIR/Cmd_Markdown %U
GenericName=Cmd Markdown
GenericName[zh_CN]=Cmd Markdown
MimeType=application/Cmd_Markdown;text/plain;
Name=Cmd Markdown
```

```
Name[zh_CN]=Cmd Markdown
StartupNotify=true
Terminal=false
Type=Application
Categories=Office;Markdown;TextEditor;
Icon=accessories-text-editor
EOF

# VMware-Workstation 虚拟机
cp app/VMware-Workstation-*   /tmp
chmod +x /tmp/VMware-Workstation-*
/tmp/VMware-Workstation-*
rm -f /tmp/VMware-Workstation-*

# 修正依赖
apt-get -f install -y
```

本 章 小 结

　　本章主要介绍了 Linux 平台的桌面体验，重点介绍了 Linux 桌面需要一定背景知识的操作，并推荐了部分优秀 Linux 软件。另外，还介绍了如何使用 Debian 系统从最小安装打造出适合我们本地化操作的桌面系统，并提供了全部脚本。

习 题

1. 安装 LinuxMint 或 LMDE 系统，并简单体验 Linux 桌面操作。
2. 最小化安装 Debian 8 系统，并按照顺序执行脚本，安装个人桌面操作系统。

参 考 文 献

[1] Harley Hahn. Unix&Linux 大学教程[M].北京:清华大学出版社，2010.

[2] James Turnbull. Linux 系统管理大全[M].北京:人民邮电出版社，2010.

[3] Matt Welsh，Lar Kaufman. Linux 权威指南[M].北京:中国电力出版社，2000.

[4] 鸟哥.鸟哥的 Linux 私房菜：基础学习篇[M].2 版.北京：人民邮电出版社，2007.

[5] 系统运维网[OL]. (2016-09-13)http://www.osyunwei.com/.

[6] Linux 运维笔记[OL].http://www.Linuxeye.com/.

[7] Linux 运维[OL].https://github.com/gchxcy/LinuxOperator.